中国农业大学"双一流"文化传承创新图书出版基金项目

农业科技推广体系创新与乡村振兴

——农技推广人才队伍基本状况调查与研究

左停 旷宗仁 著

中国农业大学出版社
CHINA AGRICULTURAL UNIVERSITY PRESS
·北京·

内 容 简 介

在知识与信息社会,专业人才队伍支持与管理是现代农业发展与乡村振兴战略实施的必备条件。农技推广队伍是我国现代农业和农村发展的一支核心专业队伍,曾经做出过重大贡献,但在新的形势与环境下,存在很多不适应的地方,严重限制了其功能作用的发挥。本研究通过对体制内和体制外农技推广队伍工作、生活、继续教育等方面基本情况的调查,力图让读者深入地了解这支专业队伍的真实情况,并致力于探讨如何让这支队伍的能力素质、职责功能、管理机制等方面进行与时俱进的改革以适应新的社会发展需要。

图书在版编目(CIP)数据

农业科技推广体系创新与乡村振兴:农技推广人才队伍基本状况调查与研究 / 左停,旷宗仁著. —北京:中国农业大学出版社,2018.12

ISBN 978-7-5655-2162-1

Ⅰ.①农… Ⅱ.①左…②旷… Ⅲ.①农业科技推广—专业技术人员—调查研究—中国 Ⅳ.①S3-33②K826.3

中国版本图书馆 CIP 数据核字(2018)第 290975 号

书　　名	农业科技推广体系创新与乡村振兴——农技推广人才队伍基本状况调查与研究
作　　者	左　停　旷宗仁　著

策划编辑	张　玉	责任编辑	张　玉
封面设计	郑　川		
出版发行	中国农业大学出版社		
社　　址	北京市海淀区圆明园西路 2 号	邮政编码	100193
电　　话	发行部 010-62818525,8625	读者服务部 010-62732336
	编辑部 010-62732617,2618	出 版 部 010-62733440
网　　址	http://www.caupress.cn	E-mail cbsszs@cau.edu.cn
经　　销	新华书店		
印　　刷	涿州市星河印刷有限公司		
版　　次	2019 年 3 月第 1 版　2019 年 3 月第 1 次印刷		
规　　格	787×1 092　16 开本　20 印张　320 千字		
定　　价	63.00 元		

图书如有质量问题本社发行部负责调换

课题组成员

主持人：

左　停　　中国农业大学人文与发展学院教授、博士生导师

副主持人：

旷宗仁　　中国农业大学人文与发展学院副教授
高晓巍　　中国科协发展研究中心

课题组成员：

卢　敏　　吉林农业大学教授
董海荣　　河北农业大学教授
鲁静芳　　贵州财经大学副教授
骆江玲　　江西师范大学教师
陈　莉　　青岛农业大学教师
王琳瑛　　宁夏大学教师
梁植睿　　经济管理出版社编辑
王　宇　　中国农业大学人文与发展学院博士研究生
徐小言　　中国农业大学人文与发展学院博士研究生
李　博　　中国农业大学人文与发展学院博士研究生

前　言

中国有 5 000 多年文明历史，其中大多数时间是处在农业社会。即使到了当前的信息时代、知识时代，农业社会仍然是我国城乡二元结构中的重要部分。读书才能出人头地，不读书则只能在家务农，这是中国自古以来的传统，至今仍然没有根本改变。绝大多数能读书的人都离开了农村，跳出了农业，不再当农民。于是，剩下的务农人基本上是那些生在农村、读书不多、无法离开农村和农业的人，他们年龄大、受教育程度低、社会地位低、经济收入少，通常情况下被主流话语贴上贫穷、愚昧、落后、没有能力的符号标签，在社会政策的选择、决策等方面也基本上没有很多的发言权。传统与习惯使从事农业不需要知识、不需要专门学习已经成为人们头脑中几乎不容质疑的基本观点。几乎没有人认为自己不懂农业，尤其是那些读过书的人（不管是读了农业专业还是非农专业），都认为自己比那些正在务农的农民更加懂得农业。而且，这些读书多的人通常对农业、对社会的发展具有更多的发言权和影响力——他们能够主导农业政策的选择，在媒体舆论上传达他们的观点与意见，具有更多的权力、资金、资源动员能力去组织和开展农业发展行动。

然而，现实并不是想当然的。实践结果表明很多自以为懂农业的人实际上并不懂农业，他们制定的很多农业发展决策在行动中错误百出，在内行人看来就是一个笑话。农业的对象是一个生命系统，农业的发展具有季节性、周期性、地域性、风险性等特点，但我们不少地方政府的官员在进行农业决策与行动时并没有充分地考虑到农业的这些特点。他们把农业当作一种无生命的、完全人工化、无周期性和无季节性的产业来看待，建立了错误的期望，并在错误的地点推出了错误的农业发展政策与行动，最终结果必然走向失败。就本研究的调查结果来看，海南儋州推广龙眼种植、兔子养殖，江西吉安推广沙田柚种植等农业发展活动均由于其不符合农业发展规律而导致了最终的失败。

农业是我国的基础产业，具有无比重要的地位。农业不仅仅是一项产业，具有生产与经济功能，而且它还具有生态、文化、社会等多种功能，是一个极其复杂的系统。只有懂得农业，才能进行科学的农业决策和行动，促进农业的真正发展以及社会的全面发展。对于农业的不懂装懂、一知半解，不仅导致了很多错误的农业发展政策，而且也形成了对于农业发展极其不利的舆论环境。幸运的是，我国中央政府和党中央的最高决策层已经充分地认识到这种情况，在2018年中央1号文件中全面部署实施乡村振兴战略，提出要将"懂农业、爱农村、爱农民"作为"三农"工作干部队伍培养、配备、管理和使用的基本要求，各级党委和政府主要领导干部要懂"三农"工作、会抓"三农"工作，分管领导要真正成为"三农"工作行家里手，要制定并实施培训计划，全面提升"三农"干部队伍能力和水平。此外，该文件还提出要汇聚全社会力量，强化乡村振兴人才支撑，大力培育新型职业农民，加强农村专业人才队伍建设，发挥科技人才支撑作用，鼓励社会各界投身乡村建设，创新乡村人才培育引进使用机制。针对以上这些问题，2018年9月公布的《乡村振兴战略规划（2018—2022年）》提出了可供进一步落实的具体政策措施。

党中央在乡村振兴战略中对"三农"工作干部队伍提出的基本要求是过去"三农"工作实践经验与教训的深刻总结，也是当前及未来有效开展"三农"工作实践的迫切需求。本研究团队长期关注农村发展问题，开展了大量农业科技推广工作的调查与研究，对农业科技工作队伍进行了长期观察与思考。2013—2014 年，在中国科协的资助下，本研究团队组织中国农业大学、西北农林科技大学、吉林农业大学、贵州财经大学、江西师范大学、青岛农业大学等 8 所农林高校研究人员对当前政府"三农"工作的一支核心专业队伍——农技推广队伍进行了全面深入的调查与分析。中国的农技推广队伍的人数曾经达到百万规模，即使经过 20 多年的机构改革、人员精简，当前规模仍然保持在 80 万人左右，仍然是世界上最大的农业专业工作队伍。中国粮食产量 12 年连增、畜禽肉产品全球产量第一等农业发展领域所取得的巨大成就与这支队伍的扎实工作密切相关。然而，由于技术进步、经济社会结构变革、自身管理体制机制等多种原因，这支队伍一度存在"线断、网破、人散"的问题，面临着很多发展困境，甚至在不少地方面临着机构被撤销的风险。为了了解农技推广体系改革与建设 20 多年之后这支队伍的基本情况及其是否堪当新时期农业供给侧结构性改革和乡村振兴战略背景下推进我国现代农业发展的大任，本研究团队采用问卷调查、小组座谈、典型案例研究等研究方法对其基本状况进行了调查。调研对象包括体制内农技推广人员，也包括体制外从事农技推广工作相关人员。调查内容包括农技推广人员在个体特点、基本工作、职业行为、政策认知、继续学习、生活境遇、主张建议等方面。调查在吉林、河南、河北、山东、湖南、江西、宁夏、广西、贵州、陕西等 10 个主要农业生产省（自治区）展开，共回收有效问卷 2 975 份。

调查发现，农技推广人员在学历、专业、职称、工作条件、工资待遇等方面相比于农技推广体系改革与建设政策实施前已经有了明显改善。但同时，也仍然存在人员老龄化，社会流动性不足，工作活动经费缺乏，工作待遇社会保障太差，农技人员知识更新不足、继续学习机会过少，推广工作职能、目的、内容、方法定位发生偏差，工作设施有待进一步改进、工作职责定位有待进一步明确等多个方面的问题。其中根本原因是社会与政府对农技推广（农业）的公益性、营利性、复杂性特点认识不足，关系处理不当，表面上重视农业的公益性，实际上公益投入不足，偏重农技推广的营利性，过度重视农业的经济效益，缺乏投入动力，对农技推广重要性认识不足，对农技推广效果做出过低评价。

我国现代农业发展正处于关键的转型期，产出高效、产品安全、资源节约、环境友好成为了现代农业发展新要求，主体多元、创新驱动、生产经营专业化、规模化、科技化、信息化、市场化，成为现代农业发展新的特征。当前农业科技推广队伍面临着功能认知与实践相脱离、内容与需求相脱离、对象瞄准发生偏离、推广方式创新不足、人员素质能力不足等诸多不能适应现代农业发展新要求和新特征的新问题，进一步全面深化农技推广体系改革和专业人才队伍建设迫在眉睫。本研究认为纠正认识，对农技推广人员队伍的功能、职责等进行合理定位，根据现代农业、农业供给侧结构性改革、乡村振兴等方面的实践需要，不断加强农技推广投入，完善农技推广队伍组织，建立多元化农技推广体系，创新农技推广形式，并进行分类细化管理，才有可能更好地发挥出这支核心、专业"三农"工作队伍的巨大能量。具体政策建议包括：第一，进一步明确农技推广站职能，将省、市、县农技推广站逐步转变成具有综合性质与功能的农业工作站。第二，加大农技推广人员政策支持力度，协调和利用体制内、外农技推广人员的共同力量，进一步完善多元化农技推广体系。第三，建立农技推广人员与农业科研机构、其他农业相关企事业单位人员的合作交流平台与机制，将农技推广人员从单纯技术传播的角色转变成集管理、协调、服务、组织于一体的服务人员。第四，加强农民农业组织和行业协会建设，重视农技协在农村农业发展中的重要作用。第五，拓展农技推广与传播对象，并针对不同农技推广对象，分类分阶段开展农技推广服务。第六，拓展农技推广人员的任务范围，突出国家农业发展多目标追求与导向。

本研究团队认为以上调查分析结果与所提政策建议具有重要的学术与社会价值。在实践上，该研究有利于深入认识我国当前农业科技推广人员的基本状况，发现这支人才队伍在满足现代农业发展新需求、新特征的过程中还存在的不足，为我国农业科技推广体系改革和人才队伍进一步深化改革提供重要的决策参考依据。倍感欣慰的是，研究提出的政策建议在 2017 年获得时任中共中央政治局委员、国务院"三农"工作主管国家领导人的重要批示，认为该研究调查科学深入，观点建议具有重大政策参考价值，要求农业农村部等相关部门研究后深入推进农技推广体系改革。实际上，其中多条建议已经转化为农业农村部深化农技推广改革待出台的政策条款。在学术上，该研究也具有较大的理论突破，综合运用了人力资源管理、知识管理与创新、技术创新、传播学、农村发展与管理等多学科理论，对当前农业科技推广人才队伍的基本情况与存在问题进行科学分析，在理论上突破了现有的单一学科视角，加深了当前学界与社会对于农业科技推广人才队伍建设的认识，也为今后类似研究提供了重要的理论与方法参考。适逢本校大力支持乡村振兴系列图书的出版发行，本研究团队希望借助该机会将调查研究成果汇编成书，与更多的读者朋友一起分享和交流，同时也热切欢迎各位同行学者和从事农业科技推广实践工作的专家们提出宝贵批评指正意见。

左　停

2018 年 10 月

目　录

第1部分　农技推广人才队伍状况调查研究

第2部分　农技推广人才队伍状况
与建设策略专题研究

第1部分

农技推广人才队伍状况调查研究

第 1 章

研究背景和设计

1.1　研究背景

中国拥有世界上规模最大、体系最全的农业科技推广体系。农技推广人员规模曾经达到 100 万人以上，即使现在机构、人员精简的情况下，其规模仍然保持在 80 万人以上。这么庞大的农技推广人力资源应该是连接我国农业科技创新与应用最重要的桥梁，同时也应该是我国农业科技应用创新最重要的人力资源，然而在现实中我国农业科技推广体系却面临着"网破、线断、人散"的艰难局面。农技推广人员在工作中普遍面临任务杂、待遇低、效率低、缺资金、缺设备等问题，致使实际推广工作非常困难，同时优秀人才不愿意加入农技推广人员队伍。这种情况严重阻碍了我国农业科技的创新、推广与应用，限制了我国农业、农村、农民的整体发展，并影响到我国粮食安全、食品安全、可持续发展等战略目标的实现。

在此背景下，对我国农技推广人员的总体状况及管理运行中存在的问题进行深入地调查研究具有重大意义。本研究的开展将有利于政府决策部门和公众了解我国农技推广人员的总体现状以及其发展面临的主要困境，为政府农业科技推广政策提供相关决策、立法的依据。同时促进政府和公众采取更加有针对性的措施对农业科技推广事业进行有效支持，提高农技推广人员的工作效率，最大限度地发挥、利用我国现有 90 余万农技推广人力资源的巨大潜力来促进我国农业、农村的发展以及整个国家社会、经济、自然生态的可持续发展。

农业技术推广是我国农业科技创新与应用的重要环节，农业推广人员是开展农业科技活动的主体力量。随着我国农业发展越来越多地依赖于农业科技的创新与应用，我国政府对于农业科技推广体系的发展以及农技人员的培养和队伍建设也越来越重视，学者们对于这方面的研究也越来越多。在中国学术期刊网上以"农业技术推广""农技人员""农业推广人员队伍"等检索词作为题名关键词搜索得到相关文章多达上千篇，且从发表年份分析表明，相关政策发布新闻报道以及学者研究文章数量均呈递增趋势，尤其是进入 21 世纪以后更是迅速增长。纵观现有农技推广人员相关研究论文，大部分学者专注于农技推广人员发展的外部环境，即国家农业推广体系建设与机制制度改革方面的研究，针对农业推广人员本身的相关研究较少。并且对农技推广队伍发展状况的研究较多针对于某地区或者某区域农技人员调查研究，缺乏全面系统的人员队伍状况的调查研究。综合现有研究的情况，关于农技推广人员状况的相关研究主题主要集中在以下几个方面：

（1）农技推广人员现状与问题研究

该部分的文献资料较少，大多集中于某些具体市县基层农技推广人员状况的调查研究，综合与宏观的深入研究几乎没有。何兵存（2011）、张玉珍（2007）、金英（2010）、杨金海（2010）、李玉娟（2008）、张云飞（2011）等分别对某个省市或乡镇的农业技术推广队伍状况以及他们面临的主要问题进行了分析，并提出了相应对策建议。根据以上研究成果大致可以将我国目前基层农技推广人员的现状及问题归纳为以下几点：

第一，总量不足，结构不合理

在对各地方农业技术推广状况调查中都会涉及到该地区农技推广人员的配置问题，虽然目前我国农技推广人员的数量已经较之前有了很大提升，但是很多地区的调查报告中仍反映农技推广人员资源紧张，密度偏低。例如在湖南省的调查中显示：全省农业技术推广人员人均服务 750 名农业人口，每 46.3 公顷耕地才拥有 1 名农技推广人员，而发达国家农业技术推广人员与农业人口之比为

1∶100。由此可以看出，农业技术推广人员总量相对不足。同时，由于分工上的模糊与不合理，有一定数量的农业技术推广人员同时承担着农业执法、农产品质量检测等多项工作，因此农业技术推广人员数量显得更为不足。

而通过对资料的整理和分析后，笔者认为在我国目前农技推广人员现状中比总量不足问题更大的是这些推广人员的结构存在着严重的失调。主要表现在年龄、学历、职称等方面。在年龄方面，大部分的调查显示目前我国农技推广人员以中青年为主，平均年龄在30～40岁之间。但也有部分地区反应队伍人员老化缺乏新生力量。而从这些人的学历构成上来看，县市一级在编农技推广人员大部分接受过中专以上的学历教育，也有部分大学毕业生，而在县以下基层岗位上的人员学历偏低。从整体来看，高学历专业技术人员严重缺乏。在对职称方面的统计中，几乎所有调查研究都表示我国目前农技推广人员中高级职称人才过少。

第二，待遇整体偏低，基层农技推广人员流失严重

在调查研究中显示，大部分地区农技推广经费紧张，工作人员待遇普遍偏低。湖北省201位基层农技推广人员问卷调查结果显示，他们的年平均工资为15 827元/人，月平均工资为1 319元/人，部分地区平均工资更低，而且保险等其他待遇也很不足。

由于经费紧张，基层农技推广人员十分缺乏办公经费，严重阻碍了各项技术推广工作的有效开展。有些地区工资不能按时发放，农技人员基本处于半失业状态，导致农技人员流失比较严重。张松杰等人对河南周口农业技术推广工作进行的调查显示：某县农技推广中心是一个省级先进单位，有农技推广人员170人，其中农技推广站86人，而现在从事农技推广工作的只有33人，其中还包括从事农资经营活动的一部分人在内，实际上从事本职工作的只有20人左右，有1/3的乡镇农技站形同虚设，变成了私人经营农资的场所，办公地方被占用，无法开展工作。而其他地方调查也显示不少农技推广人员从事第二职业。乡镇农技推广工作条件差、待遇低、职称评审难是造成农业技术推广队伍不稳定的重要原因。

第三，岗位编制不合理

在湖北、河北的调查显示该地县市一级农技推广机构均为事业编制，乡镇农技推广机构基本为企业人员或社会人员。对浙江省诸暨市农业局的调查显示乡镇

之间农技人员分布极不平衡，最多的乡镇在编 17 人，最少的仅 3 人。一些乡镇出现"在编不在岗"或"在岗不在编"问题，全市乡镇（街道）165 名在编人员中 32 人已完全脱离农技岗位，占 19.4％，而在岗的 133 人中，仅畜牧技术推广人员有 23 人专职从事本职工作，其余 110 人均为兼职。这些不合理的配置使本来有限的农技推广力量显得更加薄弱。

第四，专业技术知识结构单一，更新慢

随着科技的进步和我国农业现代化进程的加快，大大缩短了农业科技的更新周期。而目前我国现有乡镇农技推广人员却缺乏知识更新和进修深造的机会，对现代农业新技术的熟悉程度和操作能力不够，很多人掌握的知识和技术已经不能适应现代农业技术的高速发展。2003—2007 年 5 年内湖南省基层农技推广人员仅有 1/3 从业人员接受过相关培训，而与农户接触最为频繁的乡镇级农技推广人员接受培训和继续教育的比例则更少。乡镇农技推广人员知识结构单一，专业技术滞后，不能很好适应当前市场经济与高效农业多样化发展。

针对目前农技推广队伍面临的推广人员总量不足、素质不高、结构不合理、队伍不稳定、推广经费紧张等问题。他们提出，应从改革农业推广体系、落实待遇、增加资金投入、加大培训力度等多处着手，改善农业推广队伍的工作环境和工作条件，稳定农技推广队伍，保证工作的顺利开展。

（2）农技推广人员的推广行为研究

该领域的研究一般是从具体的农业技术推广机构人员行为出发，分析探讨农业技术推广中存在的问题和对策。如万保永（2011）、王世喜（2000）、侯保俊（2004）、万春蕾（2010）、张晓东（2009）等学者分别对安阳、大庆、大同、辽宁、甘肃等基层农技推广过程中的问题与对策进行了分析。罗道宏（2006）、叶少锋（2010）、林英（2007）等分别对"套餐式""农民田间学校""以大学为依托的"等农业推广模式进行了分析。王艳萍（2010）、文霞（2008）、郝永娟（2006）、李天俊（2006）、黄永汉（2007）则分别对果树管理、旱作农业、植保、肉羊生产、禽流感免疫等不同类型技术推广案例进行了探讨。类似的技术推广行为研究非常多，但主要停留在微观层面，虽然从中获取较多农业技术推广经验和教训，但该类型研究成果一般很难为农业技术推广领域宏观和深层次的问题解决提供有效参考。

（3）农技推广人员发展的外部环境研究

农技推广人员发展的外部环境主要是指我国农业推广体制与机制建设发展状况。目前关于农业技术推广体系建设与机制制度改革是农业技术推广研究领域讨论最多的主题。这类研究包括中央和地方农业技术推广体系两个层次。在地方层次，李宜萱（2011）、胡正宇（2006）、柳辉林（2008）、李景军（2009）、王多胜（2002）、郑若良（2002）、王国忠（1999）分别对昌吉州、灵璧县、浏阳市、六安市、酒泉市、湖南省、上海市等地的农业技术推广体系进行了调查、分析与思考。在中央层次，黄季焜（2009）、夏敬源（2009）对我国农业技术推广改革发展 30 年的历程与政策进行了回顾和展望。高启杰（2005）、路立平（2007）、王云珠（1998）、王亮（2009）和农业部农村经济研究中心课题组（2005）等对我国农业技术推广体系的现状与问题进行了调查与分析。蒋和平（2010）、王明文（2004）、马江涛（2008）李同昇（2007）等学者对我国农业技术推广的运行模式进行了探讨。赵华平（2007）、许云华（2009）、郝利（2006）、袁纪东（2005）、白洁（2009）等对我国农业技术推广体制与机制的改革基本思路与方向进行了深入思考。王武科（2008）、唐兴伯（1994）、何加骏（2006）、李维生（2007，2008，2010）等提出我国应该建立包括有偿服务在内的多元化农业推广体系。在以上众多学者对农业技术推广体系建设与机制制度改革的相关研究中都会涉及农技推广人员的现状与发展问题。而目前我国农业技术推广体系建设与机制制度的改革是影响农技推广人员发展最为重要的因素。学者们大致认为以下几个因素影响了农技推广人员队伍的整体发展。

第一，体系建设不完善。虽然现在我国农业技术推广体系已经比建设之初有了很大的进步，但是它的建设仍然不够全面与完善。不少学者认为目前我国一线的推广力量薄弱，在体系建设中对一线技术推广人员的支持力度不够，从体系内部来看，缺乏有效的激励约束机制。

第二，经费投入不足。在不少现阶段我国农技推广体系调查报告中显示，推广体系经费紧张，尤其是对基层农技推广人员的经费投入不足。基层乡镇财政只拨付基本工资，很大部分的编外人员工资无着落，无办公和技术指导经费，基层不少的农机推广服务站处于"既缺钱养兵，又无钱打仗"的境地。部分技术人员连住房都没有，生活条件较差，难有心思从事农技工作。

目前我国的农业推广经费由各级政府共同负担，农民也负担一小部分（通过有偿服务体现）。据统计，1979—1995 年的 17 年间，我国财政对农技推广的投入占农业总产值的平均比例为 0.26%，远低于 FAO 统计的发展中国家的平均值 0.5%。中央、省、市（地）三级的推广经费保障程度为 80% 左右，县级为 50%～70%，乡镇一级最差，而且地区间差别较大。另外，目前从政策法律上对农业推广体系的职责、编制、经费和工作条件等的规定缺乏完善的保障措施。

第三，体制不合理。从体制机制来看，过去人员安置政策存在较大缺陷。1999 年以前执行的统招统分政策，农技站还能分配到正规的在校大专生。在这以后由于编制的限制，大专毕业生很难进入农业技术推广队伍，但是转业、退伍军人和关系户等非专业人员却可以进入专业技术部门，说明过去的人员安置政策存在较大的缺陷。截至 2000 年末，我国农业技术推广人员实际在编人数为 101 万人。所从事的推广工作主要分布在种植业、畜牧业、水产业、农业机械和经济管理等专业。其承担的任务不仅包括技术推广，一半左右的技术推广人员在从事行政委托及执法和中介服务、经营创收等非技术推广工作。

（4）其他与农业推广相关的研究

除了对农技推广队伍的相关研究之外，大多学者专注于农业科技推广体系的改革研究。其中包括农业技术推广的基本属性与原理研究。如在农业技术推广的基本属性与原理方面，顾琳珠（2003，1998）对农业技术推广的基本概念、理论模型和实践形式进行了探讨；黄邦海（2007）、刘战平（2006）、宗义湘（2007）、毛彦军（1993）等分别对农业技术推广的机构属性、公共产品特征、经济属性和社会属性进行了分析；鲍晓来（2011）、乔继平（2006）、付少平（2003）对农业技术推广的工作路径与程序进行了研究；高启杰（2000）、何军（2006）、陈姝媛（2008）、田素妍（2009）、曹建民（2005）等从心理学的角度对农业技术推广过程中不同主体的参与意愿、接受心理和行为规律进行了探讨；李南田（2000）、林少丽（2010）、黄钊贞（2008）则从传播学的视角出发分析了农业技术推广中的知识扩散、信息传递和风险管理等问题。另外，李宪宝、金敬恩、张利痒

（2007）、胡瑞法（2001）、徐志刚（2002）、智华勇（2007）和钱永忠（2001）等学者从经济学的角度研究了我国农业技术推广的财政投入、资源分配、产权实现、补偿机制等问题，指出农业财政资金投入严重不足、资源分配不合理、产权实现不清楚、资金利用效率偏低等情况是限制当前农业技术推广发展的重要因素。

（5）国际上关于农技推广人员及农业推广体系方面的相关研究

由于各国在农业推广方面的做法和经验各有不同，农技推广人员作为推广工作的主体在其中面临的问题也不尽相同。从目前的文献资料来看，关于国外农业推广方面的研究主要专注于体系和工作方式等方面，并且为了探讨我国农业技术推广效果不佳的问题，我国学者对国际上多个国家与地区的农业技术推广体系进行了考察研究和比较分析。其中对美国农业技术推广体系与方法的介绍与研究最多。樊亢（1982）、刘从梦（1987）、劳伦斯（1994）、李新（1995）、朱鸿（2006）先后对美国农业技术推广体系的特点、职能、机制及与农业现代化的关系进行了介绍。也有很多研究对其他发达国家的农业技术推广情况进行了分析，如史瑞琪（1999）、李守勇（2008）、刘虎俊（2000）等分别分析了加拿大、日本、新西兰等发达国家农业技术推广体系对我国的启示作用。另外，也有部分研究对泰国、波兰、朝鲜等发展中国家和我国台湾地区的农业技术推广体制进行了介绍（叶安平，1989；吕从周，1985；黄聪敏，2001；闫愫，2004；黄珍阜，1988）。不同学者经过比较研究后普遍认为我国应该借鉴国外农业技术推广相关体系建设经验、技术推广模式（胡瑞法，2004；董永，2009；丁自立，2011）。

国外也有众多学者对农业技术推广进行了广泛的研究，其研究领域多集中于农业技术推广的原理、机制等领域。Rogers（2003）通过深入调查农村中的新事物（新品种、新农药、新机械）的采用和普及过程创建了"创新扩散理论"，从农业科技创新的产生、传播、扩散与决策应用过程进行了系统研究。认为"创新扩散"过程至少包括四个环节：知晓（了解）、劝服、决定（决策）、确认（证实），大众传播早期过程比以后更有影响，传播过程呈"S"形曲线，即在采用开始时速度很慢，当其扩大至居民一半时速度加快，而当其接近最大饱和点时又慢下来。Leeuwis（2004）在农村社会学、人类学、社会心理学等学科基础之上提出"个体行为基本变量"模型，力求从认知角度解释农民技术采纳的行为。

Amir K（1999）在其多年研究的基础上建立了农业创新技术采纳概念框架。此外，还有众多学者对各地不同的农业技术创新推广案例进行了深入分析（Abdu-lai A，2005；Boz I，2005；Dadi，2004；Baidu-Forson，1999）。

综观以上国内外研究可以发现，现有研究从多个方面对农业技术推广进行了广泛的调查、研究与探讨，为我国的农业技术推广政策制定和机构改革提供了重要理论依据。然而由于农业技术推广现实的复杂性，现有研究未能解决农业技术推广中的关键问题，农业技术推广效率低下的问题依然没有得到根本改观。其中最为重要的一个不足是缺少以人为本的研究视角，尤其是缺少从农业技术推广人员这个关键主体出发的全面深入研究，从而限制了研究的意义和作用。虽有少量关于农业技术推广队伍的研究，但集中在地方层次，难以全面代表国家整体农业技术推广人员的情况，而且调查分析的内容广度和深度均有所不足。本研究从以人为本视角出发，对农业技术推广人员的基本状况、诉求、困难、工作机制与环境等进行全面深入调查与分析，一定程度上能够弥补现有研究的不足，因而具有重要的理论与实践意义。

1.2 研究设计

1.2.1 研究目标

本课题总体目标是为相关部门深化农技推广体系改革、发挥我国农技推广人力资源潜力、提高农技推广工作效率效果等工作提出切实可行的政策建议。具体来说，本课题将在相关人力资源和农业科技创新理论指导下，根据所获得农技推广人员基本状况的调查结果，结合我国当前的政策、体制、经济、社会和文化环境等，从国家总体、工作开展、个体需求、社会网络四个方面对限制我国农业技术推广人员潜力发挥的关键原因进行深入分析和探讨，寻求改进农业科技推广机制的策略和办法，为我国将来农业科技推广机制改革、法制建设等方面的政策制定提供决策参考依据。具体目标包括以下五个方面：

第一，通过调查掌握我国农技推广队伍总体情况，从横向层面为决策和立法提供基础数据。

第二，通过调查了解体制内外，正式、非正式农技推广人员工作现状、过程与机制，从科学角度掌握提高农技推广人员工作效率效果关键因素，从纵向层面为相关决策和立法提供理论依据。

第三，通过调查掌握农技推广人员工作生活发展，心理需求及其满足情况，从个体心理的角度为相关决策和立法提供理论支持。

第四，通过调查掌握农技推广人员的工作角色互动情况与互动机制，从社会网络角度探讨建设农技推广人员建立良好社会关系和互动工作环境的策略与方法。

第五，探索适应市场机制的、面向不同需求的多架构（政府多部门、企业、农户）农业推广机制。

1.2.2　研究内容

根据前面所述研究背景和研究目的，本研究将从以人为本的视角出发，重点围绕农技推广人员的总体状况、工作发展机制开展全面而深入的调查研究，为最大限度发挥我国农业技术推广人力资源潜力与力量提供基本数据和理论依据。

在本研究中，研究对象既包括县乡两级农业技术推广服务机构在编或者不在编、但在岗的工作人员，也包括不在上述机构但实际从事农业技术推广工作的人员。如科技特派员、科技示范户、涉农企业的技术人员。具体研究内容包括以下几个方面：

第一，文献研究。即对农技推广队伍的总体基本情况现有资料综述研究。通过权威部门已有统计和调查数据研究和掌握我国农业技术推广人力资源的总体数量、结构、分布与流动基本情况。在横向层面从国家总体角度为政府部门进行农业技术推广政策科学决策、立法提供基础数据。同时通过文献研究掌握农业推广中心（站所）以外的新型推广人员的基本情况。

第二，调查农技推广人员的单位基本情况、个体基本情况、工作内容、时间分配、管理机制与设施条件。从农技推广人员的工作原理、机制与条件出发，在纵向层面研究和掌握影响农技推广人员工作效率、效果的关键因素。为相关决策部门出台促进我国农技推广人力资源潜力发挥、提高农技推广工作效率效果的政策措施提供决策依据。

第三，调查农技推广人员的职业预期、技能提升情况及其聘用、考核与管理体制。从农技推广人员的个体心理与发展需求出发，分别从农技推广人员和农技推广机构两个方面调查和掌握农技推广人员的职业预期目标、心理需要和发展需求，及其管理机构对这些目标、需要和需求的满足情况，找出其中矛盾冲突。为建立科学的农业技术人员激励、考核与管理机制提供理论依据。

第四，调查农技推广人员的履职情况与相关群体的角色互动情况与机制。农技推广人员工作的开展与潜力的发挥有赖于与其他相关利益群体和组织的良好互动与相互支持。其中农民、涉农企事业单位、农村合作经济组织、农业科学研究机构等群体和组织是与农技推广人员开展技术推广工作密切相关的利益角色。

1.2.3 研究方法与技术路线

本课题研究分析建立在科技创新传播、人力资源开发管理、社会网络互动和政策制度分析等理论基础上，以便研究者能够全面深入地理解和认识农技推广人员的基本状况、工作机制、激励机制、角色互动的实质，从中找出限制农技推广人力资源潜力发挥和阻碍农技推广工作效率效果提高的关键因素。为促进农技推广事业发展的政府决策和立法提供科学依据。本课题在不同研究阶段采用不同的具体研究方法以确保研究的顺利完成和研究的科学性、可靠性。

（1）研究准备阶段

此阶段主要使用文献研究方法。课题组人员通过大量查找、阅读和分析现有文献和理论，为本研究设计、调查和分析奠定重要的知识和理论基础。

（2）研究设计阶段

此阶段主要使用头脑风暴法和专家研讨法。课题主要研究人员首先通过头脑风暴法对课题研究实施方案进行初步设计，并在小范围内进行研究方案的预调查，然后分别通过内部专家和外部专家研讨法对初步方案进行完善，确保方案的科学性和可行性。

（3）研究调查阶段

此阶段主要使用二手数据收集法和实地调查法。二手数据收集法将主要包括两个方面的数据收集。一个方面是国家权威统计部门关于农技推广人员的统计数据的收集，另一个方面是现有研究学者关于农技推广人员已有调查研究数据的收集。

实地调查法具体包括问卷调查、个案访谈、机构访谈、小组访谈等多种研究工具。本研究借助这些研究工具获取研究所需一手材料。

由于农业服务和推广工作主要还是由国家正式体制内的农技推广人员来完成，因此本课题主要以正式机构，如农技推广服务中心及农业相关站点从事农技推广服务工作的技术人员为主要调查对象。另外，由于目前一些非正式的农技推广服务人员，如科技特派员、农技协调员、农业技术能手、专业大户、创业村官等也在从事着农业推广服务工作，并且在农业科技服务和推广工作中发挥着越来越大的作用。因此，在本课题中也会对这类群体有所涉及。但由于这类群体多为兼职人员、目前在各种统计工作中并未有明确数据，且考虑到这类群体在各地的分布和作用发挥情况也存在着差异，因此，尽管这类群体重要，但在本研究中仅能选取较少部分样本调查，而更多作为典型案例进行研究，以便了解正式、非正式农技推广人员发挥的作用情况。基于以上考虑，本课题调查了10个以农业生产为主的代表性省区，其中考虑到抽样的科学性及各省份的东中西分布情况，最终确定这10个省区为河北、河南、宁夏、吉林、贵州、山东、江西、湖南、广西、陕西。在每个省区中，选择5个样本县。其中，样本县的抽取主要根据省区内农业种养区域的分布，选取农业生产较有代表性县区。在每个县内根据系统抽样抽取40名具有正式身份的农技推广人员和20名非正式的农技推广人员，共计3 000个样本。调查对象的选择充分考虑了不同部门、性别、年龄、职称对象等方面的平衡，以确保调查对象具有代表性。为保证研究的准确性和科学性，本研究还会在这10个省分别选取5个农技推广人员作为典型案例，进行深入的访谈，同时结合机构访谈、小组访谈等形式深入理解农技推广人员工作、生活、发展的现状与内在规律。为课题研究与分析奠定充分、科学、可靠的数据。

（4）数据分析阶段

此阶段使用了数理统计分析、案例研究分析、社会网络分析、政策与制度分析等具体研究方法。数理统计分析方法主要是对国家相关农技人员统计数据和本研究问卷调查所获的研究数据进行分析，其目的是了解农技人员工作、生活、发展基本状况。案例研究分析主要是用来对实地调查过程中获取的不同层次、类型的典型案例进行分析，借以深刻理解和认识农技推广人员的工作机制、激励原理、个体心理和角色互动机制，并找出限制农业技术推广人员潜力发挥的关键因素。社会网络分析将主要用来对农技推广人员与农民、企业、研究机构等关键相关利益群体的互动机制进行分析。政策与制度分析将主要用来分析我国现有农业技术推广政策、法律、制度中存在的优势与不足，同时为相关政策制定和制度改革建议的提出奠定基础。

（5）报告撰写阶段

本阶段主要采用头脑风暴法和专家研讨、访谈法。在以上调查分析基础上，本课题通过头脑风暴法在主要研究人员内部形成研究报告撰写主要提纲和主要观点，然后分工撰写研究报告。同时使用专家小组研讨和个体访谈的方法在研究报告提纲设计、观点提炼、报告撰写与修改完善等不同阶段集合专家的力量，提高研究的科学性、权威性、可靠性和创新性，确保研究质量。

为有效完成本课题研究目标与任务，研究按照以下具体技术路线逐步进行（图 1-1）：

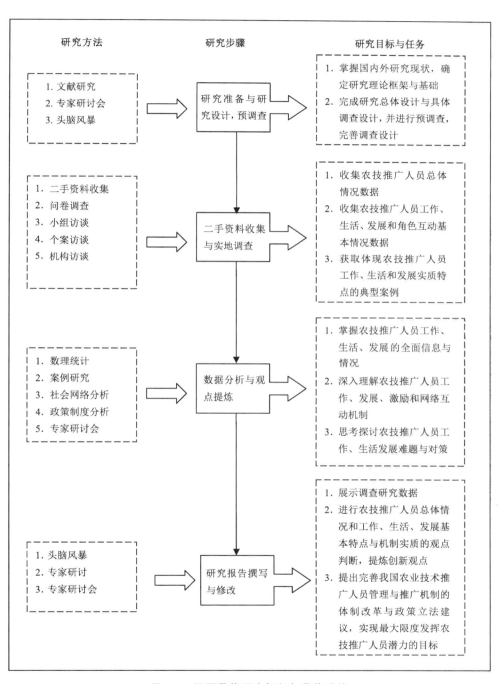

研究方法　　　　　研究步骤　　　　　研究目标与任务

研究方法
1. 文献研究
2. 专家研讨会
3. 头脑风暴

研究步骤
研究准备与研究设计，预调查

研究目标与任务
1. 掌握国内外研究现状，确定研究理论框架与基础
2. 完成研究总体设计与具体调查设计，并进行预调查，完善调查设计

研究方法
1. 二手资料收集
2. 问卷调查
3. 小组访谈
4. 个案访谈
5. 机构访谈

研究步骤
二手资料收集与实地调查

研究目标与任务
1. 收集农技推广人员总体情况数据
2. 收集农技推广人员工作、生活、发展和角色互动基本情况数据
3. 获取体现农技推广人员工作、生活和发展实质特点的典型案例

研究方法
1. 数理统计
2. 案例研究
3. 社会网络分析
4. 政策制度分析
5. 专家研讨会

研究步骤
数据分析与观点提炼

研究目标与任务
1. 掌握农技推广人员工作、生活、发展的全面信息与情况
2. 深入理解农技推广人员工作、发展、激励和网络互动机制
3. 思考探讨农技推广人员工作、生活发展难题与对策

研究方法
1. 头脑风暴
2. 专家研讨
3. 专家研讨会

研究步骤
研究报告撰写与修改

研究目标与任务
1. 展示调查研究数据
2. 进行农技推广人员总体情况和工作、生活、发展基本特点与机制实质的观点判断，提炼创新观点
3. 提出完善我国农业技术推广人员管理与推广机制的体制改革与政策立法建议，实现最大限度发挥农技推广人员潜力的目标

图 1-1　课题具体研究框架与具体路线

第 2 章

农技推广人员样本总体情况分析

本次调查样本选取采用判断抽样法。由课题组专家首先根据前期调研成果与专业知识选择在农业和农技推广方面具有典型代表性的省份与县市，然后派出调研小组分赴各地进行实地调查。在科协专家组审核后确定广西、贵州、河北等10个省份，这些省份目前是我国最重要的农业生产基地，样本来源地的选择同时考虑了东中西部地区的分布。本课题问卷调查计划完成问卷 3 300 份，收取有效问卷 2 975 份，平均每个省 5 个县 300 份左右，其中东中部地区人员占55.4%，西部地区人员占44.6%，另外收集了250多个典型案例访谈资料。被调查人员工作地点和区域具体分布情况如表 2-1、表 2-2 所示：

表 2-1　农技推广人员工作地点分布情况统计表　　　　　%

区域	频率/人	百分比	有效百分比	累积百分比
广西	485	16.3	16.3	16.3
贵州	302	10.2	10.2	26.5
河北	300	10.1	10.1	36.5
河南	271	9.1	9.1	45.6
湖南	251	8.4	8.4	54.1
吉林	307	10.3	10.3	64.4
江西	270	9.1	9.1	73.5
宁夏	232	7.8	7.8	81.3

续表2-1

区域	频率/人	百分比	有效百分比	累积百分比
山东	238	8.0	8.0	89.3
陕西	308	10.4	10.4	99.6
其他	11	0.3	0.3	100.0
合计	2 975	100.0	100.0	

表2-2 农技推广人员工作区域分布情况统计表

区域	频率/人	百分比	有效百分比	累积百分比
西部地区	1 327	44.6	44.6	44.6
中东部地区	1 648	55.4	55.4	100.0
合计	2 975	100.0	100.0	

　　本次调研对象包括体制内与体制外农技推广人员。其中体制内农技推广人员包括政府农技推广机构中的有编制推广人员和无编制推广人员。体制外农技推广人员则包括科技示范户、涉农企业技术人员、科学研究人员、农民带头人、农村实用技术人才、农民协会与合作社技术人员、科技特派员、种养大户、农资经销商、政府公务员、普通农民、学生、农民经纪人、村干部、学校教师、大学生村官及其他的参与农技推广活动的人员。体制内农技推广人员具有比较明确的身份定位，但体制外农技推广人员往往拥有多种身份定位，而且工作地点、行业十分分散，虽然参与农技推广工作，但通常不是最主要的身份，因此调查时显得十分困难。本课题调研人员需要与其充分沟通后才能取得其配合完成调查工作。本次调研基本完成了课题研究设计时所提出的调查2/3体制内农技推广人员和1/3体制外农技推广人员的目标任务。对于我们了解体制内、外农技推广人员的基本状况能够提供良好的数据资料。但由于体制外农技推广人员缺少明确的总体，在延伸解释时要十分慎重。从表2-3调查结果可以看出，虽然近年来我国高度重视农技推广机构的改革，大幅增加了农技推广机构的投入，但在政府农技推广机构中还是存在一定的无编制的农技推广人员，他们的工作条件、工作待遇在一定程度上难以得到保证。在体制外农技推广人员中，各种参与推广人员非常分散，其中

以科技示范户、种养大户、农资经销商参与较多，这与课题组在其他课题对农民的调研中能够得到相互验证，他们是农民获取农业科技知识、技术的重要渠道。相关具体情况如表 2-3 所示：

表 2-3　农技推广人员个体身份定位基本情况　　　　　　　　%

		频率/人	百分比	有效百分比	累积百分比
体制内	政府有编制农技推广人员	1 942	65.3	65.6	65.6
	政府无编制农技推广人员	129	4.3	4.4	69.9
体制外	科技示范户	109	3.7	3.7	73.6
	涉农企业技术人员	71	2.4	2.4	76.0
	科学研究人员	35	1.2	1.2	77.2
	农民带头人	58	1.9	2.0	79.1
	农村实用技术人才	43	1.4	1.5	80.6
	农民协会与合作社技术人员	72	2.4	2.4	83.0
	科技特派员	13	0.4	0.4	83.5
	种养大户	103	3.5	3.5	86.9
	农资经销商	128	4.3	4.3	91.3
	政府公务员	41	1.4	1.4	92.6
	普通农民	73	2.5	2.5	95.1
	学生	27	0.9	0.9	96.0
	农民经纪人	5	0.2	0.2	96.2
	村干部	45	1.5	1.5	97.7
	学校教师	11	0.4	0.4	98.1
	大学生村官	32	1.1	1.1	99.2
	其他	25	0.8	0.8	100.0
	合计	2 962	99.6	100.0	
缺失		13	0.4		
合计		2 975	100.0		

为了挖掘数据背后隐藏的信息，本课题组对调查所获问卷数据和案例材料进行了整理、分析与多次研讨。下文将按照课题任务书要求对相关调研结果进行展示、讨论和分析。

2.1 被调查农技推广人员个体基本情况

2.1.1 被调查农技推广人员的性别结构

本次问卷被调查农技推广人员中男性占 65.71%，女性占 34.29%。实地调查中发现男性多女性少的情况在基层农技推广机构中非常普遍。本次问卷调查性别数据能够基本上印证这种发现。该结果能够从侧面印证农技推广人员工作繁重，经常要下乡与农民交流互动，多数女性人员不愿意从事该工作。见图 2-1。

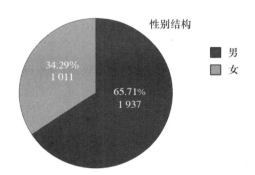

图 2-1 被调查农技推广人员性别结构分布

2.1.2 被调查农技推广人员的年龄结构

按照国家统计局以 5 年为间隔进行年龄分段的规则，本研究所调查农技推广人员的年龄结构如表 2-4 所示：

表 2-4 农技推广人员年龄统计表

		频率/人	百分比	有效百分比	累积百分比
有效	50 岁及以上	647	21.7	22.0	22.0
	45～49 岁	599	20.1	20.4	42.5
	40～44 岁	694	23.3	23.6	66.1

续表 2-4

		频率/人	百分比	有效百分比	累积百分比
有效	35～39 岁	464	15.6	15.8	81.9
	30～34 岁	262	8.8	8.9	90.8
	25～29 岁	183	6.2	6.2	97.1
	20～24 岁	81	2.7	2.8	99.8
	20 岁以下	5	0.2	0.2	100.0
	合计	2 935	98.7	100.0	
缺失		40	1.3		
合计		2 975	100.0		

从表 2-4 数据可以看出，本研究所调查农技推广人员年龄以 35 岁以上的居多，所占比例达到 81.9％以上，其中 40 岁以上为 66.1％以上。所有人员的平均年龄为 42.34，中值为 43。数据表明，被调查农技推广人员老龄化的趋势非常明显。图 2-2、图 2-3 能够更为直观显示这种趋势。

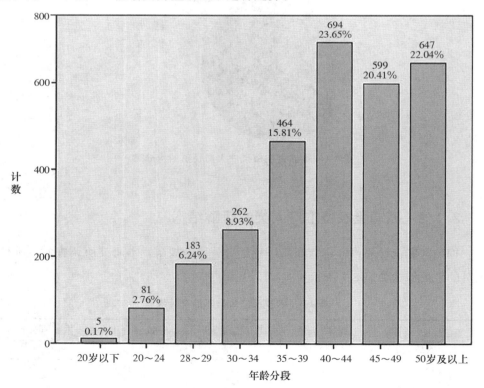

图 2-2　被调查农技推广人员年龄结构

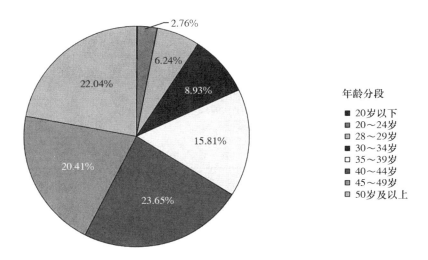

图 2-3　被调查农技推广人员年龄结构分布饼图

2.1.3　被调查农技推广人员的学历结构

从学历结构来说，被调查农技推广人员的学历以大专和本科为主，受过专业教育的人员比例接近 80％，其中也有近 20％的人员仅受过中小学教育。相比较而言，当前农技推广队伍的学历情况比以前有较大的改善，基本达到了国家农技推广机构改革和人员能力建设的要求。被调查农技推广人员学历结构改善的原因一方面来自外部新生力量的补充，另一方面机构精简导致低学历人员的外流以及部分人员的再教育。具体调查结果如表 2-5 所示：

表 2-5　被调查农技推广人员学历结构　　　　　　　　　　　％

		频率/人	百分比	有效百分比	累积百分比
有效	博士	7	0.2	0.2	0.2
	硕士	41	1.4	1.4	1.7
	本科	787	26.5	27.2	28.8
	大专	989	33.2	34.2	63.0
	中专	465	15.6	16.1	79.0
	高中	265	8.9	9.2	88.2

续表 2-5

		频率/人	百分比	有效百分比	累积百分比
有效	初中	297	10.0	10.3	98.4
	小学	45	1.5	1.6	100.0
	合计	2 896	97.3	100.0	
缺失		79	2.7		
合计		2 975	100.0		

2.1.4 被调查农技推广人员的专业结构

本次调查对农技推广人员的专业背景也进行了统计，由于具体专业种类太多，本课题组将这些专业分成了与农业直接相关专业、间接相关专业和与农业不相关的专业。农业直接相关专业包括农学、畜牧、兽医、农业机械、果树、植保、园艺、土壤等专业。农业间接相关专业包括教育、经济管理、机电、生物技术、经济学、贸易等相关专业。农业不相关专业包括文学、会计、医学、党政管理、企业管理、英语、通信工程、物理、建筑、电子、物流、旅游管理等专业。从专业结构统计数据来看，被调查农技推广人员具有非常好的专业背景，88.8%的人员具备农业直接或间接相关专业背景。如果考虑到缺少专业背景而没有填写相关选项答案的人这个比例会有所缩小，但与农业直接或间接相关专业背景人员的比例仍然超过60%。具体数据如表 2-6 所示：

表 2-6 被调查农技推广人员专业结构   %

		频率/人	百分比	有效百分比	累积百分比
有效	农业直接相关专业	1 772	59.6	81.6	81.6
	农业间接相关专业	157	5.3	7.2	88.8
	农业不相关专业	243	8.2	11.2	100.0
	合计	2 172	73.0	100.0	
缺失		803	27.0		
合计		2 975	100.0		

2.1.5　被调查农技推广人员的职称结构

从职称结构来看,被调查农技推广人员以中级职称为主,其中48.7%获得了中高级职称,另有18.6%的人员获得了初级职称。三者总共占到了有效回答该选项问题答案的2/3,职称结果趋向于更加合理。如果考虑无职称而没有填写该选项答案人员,则具有高、中级职称的比例为38.24%,仅有1/3左右,相反不具有任何职称的人员比例接近50%。见表2-7。

表2-7　被调查农技推广人员职称结构　　　　　　　　　　　　%

		频率/人	百分比	有效百分比	累积百分比
有效	高级职称	258	8.7	11.0	11.0
	中级职称	885	29.7	37.7	48.7
	初级职称	437	14.7	18.6	67.3
	无专业职称	767	25.8	32.7	100.0
	合计	2 347	78.9	100.0	
缺失		628	21.1		
合计		2 975	100.0		

2.2　被调查农技推广人员所属组织或机构情况

本课题对有组织或机构农技推广人员进行了更多关于其组织机构情况的调查,没有工作单位或组织的人员不回答这方面的问题。下面是相关调查结果。

2.2.1　组织或机构性质

从机构性质来看,拥有组织或工作单位的人员有81.7%认为自己的组织属于推广机构,另有19.3%的人员认为属于科研机构、企业、供销合作社、农民组织等其他机构。除推广机构外的其他机构或组织是体制外农技推广人员的重要来源，他们是《农业技术推广法》农技推广多元化主体力量的重要组成部分。虽然农技推广不是其主要职责，但具有部分农技推广的要求和任务，或者说农技推广的活动能够帮助其科研、销售、收购、加工、经营等主要职责的完成。另有大量没有组织或工作单位的农技推广人员也是体制外农技推广人员的重要力量，或者说是更加重要的力量，构成了体制外农技推广人员的主体部分。他们是作为单独的个体在发挥农技推广的作用。这种缺少组织或机构支持的独立个体虽然也能在农技推广方面发挥重要作用，但这种作用在广度和深度上会受到很大的限制。给这部分人员提供更大的支持是促进体制外农技推广力量成长的重要条件。关于农技推广人员所属机构性质的具体调查结果如表 2-8 所示：

表 2-8　农技推广人员工作单位（组织）性质统计表　　　　　　　%

		频率/人	百分比	有效百分比	累积百分比
有效	推广机构	1 999	67.2	81.7	81.7
	科研机构	41	1.4	1.7	83.4
	企业	86	2.9	3.5	86.9
	供销合作社	42	1.4	1.7	88.6
	农民组织	127	4.3	5.2	93.8
	大中院校	27	0.9	1.1	94.9
	其他	124	4.2	5.1	100.0
	合计	2 447	82.3	100.0	
缺失		529	17.7		
合计		2 975	100.0		

2.1.2　组织或机构规模

拥有组织或工作单位的农技推广人员其机构规模 20 人及以下的占到 67.2%，其中 10 人及以下规模的为 45.8%，这些数据表明大多数农技推广机构规模较小。具体数据如表 2-9 所示：

表 2-9 农技推广人员工作单位（组织）机构人员规模统计表 %

		频率/人	百分比	有效百分比	累积百分比
有效	10 人及以下	957	32.2	45.8	45.8
	11～20 人	448	15.1	21.4	67.2
	21～30 人	159	5.3	7.6	74.8
	31～40 人	84	2.8	4.0	78.9
	41～50 人	93	3.1	4.4	83.3
	50 人以上	349	11.7	16.7	100.0
	合计	2 090	70.3	100.0	
缺失			885	29.7	
合计		2 975	100.0		

被调查农技推广人员所在的工作单位（组织）中并不是所有的人都在从事农技推广工作，机构人员中全部从事农技推广工作组织的比例为 41.4%，接近一半的机构其从事农技推广工作的人员低于 80%。这种情况从侧面说明农技推广机构或组织的多元化职能与作用。具体数据如表 2-10 所示：

表 2-10 农技推广人员工作单位（组织）从事农技推广工作人员比重 %

		频率/人	百分比	有效百分比	累积百分比
有效	20% 以下	130	4.4	6.4	6.4
	20%～39%	252	8.5	12.3	18.7
	40%～59%	283	9.5	13.9	32.6
	60%～79%	338	11.4	16.6	49.1
	80%～99%	193	6.5	9.5	58.6
	100%	845	28.4	41.4	100.0
	合计	2 041	68.6	100.0	
缺失			934	31.4	
合计		2 975	100.0		

2.1.3 组织或机构主要职责

我国农业技术推广实行国家农业技术推广机构与农业科研单位、有关学校、农民专业合作社、涉农企业、群众性科技组织、农民技术人员等多元主体相结合的推广体系。不同主体具有各自的多种职责。其中体制内推广主体多数是以农技推广作为其最主要的职责，而体制外推广主体则更多地是将农技推广作为辅助职责。新修订版的《中华人民共和国农业技术推广法》第十一条规定我国各级国家农业技术推广机构属于公共服务机构，履行下列公益性职责：（一）各级人民政府确定的关键农业技术的引进、试验、示范；（二）植物病虫害、动物疫病及农业灾害的检测、预报和预防；（三）农产品生产过程中的检验、检测、监测咨询技术服务；（四）农业资源、森林资源、农业生态安全和农业投入品使用的监测服务；（五）水资源管理、防汛抗旱和农田水利建设技术服务；（六）农业公共信息和农业技术宣传教育、培训服务；（七）法律、法规规定的其他职责。从本课题组实地调查所得到的情况来看，农技推广服务十分复杂，涉及产品销售与经营、项目管理、执法监督、培训服务、技术示范、研究创新等多方面的内容，其中关键是解决农技推广过程中的各种实际问题。另外，加上农技推广人员隶属于地方政府管理的体制原因，致使农技推广人员还承担了计划生育、行政管理等许多非农技推广的职责。这些非农技推广职责在很多地方尤其是乡镇一级农技推广机构成为当地农技推广人员的主要任务。乡镇农技推广人员数量很少，对基层国家农技推广任务的落实产生了十分不利的影响。而县级农技推广部门虽然看起来人数较多，但要分管全县的农技推广工作，而且要负责行政管理、执法监督等多重职责，致使其服务对象范围十分有限。主要集中于部分大规模种养殖大户和科技示范户，而大多数普通农民不在他们的推广范围之内，影响自然也是十分有限。这种情况将在后文农技推广人员的推广对象调研数据中得到进一步的证实。

本课题问卷调查对有组织或工作单位农技推广人员组织的最主要工作职责也进行了调查。调查结果显示，仅有 76% 的农技推广人员认为他们组织最主要工作职责是农技推广，另有 24% 的人员认为其组织最主要的职责不是农技推广。这种情况表明，农技推广人员工作职责的多元性，除了推广农业技术之外，还涉及行政管理、执法监督、科学研究、经营创收等多种职责与特点。充分说明了农技推广工作的复杂性，包含的工作内容非常广泛，要推广的技术内容也非常广泛，既具有公益性特点，同时也具有营利性特点。这种多元工作性质和职责要求在具体实行时和管理中很容易让管理者、实施者产生无从着手、缺少具体明确任务、难以确定合适的管理办法等多种问题。同时，对农技推广政策的片面宣传，又很容易让公众、农民对农技推广产生一种片面、简单的认识，即农技推广机构只是推广农业技术，是公益性的、免费的技术传播活动。农技推广总体职责的复杂性、广泛性以及社会多方利益群体对农技推广机构认知的不一致性导致农技推广工作机构自身开展工作的多种困难，同时也导致公众对农技推广工作机构的多种负面认识，轻易地否定了农技推广工作的巨大成绩。我国各大作物良种与农业技术的高普及率、农业机械使用的日益广泛性、粮食产量的十连增无不显示了我国农业发展的巨大成绩，虽然这是多种原因形成的共同结果，但其中农技推广部门绝对是其中最重要的一支支持力量。本课题组在各地实地调查中发现，各地各种农业政策的推出与实行最终都离不开农技推广这支主体力量。如山东高产创建工程、农业产业结构调整规划、宁夏科技特派员制度等政策的实施，虽然可能是其他部门领导，但农技推广机构均是其中的中坚力量，离开农技推广机构这些政策几乎无法实行。此次关于农技推广人员工作单位或组织最主要工作职责的具体调查结果如表 2-11 所示：

表 2-11　农技推广人员工作单位（组织）最主要工作职责统计表　　　　%

		频率/人	百分比	有效百分比	累积百分比
工作单位（组织）最主要工作职责					
有效	行政管理	291	9.8	12.6	12.6
	农技推广	1 749	58.8	76.0	88.7
	执法监督	60	2.0	2.6	91.3
	经营创收	103	3.5	4.5	95.7
	科学研究	41	1.4	1.8	97.5
	其他	57	1.9	2.5	100.0
	合计	2 301	77.3	100.0	
缺失		674	22.7		
合计		2 975	100.0		

另外，从事农技推广工作的时间比例以及组织（机构）内从事农技推广人员的比例也能够反映这种农技推广职责多元化。本课题被调查农技推广人员从事农技推广工作时间占其所有工作时间的平均比例为 61.91%，其中全身心投入农技

推广工作的只有10%左右，超过1/4的人员从事农技推广工作的时间不到其工作时间的一半。在被调查农技推广人员组织内部，其从事农技推广人员的平均比例为68.6%，其中少于40%的组织占18.7%，少于60%的占32.6%，少于80%的占49.1%，仅有28.4%的组织是所有人员均从事农技推广工作。这两项调查结果表明，农技推广机构（组织）和人员常常具有多种职责、任务和追求，不能将所有人员和精力均投入到农技推广工作本身。宁夏贺兰县立岗镇农技服务中心的姚主任认为，农技推广人员职能不清，中心农技人员有10%~20%的时间都被行政事务干预，这样的状况在乡镇更为严重。因此，对于今后农技推广工作政策的希望是，能出台政策来缓解农技人员的工作压力。贵州省盘县红果镇农推站的工作人员表示，在日常工作中只有少部分的时间是从事农技推广工作，其余时间基本上都是镇里安排，以其他工作为主，农技推广工作做不完就只有加班了。具体调查结果如表2-12、表2-13所示：

表 2-12 被调查农技推广人员从事农技推广工作时间比例统计表　　　　%

		频率/人	百分比	有效百分比	累积百分比
有效	少于25%	391	13.1	14.7	14.7
	25%~49%	344	11.6	12.9	27.6
	50%~74%	785	26.4	29.4	57.0
	75%~99%	852	28.6	31.9	88.9
	100%	295	9.9	11.1	100.0
	合计	2 667	89.6	100.0	
缺失		308	10.4		
合计		2 975	100.0		

表 2-13 被调查农技推广人员组织从事农技推广工作人员比例统计表　　　%

		频率/人	百分比	有效百分比	累积百分比
有效	20%以下	130	4.4	6.4	6.4
	20%~39%	252	8.5	12.3	18.7
	40%~59%	283	9.5	13.9	32.6

续表 2-13

		频率/人	百分比	有效百分比	累积百分比
有效	60%～79%	338	11.4	16.6	49.1
	80%～99%	193	6.5	9.5	58.6
	100%	845	28.4	41.4	100.0
	合计	2 041	68.6	100.0	
缺失		934	31.4		
合计		2 975	100.0		

2.1.4　组织或机构人员流动状况

人员流动是组织吸取新鲜血液、调整人员结构、保持组织活力的重要途径。根据课题组成员实地调查所了解到的情况，由于基层农技推广工作不受领导重视、升职机会少、工作待遇低，基层农技推广机构招聘应届大学生非常困难，有的单位近十年没有招聘过一个大学生，有的单位即使进来了大学生，这些大学生也难以安心从事农技推广工作，多数会在短时间内通过公务员考试等各种方式离开农技推广部门。至于从社会其他部门向农技推广部门流动的人员也是非常少，即使有也可能是作为政府机构解决转业军人安置任务的一个可随意安插人员的机构。例如，作为地市级农技推广部门，保定市农业局农技推广站拥有很好的设施设备条件和很强调动技术人员的能力，但是目前单位从领导到工人技工转业军人占了很高的比重，有职工风趣地说："农业局快成军营了"，而近几年真正的技术人员已出现断岗现象。本课题问卷调查结果表明，58.6%的被调查人员组织在近5年内没有招聘过应届大学毕业生，67.2%的被调查人员的组织在近5年内没有引进过社会其他人员。即使有的组织引进了应届大学生或社会流动人员，其数量也主要集中在1～2人的微小范围。具体调查结果如表2-14、表2-15所示：

表 2-14　农技推广人员工作单位（组织）近 5 年招聘应届大学生人数统计表　　　%

		频率/人	百分比	有效百分比	累积百分比
有效	1～2 人	388	13.0	17.0	17.0
	3～5 人	230	7.7	10.1	27.1
	6～9 人	144	4.8	6.3	33.5
	10 人以上	181	6.1	7.9	41.4
	无	1 335	44.9	58.6	100.0
	合计	2 278	76.6	100.0	
缺失		697	23.4		
合计		2975	100.0		

表 2-15　农技推广人员单位（组织）近 5 年引进社会其他人员人数统计表　　　%

		频率/人	百分比	有效百分比	累积百分比
有效	1～2 人	292	9.8	13.6	13.6
	3～5 人	184	6.2	8.6	22.2
	6～9 人	72	2.4	3.4	25.6
	10 人以上	154	5.2	7.2	32.8
	无	1 440	48.4	67.2	100.0
	合计	2 142	72.0	100.0	
缺失		833	28.0		
合计		2 975	100.0		

从被调查农技推广人员参加农技推广工作时间的调查结果来看，可以进一步验证上述体制内农技推广人员流动严重不足的现象。只有 18.62% 的人员是在近 5 年内加入农技推广组织的，54.5% 的农技推广人员在其组织中已经工作了 15 年以上。具体数据如表 2-16 所示：

表 2-16　农技推广人员从事农技推广工作时间统计表　　　%

		频率/人	百分比	有效百分比	累积百分比
有效	26 年及以上	576	19.4	22.2	22.2
	16～25 年	838	28.2	32.3	54.5
	6～15 年	696	23.4	26.8	81.4

续表 2-16

		频率/人	百分比	有效百分比	累积百分比
有效	0～5 年	483	16.2	18.6	100.0
	合计	2593	87.2	100.0	
缺失		382	12.8		
合计		2 975	100.0		

换一种角度来看，53.6％的农技推广人员没有非农技推广工作的经历，29.2％的人员具有 1～5 年的非农技推广工作经历，仅有 17.2％的人员具有在其他工作岗位 6 年以上长期工作的经历。见表 2-17。

表 2-17 农技推广人员非农技推广工作经历时间统计表   %

		频率/人	百分比	有效百分比	累积百分比
有效	无非农技推广工作经历	1 304	43.8	53.6	53.6
	1～5 年非农技推广工作经历	711	23.9	29.2	82.8
	6～10 年非农技推广工作经历	187	6.3	7.7	90.5
	10 年以上非农技推广工作经历	232	7.8	9.5	100.0
	合计	2 434	81.8	100.0	
缺失		541	18.2		
合计		2 975	100.0		

总体上，被调查农技推广人员中其参加工作时间与参加农技推广时间相同人员的比例在 50％以上。

从本课题组实地调查的情况来看，宁夏盐池县农技推广中心共有 32 个编制，但由于政策不允许，十几年来，机构没有进过新人，人员老龄化严重，40 岁以下只有 3 人，而且普遍学历低，大多是二次学历。除了县农技中心的 28 人外，县里的 8 个乡镇各设有农业服务站，每个站有 1～2 人，工作量很大。宁夏吴忠市利通区农技中心编制 52 人，目前有 49 人。10 个乡镇服务中心，共 63 人，每站 5～6 人，其中有两个站自收自支。整体上，农技中心近十年来没有进人，30～45 岁居多，没有 30 岁以下的年轻人。

以上多项数据表明，农技推广组织的人员流动性非常差，一方面造成了当前农技推广人员的年龄结构老化趋势，另一方面也导致农技推广体系的知识老化现象。在农业生产技术、发展环境变化迅速的宏观背景下，几十年前接受专业教育的农技推广人员的专业知识要适应当前农业发展新形势、新问题、新需求面临着重大困难和挑战。另外，缺少其他工作岗位的工作经历和实践锻炼也不利于农技推广人员的全面成长和解决复杂农技推广问题的能力提高。

2.3 被调查农技推广人员工作意愿与评价基本情况

2.3.1 工作强度与难度

《中华人民共和国劳动法》规定，劳动者每日工作时间不超过八小时、平均每周工作时间不超过 44 小时。本课题调查表明，接近 40% 的农技推广人员存在超时工作的现象，其中 8.6% 每周工作时间超过法定工作时间的一半以上。见表2-18。

表 2-18　被调查农技推广人员每周工作时间统计表　　　　　　　　%

		频率/人	百分比	有效百分比	累积百分比
有效	少于 40 小时	346	11.6	12.2	12.2
	40～44 小时	1 373	46.2	48.4	60.6
	45～60 小时	875	29.4	30.8	91.4
	60 小时以上	243	8.2	8.6	100.0
	合计	2 837	95.4	100.0	
缺失		138	4.6		
合计		2 975	100.0		

从对农技推广人员工作强度的调查结果来看，接近 60% 的被调查人员认为其工作强度比较大或非常大。见表2-19。

表 2-19　农技推广人员工作强度调查统计表　　　　　　　　　%

		频率/人	百分比	有效百分比	累积百分比
有效	非常大	535	18.0	18.1	18.1
	比较大	1 193	40.1	40.4	58.5
	正常	1 123	37.7	38.0	96.6
	比较小	95	3.2	3.2	99.8
	非常小	6	0.2	0.2	100.0
	合计	2 952	99.2	100.0	
缺失		23	0.8		
合计		2 975	100.0		

对于农技推广工作的难度，64.8%的被调查人员表示大或非常大，而表示小或非常小的人员仅为 3.7%。见表 2-20。

表 2-20　被调查农技推广人员对于农技推广难度的评价　　　　%

		频率/人	百分比	有效百分比	累积百分比
有效	非常大	594	20.0	20.4	20.4
	大	1 294	43.5	44.4	64.8
	一般	918	30.9	31.5	96.3
	小	82	2.8	2.8	99.1
	非常小	27	0.9	0.9	100.0
	合计	2 915	98.0	100.0	
缺失		60	2.0		
合计		2 975	100.0		

结合以上两表的调查结果可以认为，在农技推广人员看来，农技推广工作的强度和难度均不小。

2.3.2　工作氛围与条件

农技推广工作作为一种公益性服务，涉及复杂的利益关系较少，推广组织内部人员之间关系比较简单。46.5%的被调查人员对其工作氛围做出了肯定性的评价，44.2%的被调查者做出了中性评价，仅有9.2%的被调查者做出了负面评价。该结果表明被调查农技推广人员具有相对比较好的工作氛围。具体结果如表2-21所示：

表 2-21　农技推广人员工作氛围统计表　　　　　　　　%

		频率/人	百分比	有效百分比	累积百分比
有效	非常好	462	15.5	15.6	15.6
	比较好	912	30.7	30.9	46.5
	一般	1 306	43.9	44.2	90.8
	不好	211	7.1	7.1	97.9
	非常不好	62	2.1	2.1	100.0
	合计	2 953	99.3	100.0	
缺失		22	0.7		
合计		2 975	100.0		

在交通、通信、展示等硬件设施方面，一半左右的被调查者认为设施条件一般，进行肯定性评价和否定性评价的人员比例大致相同，均在25%左右。具体调查结果如表2-22所示：

表 2-22　农技推广人员进行农技推广工作的交通、
通信、展示等硬件设施情况　　　　　　　　%

		频率/人	百分比	有效百分比	累积百分比
有效	非常好	139	4.7	4.7	4.7
	比较好	582	19.6	19.8	24.5
	一般	1 498	50.4	50.8	75.3
	不好	555	18.7	18.8	94.2
	非常不好	172	5.8	5.8	100.0
	合计	2 946	99.0	100.0	
缺失		29	1.0		
合计		2 975	100.0		

近年来，随着党的十七届三中、四中、五中全会精神和多年中央1号文件的出台，农技推广体系的改革与提升受到政府与社会越来越多的重视。尤其是《国务院关于深化改革加强基层农业技术推广体系建设的意见》（国发〔2006〕30号）以及农业部关于《基层农业技术推广体系改革与建设实施指导意见》的出台，

有效地加强了基层农业技术推广机构的机构建设、队伍建设、运行机制建设和条件建设，对农业技术推广机构人员工资和工作经费纳入财政预算而得到了较好的保证。从实地访谈、调查的结果来看，课题组成员所到的县级和乡镇农技推广机构，多数拥有了比较独立的办公场所，配备了基本的交通工具、计算机和投影等设施。虽然还有很多的不足，但基本工作条件已经有了很大的改善。

2.3.3 考核与管理制度

好的考核管理制度能够对组织内部员工的行为产生十分良好的正向激励作用，帮助他们发挥最大潜力，共同合作达成组织追求的目标。反之，则会阻碍组织目标的实现和组织成员潜力的发挥。本课题对拥有组织的被调查农技推广人员对于其组织内部考核管理制度的评价进行了调查，内容包括考核评价制度、薪酬制度、人事管理制度三个方面。具体调查结果如表 2-23 至表 2-25 所示：

表 2-23　单位考核评价管理制度对于农业科技推广深入开展的影响评价　　　%

		频率/人	百分比	有效百分比	累积百分比
有效	非常有利	317	10.7	13.9	13.9
	有利	1 230	41.3	54.0	68.0
	无关	547	18.4	24.0	92.0
	不利	139	4.7	6.1	98.1
	非常不利	43	1.4	1.9	100.0
	合计	2 276	76.5	100.0	
缺失		699	23.5		
合计		2 975	100.0		

从表 2-23 数据来看，被调查农技推广人员对单位考核评价管理制度做出的正面评价远远大于负面评价。超过 60% 的被调查者认为单位的考核评价管理制度对于农业科技推广深入开展具有非常有利或者有利的影响，仅有不到 8% 的人认为不利或非常不利。这与之前很多学者关于农技推广人员考核评价管理制度非常不合理的观点不相符合。结合实地访谈和案例调查的结果，本课题组认为对于体制内农技推广人员来说，经过近年来农技推广机构的深入改革，一方面，很多

缺少学历与专业背景的员工被剥离出农技推广系统，剩余人员职称结构趋于合理，能够获得高级职称的人员已经获得相应职称，而不能获得高级职称的人员对于进一步的职称提升已经由于难度太大而不抱希望。另一方面，农技推广系统人员的职工工资基本得到保证，与其他相平级的政府部门员工工资差别不大。因此，体制内农技推广人员对当前单位的考核评价管理制度并不是特别关心。而对于体制外农技推广人员，多数人员工作并不是以农技推广为主体内容，也缺乏相应对于农技推广方面的考核管理评价机制，其开展农技推广工作的动力更多的是基于自身或组织的经济、社会利益追求。因此他们对于当前农技推广的考核管理评价制度也不是特别关心。本课题组认为当前农技推广体系更为核心的问题不在于农技推广体系本身或者说内部，而在于其外部需求与环境。当农业不受农民和地方政府重视时，当资金与人力纷纷走出农业产业时，农技推广所能获取的外部资源必然有限，其发展条件必然受限。

对于具体的薪酬制度，所得调查结果与上面总体调查结果基本一致，有接近一半的人员认为基本合理。相对不够满意的两个方面是，有部分农技推广人员认为个人收入与能力业绩仍然不成比例以及人员内部的收入差距过大。例如，宁夏贺兰县立岗镇农技服务中心的姚主任认为，目前推广工作的问题是有人干得多，有人什么都不干，但绩效工资的区别并不明显。具体调查结果如表 2-24 所示：

表 2-24　农技推广人员对单位薪酬制度的评价　　　　　　　　%

		频率/人	百分比	有效百分比	累积百分比
有效	基本合理	1 073	36.1	46.8	46.8
	过于平均化	202	6.8	8.8	55.7
	个人收入与能力业绩不成比例	513	17.2	22.4	78.0
	收入差距太大	392	13.2	17.1	95.2
	收入缺乏稳定性	31	1.0	1.4	96.5
	自收自支	40	1.3	1.7	98.3
	无薪酬	10	0.3	0.4	98.7
	其他	30	1.0	1.3	100.0
	合计	2 291	77.0	100.0	
缺失		684	23.0		
合计		2 975	100.0		

对于单位或组织需要大幅改进的人事管理制度，本课题组以多项选择题的形式进行了调查。调查结果显示，被调查人员对于选拔聘用制度、职称评审制度、职务晋升制度、工资薪酬制度、进修培训五项制度的各项响应率均不是很高，在14%～31%，另有超过16%的人员认为没有什么管理制度需要大幅改进。结合上面调查结果及相关实地访谈调查结果，本课题组认为当前农技推广人员对于组织内部的各种管理制度的关注度不高。本课题关于单位或组织需要大幅改进人事管理制度具体调查结果如表2-25所示：

表2-25　单位（组织）需要大幅改进的人事管理制度

		响应		个案百分比/%
		N	百分比/%	
需要改进的人事管理制度	没有什么制度需要改进	377	12.2	16.6
	选拔聘用制度	492	15.9	21.7
	职称评审制度	701	22.6	30.9
	职务晋升制度	321	10.4	14.1
	工资薪酬制度	643	20.8	28.3
	进修培训制度	471	15.2	20.7
	自己管理自己，没有任何人事制度	52	1.7	2.3
	其他	38	1.2	1.7
总计		3 095	100.0	136.3

注：[a]值为1时制表的二分组。

关于被调查农技推广人员的职称与职务提升机会的调查结果能够进一步佐证前文分析所得出的结论。超过70%的被调查人员认为职称与职务的提升机会非常少或比较少，另有16.7%的人员认为无所谓，他们对于职称与职务晋升已经失去了基本的信心与追求，对相关管理制度的不太关心逐渐成为一种普遍现象。见表2-26。

表 2-26　被调查农技推广人员的职称与职务提升机会　　　　%

		频率/人	百分比	有效百分比	累积百分比
有效	非常多	59	2.0	2.6	2.6
	比较多	214	7.2	9.4	12.0
	无所谓	380	12.8	16.7	28.7
	比较少	1 017	34.2	44.6	73.3
	非常少或完全没有	609	20.5	26.7	100.0
	合计	2 279	76.6	100.0	
缺失		696	23.4		
合计		2 975	100.0		

2.3.4　困扰工作的主要问题

虽然当前我国基层农技推广机构的硬件设施条件已经有了较大的改善,但农技推广人员推广工作的开展仍然面临着很多困难与问题。本课题对当前困扰被调查农技推广人员的主要问题和开展农技推广工作条件方面存在的困难进行了调查。调查结果显示,跟不上知识更新的速度、收入太少、缺乏业务和学术交流、职称职务晋升难、工作不受重视、工作太累是当前困扰农技推广人员最主要的六个问题。由于收入少、工作累,农技推广人员日益老龄化的趋势非常明显。在当前农业科技快速发展、市场信息瞬息万变的情况下,其原有专业知识背景显然已经远远脱离实际,急需更新和学习交流,但当前农技推广体系的建设还没有很好地回应这些问题。虽然全国及各省市每年会举办多次粮食高产创建技术、高效栽培技术等多种学习培训活动,但在面对多层次多样化的复杂需求和庞大的农技推广队伍情况下,这些学习培训活动仍然难以满足现实农技推广活动和农业生产活动的需求。而且由于农业比较效益低,各地政府、民众的注意力和资金投入会自然而然地流向工业、服务业等其他行业而不是流向农业行业,农技推广工作不受重视也在情理之中。具体调查结果如表 2-27 所示:

表 2-27 被调查农技推广人员困扰当前工作的主要问题

	响应		个案百分比/%
	N	百分比/%	
跟不上知识更新速度	1 394	16.50	47.70
收入太少	1 313	15.60	44.90
缺乏业务/学术交流	993	11.80	34.00
职称职务晋升难	986	11.70	33.70
工作不受重视	922	10.90	31.50
工作太累	732	8.70	25.00
加班太多	427	5.10	14.60
没有合作团队	418	5.00	14.30
工作压力大	376	4.50	12.90
工作难度大	349	4.10	11.90
时间不足	226	2.70	7.70
出差太多	125	1.50	4.30
其他	94	1.10	3.20
人际关系不和谐	73	0.90	2.50
总计	8 428	100.0	288.2

从上表数据来看，跟不上知识更新速度、收入太少、缺乏学术业务交流、工作不受重视、职称职务晋升难、工作太累等问题是农技推广人员当前面临的主要问题。人际关系不和谐、出差太多、时间不足等则基本上不是被调查农技推广人员关注的主要问题，将其作为主要问题的人员比例均在10%以下。

2.3.5 工作喜爱与认同情况

被调查农技推广人员对农技推广工作的喜爱程度调查统计结果显示，61.7%的被调查者表示非常喜欢或比较喜欢，另有36.5%的被调查者表示中性态度，而仅有1.8%的被调查者表示不喜欢或非常不喜欢。从此可以看出，大多数被调查的农技推广人员对农技推广工作本身具有较高的兴趣和较深的情感，至少是不反感。这是 80％以上被调查者已经从事农技推广工作 5 年以上、50％被调查者已经从事农技推广工作 15 年以上的重要原因之一。具体调查结果如表 2-28 所示：

表 2-28　被调查农技推广人员对农技推广工作的喜爱程度　　　　　　　　　％

		频率/人	百分比	有效百分比	累积百分比
有效	非常喜欢	536	18.0	18.2	18.2
	比较喜欢	1 286	43.2	43.6	61.7
	谈不上喜欢也谈不上不喜欢	1 077	36.2	36.5	98.2
	不喜欢	46	1.5	1.6	99.8
	非常不喜欢	7	0.2	0.2	100.0
	合计	2 952	99.2	100.0	
缺失			23	0.8		
合计		2 975	100.0		

被调查农技推广人员对农技推广工作发展前途看法的调查统计结果（表 2-29）显示，49.7％的被调查者表示其发展前途非常好或比较好，38.4％的被调查者表示一般，仅有 10％左右的被调查者表示不好或非常不好。总体上，该数据体现了被调查者对农技推广工作较高的认同度。

表 2-29　被调查农技推广人员对农技推广工作发展前途的看法　　　　　　　　％

		频率/人	百分比	有效百分比	累积百分比
有效	非常好	579	19.5	19.6	19.6
	比较好	889	29.9	30.1	49.7
	一般	1 135	38.2	38.4	88.1
	不好	287	9.6	9.7	97.9
	非常不好	63	2.1	2.1	100.0
	合计	2 953	99.3	100.0	
缺失			22	0.7		
合计		2 975	100.0		

以上两表调查数据表明目前已经参与农技推广活动的人员对于农技推广工作较为认同，这也是他们能够安心工作多年的一个重要原因。但这种认同不能解释应届大学生、社会人员不愿进入农技推广体系的原因，而更多地是现有农技推广

人员对农技推广工作真的有感情或者年龄较大人员追求工作收入稳定性的一种表现。

2.3.6 流动意愿与职业生涯规划

从被调查农技推广人员是否希望换工作的流动意愿调查结果来看，80％的被调查者表示非常不希望、不希望或者无所谓，仅有 20％表示希望或非常希望。该结果表明被调查农技推广人员的流动性意愿不是很强，与前文被调查者对农技推广工作的高认同度调查结果基本一致。具体调查结果如表 2-30 所示：

表 2-30　被调查农技推广人员是否希望换工作的流动意愿　　　　　　　%

		频率/人	百分比	有效百分比	累积百分比
有效	非常希望	144	4.8	4.9	4.9
	希望	446	15.0	15.1	20.0
	无所谓	1 128	37.9	38.3	58.3
	不希望	1 150	38.7	39.0	97.4
	非常不希望	77	2.6	2.6	100.0
	合计	2 945	99.0	100.0	
缺失		30	1.0		
合计		2 975	100.0		

分年龄阶段来看，总体趋势是年龄较小的被调查者希望换工作的比例要小幅高于年龄较大的被调查者相关比例，而不希望换工作的被调查者比例要小于年龄较大被调查者的相关比例。这种较低的流动意愿也是农技推广人员队伍流动性不足、年龄老化的一个重要原因。具体调查结果如表 2-31 所示：

表 2-31　按年龄分段被调查农技推广人员是否希望换工作的流动意愿

			工作流动意愿					合计
			非常希望	希望	无所谓	不希望	非常不希望	
	25 岁以下	计数/人	2	23	30	25	5	85
		百分比/%	2.4	27.1	35.3	29.4	5.9	100.0

续表 2-31

			工作流动意愿					合计
			非常希望	希望	无所谓	不希望	非常不希望	
	25～34 岁	计数/人	23	83	161	165	9	441
		百分比/%	5.2	18.8	36.5	37.4	2.0	100.0
	35～44 岁	计数/人	57	179	443	437	27	1 143
		百分比/%	5.0	15.7	38.8	38.2	2.4	100.0
	45～54 岁	计数/人	48	127	408	413	25	1021
		百分比/%	4.7	12.4	40.0	40.5	2.4	100.0
	55 岁以上	计数/人	13	27	75	92	8	215
		百分比/%	6.0	12.6	34.9	42.8	3.7	100.0
合计		计数/人	143	439	1117	1132	74	2 905
		百分比/%	4.9	15.1	38.5	39.0	2.5	100.0

关于被调查农技推广人员将来职业打算的调查结果能够进一步验证上文表格关于流动意愿的调查结果。超过 60% 的被调查者表示要继续从事农技推广工作，12.4% 的被调查者表示没有打算，走一步看一步。另有 7.5% 的被调查者表示农技推广工作从来不是其主要工作、其将继续从事我现在主要工作，只有 10% 左右的被调查者表示打算改行从事农业科学研究、农业生产经营、农业行政管理等工作，另有不到 10% 左右的人员表示要跳出农业行业。具体调查结果如表 2-32 所示：

表 2-32　被调查农技推广人员将来职业生涯规划　　　　　%

		频率/人	百分比	有效百分比	累积百分比
有效	继续从事农技推广	1 786	60.0	60.9	60.9
	改行从事农业科学研究	90	3.0	3.1	63.9
	改行从事农业行政管理	159	5.3	5.4	69.3
	改行从事农业生产经营活动	93	3.1	3.2	72.5

续表 2-32

		频率/人	百分比	有效百分比	累积百分比
有效	跳出农业行业	142	4.8	4.8	77.3
	没有打算，走一步看一步	369	12.4	12.6	89.9
	农技推广工作从来不是我的主要工作，我将继续从事我现在主要工作	219	7.4	7.5	97.4
	其他	77	2.6	2.6	100.0
	合计	2 935	98.7	100.0	
缺失		40	1.3		
合计		2 975	100.0		

　　从年龄段来看，年龄越小的被调查者将来打算继续从事农技推广工作的比例就越低，而改行从事其他工作的比例就越高。

　　具体数据如表 2-33 所示：

表格 2-33　分年龄段被调查农技推广人员将来职业生涯规划

		被调查农技推广人员将来职业生涯规划								合计
		继续从事农技推广	改行从事农业科学研究	改行从事农业行政管理	改行从事农业生产经营活动	跳出农业行业	没有打算，走一步看一步	农技推广工作从来不是我的主要工作，我将继续从事我现在主要工作	其他	
25 岁以下	计数/人	25	11	13	4	6	10	8	8	85
	百分比/%	29.4	12.9	15.3	4.7	7.1	11.8	9.4	9.4	100.0
25~34 岁	计数/人	223	18	37	17	28	73	27	14	437
	百分比/%	51.0	4.1	8.5	3.9	6.4	16.7	6.2	3.2	100.0
35~44 岁	计数/人	688	26	60	35	61	154	95	21	1140
	百分比/%	60.4	2.3	5.3	3.1	5.4	13.5	8.3	1.8	100.0
45~54 岁	计数/人	683	26	38	31	37	112	67	23	1017
	百分比/%	67.2	2.6	3.7	3.0	3.6	11.0	6.6	2.3	100.0
55 岁以上	计数/人	141	7	8	5	8	18	20	9	216
	百分比/%	65.3	3.2	3.7	2.3	3.7	8.3	9.3	4.2	100.0
合计	计数/人	1760	88	156	92	140	367	217	75	2 895
	百分比/%	60.8	3.0	5.4	3.2	4.8	12.7	7.5	2.6	100.0

2.3.7 工作满意度评价

本课题从职称职务晋升、工作稳定性、工作自主性、发挥专业特长、自我成就感、个人发展空间、工作条件与环境七个方面对被调查农技推广人员的工作满意度进行了调查，调查结果如表 2-34 所示：

表 2-34 被调查农技推广人员对于工作满意度的评价 %

		有效						缺失	合计
		非常满意	比较满意	一般	不太满意	非常不满意	合计		
职称职务晋升	频率/人	50	376	1 150	761	299	2 636	339	2975
	百分比	1.7	12.6	38.7	25.6	10.1	88.6	11.4	100.0
	有效百分比	1.9	14.3	43.6	28.9	11.3	100.0		
	累积百分比	1.9	16.2	59.8	88.7	100.0			
工作稳定性	频率/人	201	1 274	1 156	144	61	2 836	139	2 975
	百分比	6.8	42.8	38.9	4.8	2.1	95.3	4.7	100.0
	有效百分比	7.1	44.9	40.8	5.1	2.2	100.0		
	累积百分比	7.1	52.0	92.8	97.8	100.0			
工作自主性	频率/人	186	922	1 380	281	66	2 835	140	2 975
	百分比	6.3	31.0	46.4	9.4	2.2	95.3	4.7	100.0
	有效百分比	6.6	32.5	48.7	9.9	2.3	100.0		
	累积百分比	6.6	39.1	87.8	97.7	100.0			
发挥专业特长	频率/人	166	981	1 283	309	76	2 815	160	2 975
	百分比	5.6	33.0	43.1	10.4	2.6	94.6	5.4	100.0
	有效百分比	5.9	34.8	45.6	11.0	2.7	100.0		
	累积百分比	5.9	40.7	86.3	97.3	100.0			
自我成就感	频率/人	134	804	1 402	402	102	2 844	131	2 975
	百分比	4.5	27.0	47.1	13.5	3.4	95.6	4.4	100.0
	有效百分比	4.7	28.3	49.3	14.1	3.6	100.0		
	累积百分比	4.7	33.0	82.3	96.4	100.0			

续表 2-34

		有效						缺失	合计
		非常满意	比较满意	一般	不太满意	非常不满意	合计		
个人发展空间	频率/人	76	592	1 509	523	131	2 831	144	2 975
	百分比	2.6	19.9	50.7	17.6	4.4	95.2	4.8	100.0
	有效百分比	2.7	20.9	53.3	18.5	4.6	100.0		
	累积百分比	2.7	23.6	76.9	95.4	100.0			
工作条件与环境	频率/人	73	643	1 511	492	134	2 853	122	2 975
	百分比	2.5	21.6	50.8	16.5	4.5	95.9	4.1	100.0
	有效百分比	2.6	22.5	53.0	17.2	4.7	100.0		
	累积百分比	2.6	25.1	78.1	95.3	100.0			

从以上数据我们可以看出，满意度最高的两个是工作稳定性和发挥专业特长，分别有52%和40.7%的被调查人员对各项工作情况表示非常满意或比较满意。表示不太满意或非常不满意的比例只有7.3%和13.7%。满意度处在中间位置的是工作自主性和自我成就感，表示非常满意或比较满意的比例分别是39.1%、33%，其表示不太满意或非常不满意的比例分别为12.2%和17.7%。满意度较低的三个方面是工作条件与环境、个人发展空间和职称职务晋升，表示非常满意或比较满意的比例分别只有25.1%、23.6%和16.2%；相反，表示不太满意或者非常不满意的比例也比较高，分别是23.1%、40.2%和21.9%。以上各方面表示"一般"的被调查人员比例在40%～50%。综合总体情况来看，除了工作条件与环境、个人发展空间和职称职务晋升三项之外，以上被调查人员对于工作方面的满意度比较高。图2-4显示被调查农技推广人员对于工作各方面的满意度评价的比较直方图，可以从中得到更加直观的判断。

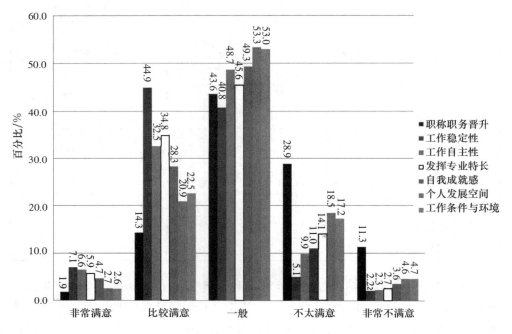

图 2-4　被调查农技推广人员对于工作各方面的满意度评价比较

2.4　被调查农技推广人员职业行为评估情况

2.4.1　推广对象与范围

本课题对被调查人员进行农技推广的主要对象分别进行了问卷调查和案例访谈。从问卷调查结果来看，将普通农民、科技示范户、种养大户、协会合作社组织成员、贫困农民、涉农企业员工、其他作为主要推广对象的被调查者比例分别是 69.9%、61.5%、57.2%、39.2%、26.6%、13.8%、2.7%。从国家农技推广目标来看，普通农民毫无疑问是农技推广的主要目标和最终目标。但实地访谈的结果显示，各地主要采用的是分两步走的示范加推广模式，即先通过各种补贴、优惠、培训等措施支持少量科技示范户、种养大户或农民组织成员先行示范，然后再由示范户向其他普通农民或贫困农民推广应用。在这一模式中，第一步是由农村推广人员向科技示范户、种养大户示范推广，附有较多的物资、资金、政策优惠，完成起来相对比较容易。而第二步科技示范户等向普通农民推广应用，由于科技示范户等缺乏内在动力去进行推广活动，同时农技推广部门缺乏进一步的物资、资金和政策支持优惠条件，因此经常落实不到位，对于普通农民的诱导作用大幅减弱。尤其是在农业生产比较效益日益降低的当前社会背景下，很多农户不仅对农业科技缺乏兴趣，甚至连农业生产本身也放弃了，青壮年农民大量外出务工和农村撂荒现象日益普遍的情况是这种情况的很好写照。至于经济基础较差、家庭负担沉重、自身主动性较差的贫困农民，通常是在农技推广人员的视野之外。如果假设我国农业生产的科技问题均依赖于农技推广人员来推广服务，我国有 90 万左右农技推广人员，按照《中国统计年鉴 2013》2012 年第一产业就业人口 25 773 万人、农作物总播种面积 16 341.6 万公顷统计数据估算，每一名农技推广人员的平均服务第一产业就业人口 296 人、服务农作物种植面积 180 公顷，这是现有农技推广人员不可能完成的任务。根据以上调查数据分析和相关统计数据推算，我国农技推广服务的对象主要是科技示范户、种养大户等少部分农业生产者，虽然普通农民也被列入了农技推广人员服务的主要对象之一，但实际上只是农技推广人员的一种理论推广目标，现实中他们与农技推广人员接触甚少。本课题组此前对于农民的调查显示农技推广人员并不是他们的主要的技术来源的调查结果能够从另一个角度证明普通农民不是农技推广人员的主要推广对象。绝大多数农民主要是依靠自己的经验摸索、邻里之间的互相学习来掌握农业生产所需要的基本技能和科学知识。本课题关于农技推广人员主要推广对象问卷调查的具体数据如表 2-35 所示：

表 2-35　被调查农技推广人员进行农业推广的主要对象　　　　　%

	响应		个案百分比
	N	百分比	
普通农民	2 062	25.80	69.90
科技示范户	1 815	22.70	61.50
种养大户	1 688	21.10	57.20

续表 2-35

	响应		个案百分比
	N	百分比	
协会、合作社组织成员	1 156	14.50	39.20
贫困农民	785	9.80	26.60
涉农企业员工	407	5.10	13.80
其他	80	1.00	2.70
总计	7 993	100.0	270.9

a. 值为 1 时制表的二分组。

从被调查农技推广人员直接进行农技推广服务的对象数量来看，31.4%的被调查推广人员表示自己直接进行农技推广服务的对象数量在 60 人以内，一半以上的被调查者表示自己直接进行农技推广服务的人在 150 人以内，46.7%的被调查者表示直接进行农技推广服务的人在 150 人以上。这一数据与前文按照统计数据估算每个农技推广人员要服务 296 个农业生产者数据有很大的差距。换句话说，如果每一个农技推广人员每年直接服务对象 150 位农民，每个农技推广人员每年工作 300 天，则每个农民每年能够平均获得一个农技推广人员 2 天的服务，如此之短的服务时间能够给农民带来的影响可想而知。直接推广对象数量具体结果如表 2-36 所示：

表 2-36 被调查农技推广人员直接进行农技推广服务的对象数量　　　　%

		频率/人	百分比	有效百分比	累积百分比
有效	≤30	493	16.6	16.9	16.9
	31~60	425	14.3	14.5	31.4
	61~69	330	11.1	11.3	42.7
	91~150	310	10.4	10.6	53.3
	>150	1 366	45.9	46.7	100.0
	合计	2 924	98.3	100.0	
缺失		51	1.7		
合计		2 975	100.0		

从被调查农技推广人员对其推广对象素质与学习能力的评价情况来看，

41.1％的人认为非常好或比较好，47％的人认为一般，仅有11.9％的人认为比较差或非常差。尽管我国大多数农民的文化程度以初中或初中以下为主。但根据上面这组调查数据，本课题组认为被调查农技推广人员对其推广对象素质与学习能力总体上以正面评价为主，仅有少数人给出了负面评价的结果。因此可以认定推广对象素质与学习能力的高低不是阻碍农技推广工作的主要因素之一。具体调查结果如表2-37所示：

表2-37　被调查农技推广人员对于推广对象素质与学习能力的评价　　　　％

		频率/人	百分比	有效百分比	累积百分比
有效	非常好	248	8.3	8.4	8.4
	比较好	961	32.3	32.7	41.1
	一般	1 380	46.4	47.0	88.1
	比较差	311	10.5	10.6	98.7
	非常差	39	1.3	1.3	100.0
	合计	2 939	98.8	100.0	
缺失		36	1.2		
合计		2 975	100.0		

　　从被调查农技推广人员推广的区域范围来说，96.7％表示在一个县范围之内，53.8％表示在一个乡镇范围之内，16.1％表示在一个行政村范围之内，3.3％表示仅限于自己的亲朋好友。见表2-38。

表2-38　被调查农技推广人员进行农技推广的区域范围　　　　　　％

		频率/人	百分比	有效百分比	累积百分比
有效	一个行政村	471	15.8	16.1	16.1
	一个乡镇	1 106	37.2	37.7	53.8
	一个县之内	1 146	38.5	39.1	92.8
	跨县跨地区	112	3.8	3.8	96.7
	仅限于自己的亲朋好友	98	3.3	3.3	100.0
	合计	2 933	98.6	100.0	
缺失		42	1.4		
合计		2 975	100.0		

2.4.2 推广内容与方法

我国新修订的《农业技术推广法》对农业技术的定义是指应用于种植业、林业、畜牧业、渔业的科研成果和实用技术。具体包括：（一）良种繁育、栽培、肥料施用和养殖技术；（二）植物病虫害、动物疫病和其他有害生物防治技术；（三）农产品收获、加工、包装、贮藏、运输技术；（四）农业投入品安全使用、农产品质量安全技术；（五）农田水利、农村供排水、土壤改良与水土保持技术；（六）农业机械化、农用航空、农业气象和农业信息技术；（七）农业防灾减灾、农业资源与农业生态安全和农村能源开发利用技术；（八）其他农业技术。从该定义与规定可以看出，我国《农业技术推广法》所提出要推广的农业技术是一种狭义的概念，仅限于农业生产产前、产中、产后环节中所要用到的实用技术，目标是用于解决农业生产中的技术问题发展高产、优质、高效、生态、安全农业。然而，农业问题不仅是一个技术问题，也不仅是一个生产问题，同时也是一个经济问题、社会问题、生态问题和文化问题。虽然近几十年来，我国农业生产领域使用的新品种、新技术层出不穷，除了极其封闭的山区农村，老的品种和技术几乎看不见了。然而，我们如今却面临着更加严峻的农业问题——土壤污染、食品安全、粮食安全、生态危机、农村土地大量撂荒，青年农民基本外出，农民收入中农业收入比重越来越低，社会矛盾日益加剧等复杂问题。技术是促进问题解决的一个方面，但绝不是全部。如果我们仅从技术层面去追求农业问题的答案，其局限性则会显而易见。我国当前部分农业问题日益严峻是当前片面思维方式和问题解决方式所引发的后果。农技推广追求目标决定农技推广内容，农技推广内容则会对农技推广的效果和目标实现情况产生直接的影响作用。当前《农业技术推广法》中关于农业技术内容的规定与其要实现的目标之间存在很大的差距，注定其所规定的目标几乎是一个不可能完成的目标。本课题所调查农技推广人员进行推广的主要内容很大程度上反映了我国农业技术推广法的主要思想与规定。种植管理、畜牧兽医是我国农业技术推广中主要内容，另外渔业养殖、农产品加工、林业技术等是农业技术推广中的一些次要内容。值得注意的是乡土农业知识、农业市场经营技术、农民组织管理、创新能力建设等超出农业技术推广法规定的内容也被不少的农技推广人员所考虑并纳入其推广内容中。尽管比例并不是很高，但充分反映了农业生产实践问题解决的实际需要，也反映了基层农技推广工作人员对实际问题的应对能力，这种能力在今后的实际推广中需要进一步得到加强。本课题关于农技推广主要内容的调查结果如表 2-39 所示：

表 2-39　被调查农技推广人员农业推广的主要内容　　　　　　　　%

	响应		个案百分比
	N	百分比	
种植管理技术	2 276	41.90	77.50
畜牧兽医技术	607	11.20	20.70
乡土农业知识与技术	534	9.80	18.20
农业市场经营技术	493	9.10	16.80
农民组织管理技术	356	6.50	12.10
渔业养殖技术	296	5.40	10.10
农产品加工技术	248	4.60	8.40
林业技术	236	4.30	8.00
创新能力建设知识	200	3.70	6.80
其他	93	1.70	3.20
非农产业技术	53	1.00	1.80
农村健康医疗技术	46	0.80	1.60
总计	5 438	100.0	185.2

a. 值为 1 时制表的二分组。

现场示范、咨询服务、讲座授课是被调查农技推广人员最常用的三种推广方法，其采用比例分别是 80.5%、59.5% 和 52.2%。这种情况与早期农技推广人员以讲座授课为主的推广方法明显有了巨大的改进，表明当前农技推广人员不再仅仅重视书本知识、理论知识等显性知识传播方式，而且更加重视观察体验、示范模仿、人际交流互动等隐性知识的传播。同时，他们也具有更好的服务态度，希望按照农民的实际需求帮助农业生产者解决实际问题。这是农技推广人员在现实需求及环境变化下的一种适应和进步。在经济条件好的地方，农技推广人员也愿意组织农民到外地去参观访问，扩大他们的视野。相对而言，远程教学等一些高科技高成本非直接人际交流的推广方法采用很少。被调查农技推广人员主要采用和采用最多农技推广方法具体调研数据如表 2-40、表 2-41 所示：

表 2-40　被调查农技推广人员采用的主要推广方法　　　　　　　%

		响应		个案百分比
		N	百分比	
主要采用的推广方法[a]	讲座授课	1 509	22.7	52.2
	现场示范	2 326	35.0	80.5
	参观访问	839	12.6	29.0
	远程教学	166	2.5	5.7
	咨询服务	1 721	25.9	59.5
	其他	91	1.4	3.1
总计		6 652	100.0	230.1

a. 值为 1 时制表的二分组。

表 2-41　被调查农技推广人员推广过程中采用最多的方法　　　　%

		频率/人	百分比	有效百分比	累积百分比
有效	讲座授课	503	16.9	20.2	20.2
	现场示范	1 021	34.3	41.0	61.2
	参观访问	112	3.8	4.5	65.7
	远程教学	29	1.0	1.2	66.9
	咨询服务	814	27.4	32.7	99.6
	其他	10	0.3	0.4	100.0
	合计	2 489	83.7	100.0	
缺失		486	16.3		
合计		2 975	100.0		

2.4.3　推广项目与任务

当前各级政府对于农技推广工作的资金支持主要以项目形式进行。申请和实施农技推广项目是农技推广活动开展最重要的组织形式。本课题对于近 5 年被调查农技推广人员主持或参加农技推广项目数量调查结果显示，近 5 年来参加的农技推广项目非常多和多的人数比例为 25.2%，表示有一些的比例为 43.3%，表示少和非常少甚至无的比例为 31.5%。由此可见，大约 2/3 的被调查农技推广人员能够主持或参加一些农技推广项目，但数量相对有限，另有 1/3 的人员很少能够争取到或参与到农技推广工作项目。因此在缺少经费支持的情况下做着很多与农技推广关系不大的工作。见表 2-42。

表 2-42 被调查农技推广人员近 5 年主持或参加的农技推广项目 %

		频率/人	百分比	有效百分比	累积百分比
有效	非常多	162	5.4	5.5	5.5
	多	577	19.4	19.7	25.2
	有一些	1 271	42.7	43.3	68.5
	少	516	17.3	17.6	86.1
	非常少或无	409	13.7	13.9	100.0
	合计	2 935	98.7	100.0	
缺失		40	1.3		
合计		2 975	100.0		

2.4.4 推广效果与评价

对于农技推广效果的自我评价，本课题从两个角度对被调查农技推广人员进行了调查。一方面是对自己所推广知识对于农民作用的自我评价，另一个方面是对于自身推广效果的直接评价。从这两个方面的调查结果来看，94% 的人员认为自己所推广的知识对于农民重要或非常重要，其中认为非常重要的比例高达45%。相应的，被调查农技推广人员认为自身推广效果好或非常好的比例为67.1%，其中认为非常好的比例为 18.1%，另有 29.4% 的人认为效果一般，3.5% 的人认为效果不好或非常不好。调研结果表明，被调查农技推广人员对于自身所推广知识的有用性及推广效果总体上持正面评价，其中对于推广知识的有用性非常肯定，但对于推广效果的评价相对要低很多。这反映了被调查农技推广人员推广理想目标与实际效果的差距。具体数据如表 2-43、表 2-44 所示：

表 2-43　被调查农技推广人员认为自己所推广知识对于农民的作用　　　　%

		频率/人	百分比	有效百分比	累积百分比
有效	非常重要	1 324	44.5	45.0	45.0
	重要	1 443	48.5	49.0	94.0
	无所谓	143	4.8	4.9	98.8
	不重要	29	1.0	1.0	99.8
	非常不重要	6	0.2	0.2	100.0
	合计	2 945	99.0	100.0	
缺失		30	1.0		
合计		2 975	100.0		

表 2-44　被调查农技推广人员对于自身推广效果的评价　　　　%

		频率/人	百分比	有效百分比	累积百分比
有效	非常好	532	17.9	18.1	18.1
	好	1 441	48.4	49.0	67.1
	一般	865	29.1	29.4	96.6
	不好	87	2.9	3.0	99.5
	非常不好	14	0.5	0.5	100.0
	合计	2 939	98.8	100.0	
缺失		36	1.2		
合计		2 975	100.0		

　　农技推广人员认为自己的工作对农民技术改进的影响程度持有肯定态度的有58.9%，感觉一般的有36.4%，持有否定态度的比例为4.7%。由此看来，农技推广人员认为自己的工作还是有用的，至少有一般以上的农技推广人员认为自己工作对农民的技术改进的影响很大。见表2-45。

表 2-45 被调查农技推广人员关于自己工作对于农民技术改进影响的评价 %

		频率/人	百分比	有效百分比	累积百分比
有效	非常大	499	16.8	17.0	17.0
	大	1 233	41.4	41.9	58.9
	一般	1 069	35.9	36.4	95.3
	小	106	3.6	3.6	98.9
	非常小	33	1.1	1.1	100.0
	合计	2 940	98.8	100.0	
缺失		35	1.2		
合计		2 975	100.0		

关于农民技术需求所得到的满足程度，被调查农技推广人员认为农民技术需求得到的满足程度充分或非常充分的人员比例为 34.2%；44.1% 觉得不好说，不知道所得到的推广知识能否适用于农民的生产；21.7% 认为农民觉得所得到的满足程度不充分或者非常不充分。这说明农技推广人员对自己所推广技术内容的适用性缺乏足够的自信。见表 2-46。

表 2-46 被调查农技推广人员关于农民技术需求满足程度的评价 %

		频率/人	百分比	有效百分比	累积百分比
有效	非常充分	130	4.4	4.4	4.4
	充分	876	29.4	29.8	34.2
	不好说	1 296	43.6	44.1	78.3
	不充分	595	20.0	20.2	98.5
	非常不充分	44	1.5	1.5	100.0
	合计	2 941	98.9	100.0	
缺失		34	1.1		
合计		2 975	100.0		

对于农民农业技术知识的主要来源，被调查农技推广人员认可来自政府科技推广部门的人员比例为 78.7%，来自个人经验积累与创新的人员比例为 51.6%，

来自广播电视的人员比例占 32.1%，来自乡村能人的比例为 31.6%，来自科研机构的人员比例为 29.7%，来自农民组织的人员比例为 27.4%，来自书报杂志的人员比例为 20.6%，来自亲戚朋友的人员比例为 17.7%，来自邻居的人员比例为 12.1%，来自公司企业的人员比例为 7.1%，来自其他方面的人员比例为 0.2%。见表 2-47。

表 2-47　被调查农技推广人员对于农民农业技术知识主要来源的评价　　　%

		响应		个案百分比
		N	百分比	
来源ᵃ	政府科技推广部门	2 320	25.5	78.7
	个人经验积累与创新	1 520	16.7	51.6
	广播电视	945	10.4	32.1
	乡村能人	931	10.2	31.6
	科研机构	875	9.6	29.7
	农民组织	809	8.9	27.4
	书报杂志	606	6.7	20.6
	亲戚朋友	521	5.7	17.7
	邻居	356	3.9	12.1
	公司企业	209	2.3	7.1
	其他	6	0.1	0.2
总计		9 098	100.0	308.6

注：ᵃ值为 1 时制表的二分组。

将本课题被调查农技推广人员调查结果与本课题组人员曾经对农民农业科技主要来源、农民解决技术问题主要途径、参与政府农业科技推广活动情况以及参与政府农业科技推广活动效果四个方面的调查结果进行比较，会发现一些更有意思的现象。

这四个方面的调查结果如表 2-48 至 2-51 所示：

表 2-48　农民对于其农业科技主要来源的看法　　　　　　　　　%

		现有农业科技来源（多选题）			最喜欢农业科技来源		
		频率/人	百分比	有效百分比	频率/人	百分比	有效百分比
有效	1＝政府科技推广部门	309	16.9	17.0	364	19.9	20.3
	2＝科研机构	134	7.3	7.4	380	20.8	21.2
	3＝农民组织	85	4.7	4.7	93	5.1	5.2
	4＝公司企业	54	3.0	3.0	47	2.6	2.6
	5＝个人经验积累与创新	762	41.8	41.8	346	19.0	19.3
	6＝广播电视	127	7.0	7.0	203	11.1	11.3
	7＝书报、杂志	48	2.6	2.6	51	2.8	2.8
	8＝乡村能人	139	7.6	7.6	177	9.7	9.9
	9＝亲戚朋友	153	8.4	8.4	98	5.4	5.5
	10＝邻居	28	1.5	1.5	17	0.9	0.9
	11＝其他	41	2.2	2.3	17	0.9	0.9
	总和	1 821	99.8	100.0	1 793	98.2	100.0
缺失值		24	1.3		32	1.8	
合计		1 845	100.0		1 825	100.0	

数据来源：中国农业大学人文与发展学院 2009 年 12 月至 2010 年 1 月实地调查。

表 2-49　农民解决农业生产出现病虫害等技术问题的主要途径　　　%

		频率/人	百分比	有效百分比
有效	1＝乡镇农技人员	378	20.7	21.0
	2＝村里有经验的技术能手	556	30.5	31.0
	3＝依据土办法自己处理	781	42.8	43.5
	4＝其他	81	4.4	4.5
	总和	1 796	98.4	100.0
缺失值		29	1.6	
合计		1 825	100.0	

数据来源：中国农业大学人文与发展学院 2009 年 12 月至 2010 年 1 月实地调查。

表 2-50　农民参与政府农业科技推广活动情况　　　　　　　　　　%

		频率/人	百分比	有效百分比
有效	1＝非常少	892	48.9	50.9
	2＝比较少	671	36.8	38.3
	3＝比较多	149	8.2	8.5
	4＝非常多	39	2.1	2.2
	总和	1 751	95.9	100.0
缺失值		74	4.1	
合计		1 825	100.0	

数据来源：中国农业大学人文与发展学院 2009 年 12 月至 2010 年 1 月实地调查。

表 2-51　农民对于参加政府推广活动的效果评价　　　　　　　　%

		频率/人	百分比	有效百分比
有效	1＝没有任何好处	206	11.3	11.9
	2＝有一点点好处	786	43.1	45.4
	3＝好处非常大	188	10.3	10.9
	4＝无法评价	551	30.2	31.8
	总和	1 731	94.8	100.0
缺失值		94	5.2	
合计		1 825	100.0	

数据来源：中国农业大学人文与发展学院 2009 年 12 月至 2010 年 1 月实地调查。

　　上面四表的调查结果显示，农民现有农业科技主要来源中，选择个人经验积累与创新的比例最高，占总数的 41.8%。选择政府科技推广部门和科研机构的比例分别为 17.0% 和 7.4%。选择农民组织和公司企业的比例分别为 4.7% 和 3.0%。选择广播电视、书报杂志的比例分别为 7.0% 和 2.6%。选择乡村能人、亲戚朋友、邻居的比例分别为 7.6%、8.4% 和 1.5%。这些数据说明个人经验积累与创新是农民农业科技最主要的来源，政府科技推广部门和科研机构、大众传媒、组织传播和人际传播虽然是农民农业科技的重要来源但不是主要来源。政府科技推广部门和科研机构虽然是农民最喜欢的农业科技来源，但在选择其作为实际农业科技来源的农民比例却远低于其最喜欢农业科技来源比例。农民解决农业生产出现病虫害等技术问题的主要途径是自己动手处理，其次是寻找本村里有经验的技术能手帮助处理，再次才是寻找乡镇科技人员帮忙解决。有一半多的农民参加政府农业科技推广的活动非常少，另有 36.8％的农民表示参加得比较少，表示参加比较多或非常多的农民仅占 10％左右。对于政府农业科技推广活动的效果，11.9％的农民表示没有任何好处，31.8％的农民表示无法评价，45.4％的农民表示有一点点好，10.9％的农民表示好处非常大。以上这些调查结果表明，农技推广人员进行农技推广的对象范围十分有限，在农民农业生产实践中所发挥的作用也十分有限，农技推广人员的认知评价与农民的认知评价差别巨大。农技推广人员的实际推广效果与其理想目标追求相差巨大。农技推广工作作为一项涉及多种因素非常复杂的任务，要有效完成其任务目标具有很大的挑战性，需要更好的理念、方法和更多的努力。

2.4.5 推广交流与互动

交流与互动是农技推广人员获取信息、传递知识最重要的途径。频繁的交流互动可以帮助农技推广人员与各方建立良好的人际关系，有效地提高信息获取和知识传递的效率。本课题对农技推广人员与农民、农民组织、涉农企事业单位、农业科学研究机构人员交流互动的情况进行了调查。调查结果显示，被调查农技推广人员交流互动最频繁的对象首先是农民，其次是农民协会、合作社等农民组织人员，再次是涉农企事业单位的人员，最少的是农业科学研究机构的人员。从具体数据上来看，农民是农技推广人员的主要对象，与其互动交流是工作之必然要求，尽管有 78.1％的被调查人员表示与农民交流多或非常多，这个比例仍然还是不够的。21.9％的被调查者表示与农民的交流频率不定或少。表明这部分被调查人员并未将农民作为其推广主要对象。为减少直接推广的对象，很多农技推广机构希望首先向农民协会、合作社等农民组织推广，然后再由农民组织向数据更大范围更广的个体农民进行推广。近年来农民组织的大量兴起为这种推广模式提供了基本条件。本课题的调查数据显示，被调查农技推广人员与农民组织人员交流互动多或非常多的比例达到 42.8％，说明农技推广人员与农民组织人员的交流互动还需要进一步加强。此两项的具体调查数据如表 2-52、表 2-53 所示：

表 2-52 被调查农技推广人员与农民之间的交流情况   ％

		频率/人	百分比	有效百分比	累积百分比
有效	非常多	1 009	33.9	34.3	34.3
	多	1 285	43.2	43.7	78.1
	不定	530	17.8	18.0	96.1
	少	95	3.2	3.2	99.3
	非常少	20	0.7	0.7	100.0
	合计	2 939	98.8	100.0	
缺失		36	1.2		
合计		2 975	100.0		

表 2-53 被调查农技推广人员与农民协会、合作社等农民组织人员的联系交流情况   ％

		频率/人	百分比	有效百分比	累积百分比
有效	非常多	248	8.3	8.6	8.6
	多	990	33.3	34.2	42.8
	不定	797	26.8	27.6	70.4
	少	664	22.3	23.0	93.4
	非常少	192	6.5	6.6	100.0
	合计	2 891	97.2	100.0	
缺失		84	2.8		
合计		2 975	100.0		

从被调查农技推广人员与其他涉农企事业单位、农业科学研究机构人员等合作伙伴的交流情况来看，其中的交流层次与频率还有巨大的提升空间。涉农企事业单位通常情况下与农产品的市场紧密相连，或者与农业产业化发展的行政管理密切相关，它们之间保持有效的相互沟通与交流有利于更好地统合各种力量促进农业产业化的发展，增强农业科技推广的针对性和有效性。而本次调研中，仅有不到 1/3 的被调查人员与其他涉农企事业单位人员具有多或非常多的联系，28.3％被调查者仅保持不定时的联系，40.7％的被调查人员表示与其他涉农企事业单位人员联系少或非常少。这种情况显示被调查农技推广人员与其他涉农企事

业单位人员总体上联系交流较少，表明被调查农技推广人员对于市场、管理等非
技术性的问题但与农业产业发展密切相关的因素关注不够、精力投入不足，更加
倾向于将农技推广简单地理解为一种技术的传播活动。本课题组认为这种情况和
观念不利于农业科技的深入推广应用，很多农业科技难以推广本质上不是这项科
技不够先进，而是由于其应用缺乏市场条件、能力条件、资金条件、自然社会环
境条件等非技术的原因。光是在特定的示范实验地、示范户等小范围进行科技效
益验证和生产示范，或者仅仅所要推广技术本身的先进性、科学性，不足以解决
在更大范围推广应用所需解决的市场、能力、资金、环境等非技术性的阻碍因
素。由于市场失败而非技术失败而导致的农技推广失败在全国多个省份、地区的
种植、养殖项目中曾多次出现，不仅造成了农民的惨重损失，同时也大大损害了
广大农民对于农技推广人员和政府机构部门的信任。相反，较好地解决了资金、
市场、能力等非技术因素的农技推广活动，不仅技术推广本身效率更高，而且能
够更多地获得农民的肯定与支持。本课题组成员在海南调查所了解到的中国热带
农业科学研究院木薯新品种技术推广是由于解决了市场问题而得到了有效推广的
很好案例，而当地政府所大力支持推广的兔子养殖、甘蔗种植、龙眼种植等则是
反面案例。本课题关于被调查人员与其他涉农企事业单位人员的联系交流情况如
表 2-54 所示：

表 2-54 被调查农技推广人员与其他涉农企事业单位人员的交流情况 %

		频率/人	百分比	有效百分比	累积百分比
有效	非常多	152	5.1	5.3	5.3
	多	747	25.1	25.8	31.1
	不定	818	27.5	28.3	59.4
	少	908	30.5	31.4	90.7
	非常少	268	9.0	9.3	100.0
	合计	2 893	97.2	100.0	
缺失		82	2.8		
合计		2 975	100.0		

农业科学技术研究机构人员是大多数农业科技成果的原创者，也是农技推广
人员最重要的科技信息来源和疑难科技问题的最终解决者、研究者。两者密切联

系、紧密合作有利于加强农业产、学、研一体化发展，也有利于农业科技产业化的整体发展。在理论上，农技推广人员被喻为农业科技研发和农业科技应用的桥梁。本课题调查结果显示，仅有 17.4％的被调查人员表示与农业科学研究机构联系交流多或非常多，而 66.1％的人表示与其交流联系少或非常少，另有16.6％的人表示与其联系交流不定。该结果表明，被调查农技推广人员与农业科学研究机构人员缺乏足够的交流与合作，不利于建立农业科技研究、推广、应用的良性循环。具体数据如表 2-55 所示：

表 2-55　被调查农技推广人员与农业科学研究机构人员的联系交流情况　　　　　　％

		频率/人	百分比	有效百分比	累积百分比
有效	非常多	97	3.3	3.4	3.4
	多	402	13.5	14.0	17.3
	不定	477	16.0	16.6	33.9
	少	941	31.6	32.7	66.6
	非常少	961	32.3	33.4	100.0
	合计	2 878	96.7	100.0	
缺失		97	3.3		
合计		2 975	100.0		

2.4.6　推广动机与回报

农技推广人员进行农技推广可能包含多种目的动机，有的是为了完成社会公益目标，有的是为了完成组织规定目标，有的是为了完成个人规定目标，也有的同时追求多种目标。本课题对农技推广人员主要目的的调查表明，将促进农民增收、提高农民素质能力、进行社会公益服务等社会公益目标当作主要目的的人员比例占有较大的比例，分别占有总响应的 21.8％、17.6％和 9.8％，个案百分比分别为 57.8％、46.5％和 25.9％，三项之和占总体响应的 49.2％。以此可见，完成社会公益目标是农技推广人员最重要的一个目的动机。将完成组织布置的工作任务作为农技推广活动主要目的的个案百分比为 55.5％，总体响应百分比为21.0％，两者比例在全部选项中均排在第二位，说明完成组织规定目标也是被调查者开展农技推广活动的重要目标之一。至于完成自己项目工作任务、增加自己收入、推销相关农资产品、亲戚朋友互助、提升自己的名誉地位等个体目标，相关选项的个案百分比分别是 39.4％、13.4％、11.9％、9.5％、3.7％，除完成自己项目工作任务这个既为个体同时也为组织的选项个案百分比相对较高外，其余选项的个案百分比均非常低，远远落后于追求社会公益目标、完成组织规定目标等相关选项的个案百分比。该结果更多地代表被调查者主观认知上所认可的名义目的动机而不能完全代表实际行动中的实质目的动机，但却能够比较真实地反映农技推广机构、工作的公益性性质以及自上而下的组织运行机制，个体利益激励在当前农技推广运行机制中不占主导地位。相关具体调查数据如表 2-56 所示：

表 2-56　被调查农技推广人员进行农技推广的主要目的　　　　　　　　%

		响应		个案百分比
		N	百分比	
农技推广的主要目的	促进农民增收	1 704	21.80	57.80
	完成组织布置的工作任务	1 635	21.00	55.50
	提高农民素质能力	1 371	17.60	46.50
	完成自己项目的工作任务	1 161	14.90	39.40
	进行社会公益服务	762	9.80	25.90
	增加自己的收入	395	5.10	13.40
	推销相关农资产品	352	4.50	11.90
	亲戚朋友互助	280	3.60	9.50
	提升自己的名誉地位	109	1.40	3.70
	其他	34	0.40	1.20
总计		7 803	100.0	264.9

　　从个体层面来说，他们认为工作所得到的主要回报是其一直从事农技推广工作并促使其努力工作更加本质的目的动机。本课题调查结果显示，经济收入是其中最主要的回报，个案百分比为 46.9％，其次是社会声誉，个案百分比为 32.6％，其他的回报依次是职称职务提升、发展机会、社会地位，个案百分比依次是 28.2％、26.8％、14.3％。没有一项回报选择的个案百分比超过 50％，除经济收入外，选择社会声誉、职称职务提升等其他方面作为主要回报的个案比例

均低于总个案的 1/3。这种结果表明，被调查农技推广人员对于各种回报的主观接受程度不高、总体满意度不高，受到这些方面的激励而努力工作的机会不大。除了相对能够感受到一定的经济收入之外，在社会声誉、职称职务提升、发展机会、社会地位等方面获取回报很少，组织在这些方面缺乏足够的正面激励，多数被调查人员不是为了更高目标而在农技推广机构中工作，而是在找不到其他工作岗位情况下的一种无奈选择，工作中人的主动性、积极性有待于进一步提高。这种结论也能从前面年轻人不愿意进入农技推广体系、农技推广体系内人员流动性不足、人员结构老化等调查结果中得到验证。关于被调查人员从事农技推广工作获得主要回报的具体调查结果如表 2-57 所示：

表 2-57　被调查农技推广人员从事农技推广的主要回报　　　　　　　　%

		响应		个案百分比
		N	百分比	
农技推广的主要回报	经济收入	1 336	28.70	46.90
	社会声誉	929	19.90	32.60
	职称职务提升	802	17.20	28.20
	发展机会	763	16.40	26.80
	社会地位	408	8.80	14.30
	其他	421	9.0	14.8
总计		4 659	100.0	163.6

2.4.7　推广面临主要困难

对于农技推广工作中面临的主要困难，53.5% 的被调查者表示没有推广经费，53.0% 的被调查者表示推广设施条件太差，这反映当前农技推广工作的开展需要得到更多的活动经费扶持和设施条件支持。实地访谈调查表明，在宁夏、河北、贵州等省市的农技推广机构近年来在人员工资保障、基本工作条件方面有了一定的改善，但在推广工作经费和仪器检测设施等方面仍然非常紧缺。例如，宁夏贺兰县的农机推广人员贺兰认为，他们遇到的主要困难是资金问题。没有钱，许多事只能搁浅。目前，她需要 500 万元，只能不断积累资金和贷款。现在，贷款有优惠政策。2008 年租地，700 元一亩，2009 年开始，由镇里买好地，建好设施卖给他们。虽然大件农机设施购置有补贴，但农资成本依然很高。42.7% 的被调查人员表示推广手段太少，反映了当前农技推广面临的另一个难点，也反映了被调查农技推广人员能力上的不足和实际推广工作中的无助。农技推广涉及知识的传播、农业生产的复杂实践以及与市场、自然、社会多个方面的复杂联系，难度非常大，需要高度的智慧、准确的判断、长期的努力、频繁的交流互动来促使农业生产实践问题的最终解决，否则就是功亏一篑，农技推广工作徒劳无功。尽管较少被调查人员认为推广人员素质太差是进行农技推广工作的主要困难，但提高农技推广人员综合素质仍然是当前农技推广体系中非常迫切的任务。另外，农业收益低、农民学习积极性不足、技术推广内容过于复杂、农业生产经营活动太复杂、农民素质太差等外部原因也是阻碍农技推广人员的重要因素，要消除这些障碍同样需要大力提升农技推广人员的综合素质。见表 2-58。

表 2-58 被调查农技推广人员对于农技推广工作主要困难的评价　　　　　%

		响应		个案百分比
		N	百分比	
农技推广工作的主要困难	没有推广经费	1 565	19.70	53.50
	推广设施条件太差	1 548	19.50	53.00
	推广手段太少	1 249	15.70	42.70
	农业收益太低，没有人员愿意学	1 093	13.80	37.40
	推广技术内容太复杂	664	8.40	22.70
	农民素质太差	592	7.50	20.30
	农业生产经营活动太复杂	431	5.40	14.70
	没有人愿意从事农技推广活动	396	5.00	13.50
	推广人员素质太差	328	4.10	11.20
	其他	71	0.9	2.4
总计		7 937	100.0	271.5

对于农技推广工作条件方面存在的困难，82.6% 的被调查者表示活动经费不足，51.3% 的被调查者表示缺乏仪器设备，另分别有 30% 左右的被调查者表示设施老旧过时和缺乏实验材料。该结果与课题组实地访谈的调查结果基本一致。

尽管近年来，基层农技推广机构在交通工具、计算机设施、上网设施、办公场所、展示设施等方面有较大的改进，但这些设施的投入常常是一次性的投入，缺少后期经费的支持，尤其是缺少日常工作的活动经费。例如，宁夏贺兰县一个镇的农技推广服务中心人员告诉我们，现在汽车是已经配备了，但是没有日常工作交通所需的汽油费。另外，一些作物的病虫害及动物牲畜的疫病判断需要较为先进的检测仪器和实验材料，并在较短的时间完成检测以便对其采取恰当的预防补救措施，而在这方面大多数县及乡镇农技推广服务机构是没有条件完成这种任务的。因此，一旦遇到这种问题，不得不将其送到国家及省级的相关专业检测机构，而这往往需要很长的操作时间和较多的经费支持，基层推广机构很难承担得起这笔不菲的费用，同时较长的操作时间也经常耽误了最佳的预防补救时机。因此，放弃检测是许多基层农技推广机构更加现实的选择。相关调查结果如表 2-59 所示：

表 2-59　被调查农技推广人员进行农技推广工作条件方面存在的困难　　　　%

		响应		个案百分比
		N	百分比	
农技推广条件方面的困难	活动经费不足	2 427	32.5	82.6
	缺乏仪器设备	1 508	20.2	51.3
	设施老旧过时	935	12.5	31.8
	缺乏实验材料	929	12.4	31.6
	办公场所紧张	685	9.2	23.3
	电脑不够用	532	7.1	18.1
	不能上网	196	2.6	6.7
	以上都没有	176	2.4	6.0
	其他	74	1.0	2.5
总计		7 462	100.0	254.0

2.5 农技推广人员对农业技术推广政策、需求及自身工作能力认知与评价

2.5.1 对农技推广政策与体制认知与评价

（1）被调查农技推广人员对当前国家的农技推广政策的了解情况

作为一名农技推广人员，不仅要具备一定的业务水平，还要作为国家与政府农业政策的重要传播者和践行者。要当好一名农技推广员，不仅要当好技术员，同时也要当好农村政策宣传员，要让农民知道国家和当地政府的惠农政策，引导农民向政策靠拢，指导农民向国家鼓励的产业方向发展。从本课题调查结果来看，受调查农技推广人员对当前国家出台的农技推广政策表示非常清楚和清楚的比例达到69.8％。由此可见，他们对于国家的农技推广政策具有比较充分的了解，这种了解不仅是由于他们具有更多接触和学习相关政策的机会，更为关键的是他们本身即是这些政策的关键推行者和实践者。具体调查结果如表2-60所示：

表2-60　被调查农技推广人员对当前国家的农技推广政策的了解程度　　　%

		频率/人	百分比	有效百分比	累积百分比
有效	非常清楚	271	9.1	9.2	9.2
	清楚	1 786	60.0	60.6	69.8
	不清楚	859	28.9	29.1	98.9
	非常不清楚	32	1.1	1.1	100.0
	合计	2 948	99.1	100.0	
缺失		27	0.9		
合计		2 975	100.0		

本研究调查发现，不同学历、性别、年龄的农技推广人员对于国家农技推广政策方面的认知有一定差异。

在不同学历人员方面，统计发现，农技推广人员的学历与其对国家农技推广政策的了解程度成正相关关系，学历越高则对相关政策越了解。从初中以下学历到本科及以上学历，非常清楚和清楚的比例依次是 47.5%、59.6%、72.9%、75.6%、74.3%。由此可见，学历比较高的推广人员对国家政策具有更高的敏感性，能够更加积极主动地了解国家出台的新政策。同时，他们对新政策的接受能力和理解能力更强，一旦获得便能很快的理解并投入运用。见表 2-61。

表 2-61　不同学历被调查农技推广人员对当前国家的农技推广政策的了解情况

			对当前国家的农技推广政策的了解程度				合计
			非常清楚	清楚	不清楚	非常不清楚	
学历	初中以下	计数/人	27	135	173	6	341
		百分比/%	7.9	39.6	50.7	1.8	100.0
	高中	计数/人	25	130	100	5	260
		百分比/%	9.6	50.0	38.5	1.9	100.0
	中专	计数/人	60	276	120	5	461
		百分比/%	13.0	59.9	26.0	1.1	100.0
	大专	计数/人	87	656	235	5	983
		百分比/%	8.9	66.7	23.9	0.5	100.0
	本科及以上	计数/人	66	519	193	9	787
		百分比/%	8.4	65.9	24.5	1.1	100.0
合计		计数/人	265	1 716	821	30	2 832
		百分比/%	9.4	60.6	29.0	1.1	100.0

在性别比较方面。统计显示，男性农技推广人员对国家农技推广政策的了解程度稍高于女性农技推广人员。男性对政策的了解清楚及其以上的比例达到 71.1%，不清楚及其非常不清楚的只有 28.3%。女性对政策的了解清楚及其以上的比例有 66%，不清楚以及非常不清楚的有 30.3%。性别带来的对国家政策的了解程度的差异，主要是由于男性农技推广人员一直都是推广人员的主力，他们多数奋斗在农技推广工作的一线，对国家农技推广政策有更多了解机会和更高的政策素质要求。尽管女性作为基层农技推广人员有其特殊的优势，比如平易近人，善解人意，能与农民进行更加良好的交流，了解农民的需求等等，但是由于

现实推广条件的艰苦，推广工作强度的过大，女性性别的特殊性，使女性农技推广人员的优势难以充分发挥。能长期真正战斗在推广一线的女性相对比较少，因此对国家农技推广政策的了解程度相对不如男性。具体调研结果如表 2-62 所示：

表 2-62 不同性别被调查农技推广人员对当前国家的农技推广政策的了解情况

			对当前国家的农技推广政策的了解程度				合计
			非常清楚	清楚	不清楚	非常不清楚	
性别	男	计数/人	208	1 168	521	21	1 918
		百分比/%	10.8	60.9	27.2	1.1	100.0
	女	计数/人	62	600	331	11	1 004
		百分比/%	6.2	59.8	33.0	1.1	100.0
合计		计数/人	270	1 768	852	32	2 922
		百分比/%	9.2	60.5	29.2	1.1	100.0

就年龄比较来看，调查结果显示，年龄越大的人，对当前我国农技推广政策的了解程度越高。29 岁及以下的对我国的政策了解清楚以及非常清楚的 64.7%，30~44 岁的有 68.8%，45 岁以上的高达 71.4%。年纪大的农技推广人员，推广经验丰富，对国家政策具有敏感性，因此他们了解的程度要比年轻人略高一些。各个推广机构，应该普及我国的新政策，尤其针对新的推广人员，提高他们对政策的敏感性。见表 26-3。

表 2-63 不同年龄被调查农技推广人员对当前国家的农技推广政策的了解情况

			对当前国家的农技推广政策的了解程度				合计
			非常清楚	清楚	不清楚	非常不清楚	
年龄	29 以下	计数/人	17	153	87	6	263
		百分比/%	6.5	58.2	33.1	2.3	100.0
	30~44	计数/人	137	834	428	11	1 410
		百分比/%	9.7	59.1	30.4	0.8	100.0
	45 以上	计数/人	113	770	338	15	1236
		百分比/%	9.1	62.3	27.3	1.2	100.0
合计		计数/人	267	1 757	853	32	2 909
		百分比/%	9.2	60.4	29.3	1.1	100.0

（2）被调查农技推广人员对当前政府对于基层农技推广工作重视程度的评价

关于被调查农技推广人员对政府对于基层农技推广工作重视程度评价的调查结果显示，认为政府对于基层农技推广工作非常重视和重视的为 47.5%，认为不重视和非常不重视的为 38.9%，不知道的为 13.6%。农技推广人员作为一线农技推广政策的主要执行者，仅有 47.5% 的被调查农技推广人员认为基层农技推广工作受到了政府的重视，而一半以上的人或者不知道或者觉得政府不够重视。这种结果充分说明，政府对农技推广工作的重视程度远远不够。虽然国家领导曾经多次强调农业的基础性地位和农业科技推广工作的高度重要性。但由于农业的低效益、低产值特点，加上当前以 GDP、政府财政收入、可见形象工程作为地方政府政绩的主要评价标准的管理制度，使地方政府的主要领导将对于农业和农技推广的基础地位与重要作用更多地停留在口头宣示上而没有真正地落实到具体的实践行动中，甚至很多领导或学者认为农技推广部门可有可无不如取消算了。其中问题值得所有关心中国粮食安全、农业多功能性地位的人深入思考。相关调查结果如表 2-64 所示：

表 2-64　被调查农技推广人员关于政府对基层农技
推广工作重视程度的认知与评价　　　　　　　　　　%

		频率/人	百分比	有效百分比	累积百分比
有效	非常重视	296	9.9	10.1	10.1
	重视	1 099	36.9	37.4	47.5
	不知道	398	13.4	13.6	61.1
	不重视	1 092	36.7	37.2	98.3
	非常不重视	50	1.7	1.7	100.0
	合计	2 935	98.7	100.0	
缺失		40	1.3		
合计		2 975	100.0		

（3）被调查农技推广人员对当前政府对于基层农技推广投入情况的认知评价

关于政府对于基层农技推广投入情况的调查能够进一步证明地方政府对于农技推广工作的重视严重不足。在所调查的农技推广人员中，认为政府对于基层农技推广的投入非常大和大的有效百分比只有 23.9%，不清楚的占 24%，认为非常小和小的人数比例高达 52.2%，已经占到一半以上，可见政府对于基层农技推广的投入是远远不够的。见表 2-65。

表 2-65　被调查农技推广人员关于政府对基层

农技推广工作投入情况的认知与评价　　　　　　　　　%

		频率/人	百分比	有效百分比	累积百分比
有效	非常大	123	4.1	4.2	4.2
	大	579	19.5	19.7	23.9
	不清楚	705	23.7	24.0	47.9
	小	951	32.0	32.4	80.2
	非常小	581	19.5	19.8	100.0
	合计	2 939	98.8	100.0	
缺失		36	1.2		
合计		2 975	100.0		

近年来，政府在农村基础设施、教育、卫生、社会保障等直接关系民生事业中的投入越来越多。相比之下，农村科技推广体系所获得的支持相对较小。农业的回报率较低，农业科技推广工作所产生的效果还不如农村基础设施、教育、社保那样，可以很直观地表现出来。政府应优化政财政支出结构，并依据不同时期财政农业支出总量、农业总产值、农业与农村人口、耕地等几个主要指标，提高对农业技术推广的投入，保障农技推广体系健康运行。在此基础上，应不断改善农业技术推广费用的支出结构：一是要保证农业技术推广所需要的设备的购买、对农业生产者进行培训的费用。二是建立推广经费的基金管理制度，对推广项目进行公开招标、公平竞争。三是切实解决农技推广人员特别是在编乡镇农技推广人员的社会保障问题，建议把乡镇农业技术推广人员纳入公务员队伍，将未参加养老保险、医疗保险的在编在职的推广人员纳入养老、医疗保险体系。所需要的一次性补缴的费用，除了个人按规定补缴外，其余费用应由当地（市、区）财政承担，同时省级财政可以根据各地经济状况和财力情况，确定不同的标准给予补助。

（4）被调查农技推广人员对我国农业技术推广体制存在问题的认知与评价

我国现行的农技推广体制中存在很多问题。在设计问卷的时候，根据有关文献与前期调研结果我们把这些问题归纳为职能不清、体制不顺、缺乏激励、投入不足、人才断层、知识老化、推广方式落后、推广人员经济回报太少、推广人员社会声誉回报太少等方面。通过我们对回收的问卷进行分析，发现投入不足是大家普遍认为的农技推广体制中存在的最主要问题，占64.2%；缺乏激励位居第二，占有52.4%的比例；人才断层和推广人员经济回报太少是被调查人员认为的第三、第四大问题，分别占48.8%和48.5%；认为体制不顺、知识老化、职能不清、推广方式落后、推广人员社会声誉回报太少是农技推广体制存在主要问题的人员比例分别是43.2%、35.4%、34.3%、30.5%、18.4%。见表2-66。

表2-66　被调查农技推广人员对我国农业技术推广体制存在问题的认知与评价　　%

问题a		响应		个案百分比
		N	百分比	
问题a	投入不足	1 832	17.0	64.2
	缺乏激励	1 496	13.9	52.4
	人才断层	1 392	12.9	48.8
	推广人员经济回报太少	1 384	12.9	48.5
	体制不顺	1 233	11.5	43.2
	知识老化	1 009	9.4	35.4
	职能不清	979	9.1	34.3
	推广方式落后	871	8.1	30.5
	推广人员社会声誉回报太少	525	4.9	18.4
	其他	33	0.3	1.2
总计		10 754	100.0	376.8

注：a 值为1时制表的二分组。

农业推广资金投入不足，制约着推广力度。发达国家的农技推广经费一般占到农业总产值的0.6%～1.0%，发展中国家也在0.5%左右，但是我国的不足0.2%，人均经费更少。由于经费不足等原因，部分政府"卸包袱"，出现了"线断、网破、人散"的被动局面。另外，农技推广人员工作时间长，工作强度大而且工作条件一般，如果缺乏必要的经济激励和精神激励，一方面很难提高他们的工作积极性，另一方面也不利于留住人才。在调研的过程中，我们发现，很多农技推广站都存在这样的问题，老的农技推广人员经验丰富，工作时间长达几十年，马上就要退休，但是接班人却是刚进入工作岗位的人，缺乏中流支柱，人才断层，青黄不接。针对这些问题，国家应该给予足够的重视，加大对推广的资金投入，改善工作条件提高福利待遇，自然会对推广人员形成激励。对人才的培养至关重要，但更重要的是如何才能留住人才。

将地区与我国农技推广体制存在的问题进行交叉对比，我们发现，西部地区排名前三的主要问题是投入不足、缺乏激励和人才断层。中东部地区排名前三的问题是投入不足、推广人员经济回报太少和缺乏激励，人才断层位居第四。中东部地区经济比西部地区要发达，但是却出现51.1%的人认为推广人员经济回报太少，比西部的45.4%还要高。此现象的出现，并不是说明东部推广人员的经济回报比西部推广人员的要低，而是说明，中东部地区的推广人员的经济回报与当地的经济发展水平和工资水平更不相匹配，更加不能满足当地推广人员的期望与需求。见表2-67。

表 2-67 不同地区被调查农技推广人员对我国农业技术推广体制存在问题的认知与评价

		职能不清	体制不顺	缺乏激励	投入不足	人才断层	知识老化	推广方式落后	经济回报太少	社会声誉回报太少	其他	
西部	计数/人	491	603	718	805	633	498	360	589	211	13	1 298
	百分比/%	37.8	46.5	55.3	62.0	48.8	38.4	27.7	45.4	16.3	1.0	
中东部	计数/人	488	630	778	1 027	759	511	511	795	314	20	1 556
	百分比/%	31.4	40.5	50.0	66.0	48.8	32.8	32.8	51.1	20.2	1.3	
总计	计数/人	979	1 233	1 496	1 832	1 392	1 009	871	1 384	525	33	2 854

注：百分比和总计以响应者为基础。

由上述分析我们可以发现，投入不足、缺乏激励、人才断层和推广人员的经济回报少是我国普遍面临的严重的问题，无论体制内外，中东部和西部，这些问题是普遍存在的。

（5）被调查农技推广人员对最适合管理农业技术推广部门组织与机构的认知评价

对于谁最适合管理农业技术推广部门的人、财、物及相关推广活动，被调查农技推广人员中认为县政府适合管理农技推广部门的比例高达 36.8%。认为乡镇政府应该管理的比例为 14.2%。认为跨区域农技推广专门机构管理的比例为 22.9%。认为协会、合作社等农民组织管理的比例为 13.0%。认为村委会管理的比例为 1.8%。认为农业科研机构管理的比例为 7.7%。认为农业教育机构管理的比例为 1.7%，其他有 1.9%的比例。此种情况说明，越是级别低的政府机构对于农业和农技推广的重视程度越低，对于农技推广人员待遇的确保越不稳定。见表 2-68。

表 2-68 被调查农技推广人员对最适合管理农业技术
推广部门组织与机构的认知评价 %

		频率/人	百分比	有效百分比	累积百分比
有效	县政府	1 067	35.9	36.8	36.8
	乡镇政府	412	13.8	14.2	51.0
	跨区域农技推广专门机构	664	22.3	22.9	73.9
	协会、合作社等农民组织	376	12.6	13.0	86.9
	村委会	53	1.8	1.8	88.7
	农业科研机构	224	7.5	7.7	96.4
	农业教育机构	48	1.6	1.7	98.1
	其他	55	1.8	1.9	100.0
	合计	2 899	97.4	100.0	
缺失		76	2.6		
合计		2 975	100.0		

2.5.2 对农技推广工作重要性认知与评价

对于所从事的农技推广工作重要性，本研究问卷调查结果显示，83.2%的被调查农技推广人员认为自己所从事的农技推广工作重要或非常重要，15.4%的推广人员认为自己的工作一般，仅有 1.4％ 的人认为不重要。此结果表明，受调查农技推广人员对于农技推广工作的意义具有充分的认识与肯定。见表 2-69。

表 2-69 被调查农技推广人员对所从事的农技推广工作重要性的自我评价　　　％

		频率/人	百分比	有效百分比	累积百分比
有效	非常重要	931	31.3	31.6	31.6
	重要	1 518	51.0	51.5	83.2
	一般	455	15.3	15.4	98.6
	不重要	32	1.1	1.1	99.7
	非常不重要	9	0.3	0.3	100.0
	合计	2 945	99.0	100.0	
缺失		30	1.0		
合计		2 975	100.0		

2.5.3 对农民农技推广需求的认知与评价

对于农技推广的需求，本课题组认为可以从以下几个角度对考查：一、农技推广人员心目中对农民农技推广需求的认知与判断；二、农技推广人员对于农民农技推广需求的满足方法与内容；三、农民心目中对于农技推广需求的认知与判断；四、农业、农村、农民发展对于农技推广工作的实际真实需求。鉴于课题调研对象的问题，本课题主要是对前两个方面进行了专门调查，此处将在前期文献与研究的基础上对该问题进行深入分析。

（1）农技推广人员心目中对农民农技推广需求的认知与判断

农民对农技推广的需求受到内在特征和外界因素的影响，内在特征包括农户年龄、受教育程度等，外界因素主要取决于当地经济特征，推广组织的服务状况以及所采取的推广方法。农民对农技推广的需求反过来会诱导农技推广服务模式和推广方法发生相应变化。

了解农民农技推广需求是农技推广人员顺利、有效开展工作的前提条件。根据本课题的调查，被调查农技推广人员认为农民对于农技推广的需求强和非常强的比例为 73.5%，一般的有 22.5%，弱和非常弱的只有 4%。这说明，被调查农技推广人员在实际工作中切实地感受到了大部分农户对于农技推广具有比较强烈的需求。见表 2-70。

表 2-70　被调查农技推广人员对于农民农技推广的需求强度的评价　　　%

		频率/人	百分比	有效百分比	累积百分比
有效	非常强	630	21.2	21.4	21.4
	强	1 536	51.6	52.1	73.5
	一般	663	22.3	22.5	96.0
	弱	104	3.5	3.5	99.5
	非常弱	14	0.5	0.5	100.0
	合计	2 947	99.1	100.0	
缺失		28	0.9		
合计		2 975	100.0		

对于是否清楚了解农民对于其技术需求的内容，69.8%的农技推广人员表示清楚或非常清楚，另有 30.26%的基层农技推广人员表示不清楚或非常不清楚。见表 2-71。

表 2-71　被调查农技推广人员对于农民技术需求内容了解程度　　　%

		频率/人	百分比	有效百分比	累积百分比
有效	非常清楚	271	9.1	9.2	9.2
	清楚	1 786	60.0	60.6	69.8
	不清楚	859	28.9	29.1	98.9
	非常不清楚	32	1.1	1.1	100.0
	合计	2 948	99.1	100.0	
缺失		27	0.9		
合计		2 975	100.0		

对于农民最希望得到的技术服务内容，被调查的农技推广人员认为依次是种植技术、畜牧兽医技术、农业市场经营技术、渔业养殖技术、林业技术、创新能力建设知识、农民组织管理技术、农村健康医疗知识、传统乡土农业知识与技

术、非农产业技术、农产品加工技术。相应的比例依次是88.7％、57.5％、38.7％、36.5％、28.1％、17.4％、16.4％、15.3％、13.6％、6.3％、1.3％。选择其他的人员比例为1.3％。见表2-72。

表2-72　被调查农技推广人员对于农民最希望得到的技术服务内容的看法

		响应		个案百分比
		N	百分比	
内容[a]	种植技术	2 599	27.6％	88.7％
	畜牧兽医技术	1 685	17.9％	57.5％
	农业市场经营技术	1 135	12.1％	38.7％
	渔业养殖技术	1 070	11.4％	36.5％
	林业技术	825	8.8％	28.1％
	创新能力建设知识	510	5.4％	17.4％
	农民组织管理技术	481	5.1％	16.4％
	农村健康医疗知识	447	4.8％	15.3％
	传统乡土农业知识与技术	398	4.2％	13.6％
	非农产业技术	186	2.0％	6.3％
	农产品加工技术	37	.4％	1.3％
	其他	37	.4％	1.3％
总计		9 410	100.0％	321.1％

注：[a] 值为1时制表的二分组。

在种植业内部，推广人员认为农民最需要的技术服务包括病虫害防治、新品种、栽培管理、市场经营与管理、农机和其他。其中认为需要病虫害防治的比例为27.3％，新品种的比例为27.1％，栽培管理的比例为25.9％，市场经营与管理的比例为10.3％，农机的比例为8.7％，其他的比例为0.8％。见表2-73。

表 2-73 被调查农技推广人员对于种植业内部农民最需要的技术服务的看法

		响应		个案百分比
		N	百分比	
内容[a]	病虫害防治	1 792	27.3%	61.0%
	新品种	1 781	27.1%	60.7%
	栽培管理	1 701	25.9%	57.9%
	市场经营与管理	676	10.3%	23.0%
	农机	571	8.7%	19.4%
	其他	50	0.8%	1.7%
总计		6 571	100.0%	223.8%

注：[a] 值为 1 时制表的二分组。

综合比较以上四个表格的调查数据可以发现，首先，分别有 70% 左右的被调查人员表示农民对农技推广的需求比较强烈以及对于农民的农技需求比较清楚。但总的来说仍有近 30% 的被调查者未能感受到农技推广需求或者不清楚农民的农技推广需求。这种调查结果对于工作在农技推广第一线的农技推广人员来说是值得深思的。这其中的原因无外乎包括两个方面，一个方面是农技推广人员工作不够深入，与农民交流太少，未能感知到农民的农技推广需求。另一个方面是有部分农民对于农技推广的需求并不像很多人想象的那样强烈。其次，对于农民需要的具体技术内容，被调查农技推广人员认为最主要的就是种养技术，而对于市场经营、管理、农产品加工、创新能力建设、乡土农业知识与技术等则关注较少。这符合我们国家对于农技推广的总体定位，有利于更好地确保我国的农业发展和粮食安全。然而其中的弊端是，第一，从整个宏观产业来说，农业的种养环节是基本不怎么赚钱的行业，地方政府和农业从业者正在对其失去兴趣，农民不再从事农业，企业不再投入农业，从而致使基层农技推广需求严重不足，甚至农技推广机构在很多地方成为可有可无、极其不受重视的机构。第二，现代农业新技术更多地适合高投入高产出的资本、技术密集型农业企业和规模化、专业化运作模式。具有这种能力的企业自身具有较高的技术能力，因而对于政府机构的农技推广支持需求也非常有限。第三，现代农业不应该仅仅包括种养环节的原始农业生产，未来更加重要的环节是农产品深加工、农业生产经营管理、与农业相关的新型服务业等具备更强增值能力的环节与产业。停留在传统农业范围不利于农业产业的长期发展和农民、农业企业的增收。第四，农业不仅需要确保粮食安全，还需要确定食品安全、生态安全，因此，有关安全生产知识、生态环境管理、健康饮食知识也应该是农技推广的重要内容。但总的来说，除了传统种养技术知识外，其他外部环境变化和农业相关知识技术并没有受到当前农技推广人员和相关政府部门领导的足够重视，最终导致了农技推广部门类似于鸡肋的尴尬地位。

（2）农技推广人员确定农民农技推广需求的方法

对于农技推广人员确定推广内容的方法，本课题问卷调查时设置了一道多选题对其进行调查。调查结果显示，44.4％的人选择了根据市场情况来定；43.7％的人选择了根据领导指示；43.2％的人选择了根据访谈很多农民所得到的意见；42.2％的人选择了根据种养大户的意见；35.7％是根据推广项目的需要；26.5％是根据农民组织的要求；24.6％是根据专家研究预测；18.4％是根据涉农企业的要求；2.1％根据其他因素。根据市场情况判断来确定农技推广内容的比例是最高的，但是由于农技推广人员的农业专业学科背景，缺乏必要的市场经营理论学习和实践历练，加上市场灵活多变，很多农技推广人员（包括政府部门领导）常常会在市场发展方向时做出错误判断。来自江西、宁夏、山东多个地方的农技推广案例表明，农技推广人员未能成功实施推广行为的本质原因不是没有让农民很好地掌握技术，而是市场判断失误造成生产出来的农产品滞销或价格太低致使农民失去生产的基本动力。这是农技推广活动中急需研究和解决的问题。根据领导指示确定农技推广内容排在第二位，更多地体现了农技推广人员的现行管理体制和向上负责机制，虽然有利于国家与政府政策的落地执行，但一定程度上妨碍了农技推广人员向农民负责的动力与机制以及农技推广内容的市场化调整。总的来说，农技推广人员确定农技推广内容的方法趋向于多元化，是一种相对比较合理的发展趋势，有利于照顾到各种利益主体的关切与需要。见表7-74。

表 2-74　被调查农技推广人员确定技术推广内容的方法

		响应		个案百分比
		N	百分比	
方法[a]	根据市场情况进行判断	1 304	15.8%	44.4%
	根据领导指示	1 284	15.6%	43.7%
	根据访谈很多农民所得到的意见	1 271	15.4%	43.2%
	根据农业种养大户的意见	1 240	15.0%	42.2%
	根据研究推广项目需要	1 049	12.7%	35.7%
	根据农民组织的意见	779	9.4%	26.5%
	根据专家研究预测	724	8.8%	24.6%
	根据相关涉农企业的要求	541	6.6%	18.4%
	其他	62	0.8%	2.1%
总计		8 254	100.0%	280.8%

注：[a] 值为 1 时制表的二分组。

　　总的来说，鉴于本研究调查对象的局限性，本课题未能向农民调查其对于农技推广的需求。农业科技创新包括采用新的生产方式、建立新的经营管理组织模式、开发新工艺、生产新产品和开拓新市场等多个方面。现有农业科技推广由于受到部门利益、职责和传统观念的限制，将推广的内容主要集中在新工艺、新产品的研究方面，而对新的生产方式、经营方式、管理方式、组织方式和市场开拓关注研究得很少，限制了农业科技推广的范围与作用。现有农业发展中缺的不仅是新工艺和新产品，因为还有很多的新工艺和新产品发明之后并没有人愿意去使用。从某种程度上说，新的生产方式、经营方式、管理方式、组织方式和市场开拓是现有农业发展中更为缺乏的创新内容，因此，应该特别加强这些方面创新内容的研究与推广，将现有以农业自然科学技术为主的农业科技创新与推广内容进一步拓展。同时，在推广人员素质培养方面，也应该打破单纯的农业科学技术培养，加强农业经营、组织管理、市场开发、传播方法等方面的训练及专门人才引进，使他们在实际工作中具备推广这些方面知识与技术的基本条件。

2.5.4　对自身农技推广能力的认知与评价

（1）对自身农技推广能力的评价

从农技推广人员对自身农技推广能力的评价来看，认为自身农技推广能力非常强和强的共有1579人，占到总人数的53.6％，也就是一半以上。认为自身能力一般的占43.1％。只有3.2％的极少数人认为自身的推广能力很弱。这说明，被调查农技推广人员队伍对自身的推广能力自我评价相对还是比较高。见表2-75。

表 2-75　被调查农技推广人员对自身农技推广能力的评价　　　　　　　　　　%

		频率/人	有效百分比	累积百分比
有效	非常强	251	8.5	8.5
	强	1 328	45.1	53.6
	一般	1 271	43.1	96.7
	弱	83	2.8	99.6
	非常弱	13	0.4	100.0
	合计	2 946	100.0	
缺失		29		
合计		2 975		

其中，拥有与农业直接相关专业背景的推广人员，有62.7％的人认为自己的推广能力非常强或者强。拥有与农业间接相关专业背景的推广人员有50％的人同样认为自己的推广能力很强。而拥有与农业没有任何关系专业背景的推广人员，大部分则认为自己的推广能力一般。这就说明专业越相关的，对自身的推广能力越认可。专业不相关的，对自己的推广能力不自信。但是从调查人数来看，目前从事农技推广工作的人员，大部分还都是与农业直接相关的专业的。见表2-76。

表 2-76　不同专业背景被调查农技推广人员对自身农技推广能力的评价

| | | | 对自身农技推广能力的评价 | | | | | 合计 |
			非常强	强	一般	弱	非常弱	
专业	农业直接相关专业	计数/人	176	928	624	28	6	1 762
		百分比/%	10.0	52.7	35.4	1.6	0.3	100.0
	农业间接相关专业	计数/人	17	60	73	4	0	154
		百分比/%	11.0	39.0	47.4	2.6	0.0	100.0
	农业不相关专业	计数/人	16	83	127	8	2	236
		百分比/%	6.8	35.2	53.8	3.4	0.8	100.0
合计		计数/人	209	1071	824	40	8	2 152
		百分比/%	9.7	49.8	38.3	1.9	0.4	100.0

从不同职称农技推广人员来看，拥有高级职称推广人员有接近80%的人认为自身的推广能力很强，只有20.9%的人认为自身的推广能力一般，没有人认为自己的推广能力弱或者非常弱。拥有中级职称的推广人员也有超过一半的人数认为自身的推广能力强，认为自身推广能力一般或者很弱的高于高级职称的推广人员。职称越低的推广人员，认为自身的推广能力越弱。从高级职称到无专业职称的推广人员，认为自身推广能力非常强或者强的人数比重是递减的，而认为自身推广能力弱或者非常弱的人数比重是递增的。见表 2-77。

表 2-77　不同职称被调查农技推广人员对自身农技推广能力的评价

| | | | 对自身农技推广能力的评价 | | | | | 合计 |
			非常强	强	一般	弱	非常弱	
职称	高级职称	计数/人	38	166	54	0	0	258
		百分比/%	14.7	64.3	20.9	0.0	0.0	100.0
	中级职称	计数/人	99	457	309	11	2	878
		百分比/%	11.3	52.1	35.2	1.3	0.2	100.0
	初级职称	计数/人	26	198	201	8	3	436
		百分比/%	6.0	45.4	46.1	1.8	0.7	100.0
	无专业职称	计数/人	17	133	113	11	4	278
		百分比/%	6.1	47.8	40.6	4.0	1.4	100.0
合计		计数/人	180	954	677	30	9	1 850
		百分比/%	9.7	51.6	36.6	1.6	0.5	100.0

不同性别农技推广人员对自身农技推广能力评价的分析结果显示，男性对自身农技推广工作的评价要稍高于女农技推广员。男性推广人员认为自身能力强及以上的占了 55.2%，女性是 50.5%。由于农技推广工作，条件艰苦，工作劳累，经常上山下乡，四处奔波，实际农技推广队伍中男性农技推广人员的数量远远多于女性。然而，女性特有的善解人意，善于与人沟通，亲切和蔼的形象，具有一些比男性更加适合农技推广工作的特点，所以，农技推广机构也应该引进更多的女性农技推广人员，并充分发挥他们的作用和潜力。见表 2-78。

表 2-78　不同性别被调查农技推广人员对自身农技推广能力的评价

			对自身农技推广能力的评价					合计
			非常强	强	一般	弱	非常弱	
性别	男	计数/人	183	874	806	46	7	1 916
		百分比/%	9.6	45.6	42.1	2.4	0.4	100.0
	女	计数/人	67	440	456	35	6	1 004
		百分比/%	6.7	43.8	45.4	3.5	0.6	100.0
合计		计数/人	250	1 314	1 262	81	13	2 920
		百分比/%	8.6	45.0	43.2	2.8	0.4	100.0

（2）对最新农业科学技术的了解状况

调查结果显示，被调查农技推广人员对于最新农业科学技术的了解情况不尽如人意。认为自己对最新农业科学技术清楚或非常清楚的人员仅占 42.2% 的比例，这个比例要少于 45.5% 选择一般的人员比例。这说明，大部分农技推广人员对于最新农业科学技术缺乏深入了解。作为农业新科技一线推广者，不了解最新农业科学技术几乎不太可能有效推广最新农业科学技术并将我国农业发展引向现代农业发展道路。因此，加强自身能力建设提高农技推广人员素质是提高农业科技推广效率效果的首要任务，定时对农技推广人员开展系统培训和组织学习让其迅速及时了解最新农业科学技术知识，只有这样才有可能更好地为农民服务。见表 2-79。

表 2-79　被调查农技推广人员对于最新的农业科学技术的了解状况　　　　　%

		频率/人	百分比	有效百分比	累积百分比
有效	非常清楚	171	5.7	5.8	5.8
	清楚	1 074	36.1	36.4	42.2
	一般	1 341	45.1	45.5	87.7
	不清楚	334	11.2	11.3	99.0
	非常不清楚	30	1.0	1.0	100.0
	合计	2 950	99.2	100.0	
缺失		25	0.8		
合计		2 975	100.0		

2.6　被调查农技推广人员的继续教育状况

2.6.1　继续学习与教育渠道

农技推广人员在继续学习与教育渠道方面呈现着渠道多样化特性。调查结果表明：以专业培训、会议、参观学习为主的官方正式渠道占 43.7％；以书刊、广播电视、自我观察思考研究与经验积累等形式的非正式渠道占 56.3％。正式渠道中，通过专业培训获取信息所占比例最大。非正式渠道中，通过书报杂志获取信息的比例最大。由此可知，农技推广人员继续教育的信息来源特点是：以自觉学习为主要方式，偏重传统的学习手段，电子信息、网络传媒等新型学习渠道比较欠缺。具体数据如图 2-5 所示。

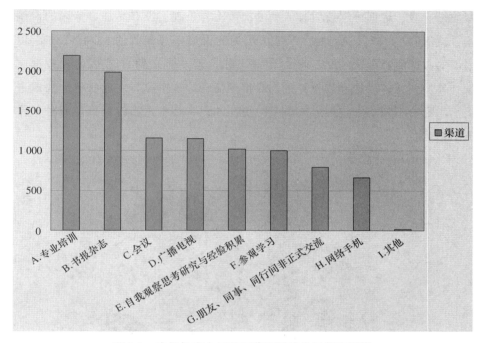

图 2-5　农技推广人员知识获取继续学习教育渠道

2.6.2　继续教育机会与需求

党的十六届五中全会提出建设"社会主义新农村",旨在全面发展农村生产的基础上,建立农民增收长效机制,千方百计增加农民收入,实现农民的富裕,农村的发展,努力缩小城乡差距。伴随农业科技日新月异的态势,农业现代化发展和农业创收在很大程度上取决于广大农技推广人员的科技水平。为构建终身学习型社会,我国多部法律对专业技术人员继续教育做了明确要求,如《农业法》第 53 条规定:"国家建立农业专业技术人员继续教育制度。县级以上人民政府农业行政主管部门会同教育、人事等有关部门制定农业专业技术人员继续教育计划,并组织实施。"故农技推广人员参加继续教育,既是实现自我发展的一种权利,更是提升综合素质进而贡献社会须应尽的一种义务。为加快农业科技成果转化,普及推广农业新技术,增强综合服务能力,必须定期开展农技推广人员继续教育。然而,通过对 10 个省的实地调研。如图 2-6 所示,农技推广人员近 5 年来参加过进修、培训等继续教育活动的次数不容乐观。没有参加过培训的占调研总人数比例的 14.6%。参加过 1~2 次培训的占调研总人数的 33.4%。5 次以上的培训的占调研总人数的 29.9%。由此可知，近 5 年来约有 70% 的农技推广人员没有参加一年一次的继续教育进修或培训活动，该情况与农业科技的快速进步严重不匹配，不利于农技推广人员及时更新知识和技术，必将对推广服务工作产生负面影响。

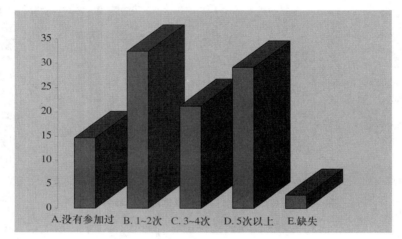

图 2-6　农技推广人员近 5 年来参加过进修、培训等继续教育活动次数统计图

　　世界领域内，农业技术处于不断创新中，包括土壤调查与环境控制、配方施肥和配合饲料、品种选用、栽培与饲养管理、病虫害与疫病防治等过程，贯穿于作物栽培、畜禽和水产养殖的"产前、产中、产后"等各个环节。各种形式的设施农业，如温室、塑料大棚、薄膜覆盖等广泛应用于蔬菜、花卉、瓜果等生产。数字农业、智慧农业、互联网农业等高新技术正开始在实践中快速应用，一些发达国家与地区已实现农业生产的计算机管理和调控。以农业生物技术和农业信息技术为主导技术的农业高新技术革命正在使未来农业由"资源依存型"向"科技依存型"转变。我国目前正处在传统农业向现代农业的转型期，发展现代农业成为必然趋势。高新技术正在农业发展中应用，并成为农业发展的强大动力，农业正面临着新技术革命的挑战。多方面的因素相互交织，迫切要求加强农技推广人员的继续教育。另外，图 2-7 表明了农技推广人员对待继续教育的态度，约 91% 的农技推广人员认为需要再进修学习，其中有 40% 的农技推广人员学习意愿非常强烈。

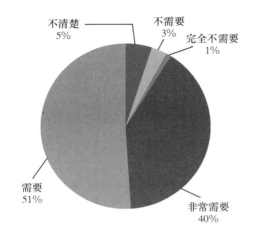

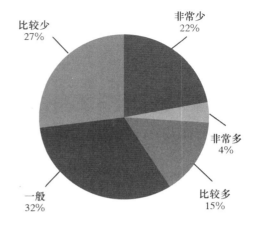

图 2-7 农技推广人员再进修学习需求

图 2-8 农技推广人员员进修、培训
等继续学习机会

图 2-8 则反映了本次调研中农技推广人员参加进修、培训等继续教育机会的现状。其中认为机会非常少的占 22%，认为比较少的占 27%，认为机会一般的占 32%。可见他们参加继续教育的机会不尽如人意。实地访谈调查结果显示，就算有机会，农技推广人员也不是单纯地学习知识，而是为了职称评定、应付检查等别的目的。例如，贵州省盘县红果镇农推站的农推人员表示得到进修的机会很少，机会总是会被县农业局的人抢先一步。即使参加了由镇政府和农业局组织的技术教育，大多数人也都是为了职称评定才组织，不能最大限度地学到知识。河南焦作市博爱种子股份有限公司的公司区域经理表示，近 5 年公司有组织培训，是围绕公司需求进行的，但这些学习考核主要是应付检查或拿些证书，基本上算是面子工程。

2.6.3 继续教育的效果与影响因素

目前，我国农业现代化以大力推广新品种、新技术、新装备为主要任务，以便确保提高科技对农业的贡献率。农技推广人员急需通过进修或培训来更新知识，拓宽视野，提高农业技术水平，提升自身的农技服务效果。68.6% 的农技推广人员认为当前进修培训的效果"好"或"非常好"。约 31.4% 的农技推广人员对当前的培训效果表示不满。深度访谈后将主要问题集中如下：培训内容缺乏针对性，形式单一，综合培训多，专项培训少；理论培训多，技能培训少；课堂教学多，现场观摩少；概念化内容多，新技术培训少；填鸭式多，交流研讨少；短期培训多，系统学习少。宁夏贺兰县立岗镇农技服务中心的姚主任表示，该县虽然每年培训至少 7 天，但培训内容和实际需求脱节，致使很多农技推广人员知识落后，不能适应农户需求。如图 2-9 所示。

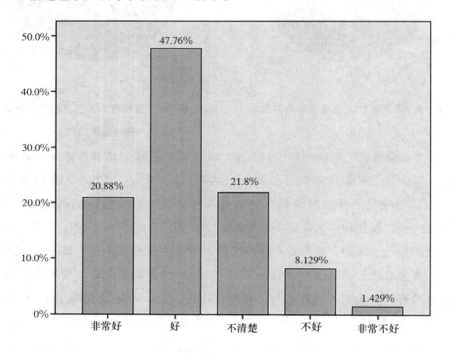

图 2-9　农技推广人员对当前进修培训的效果的评价

由表 2-80 所显示的调查结果可知，影响农技推广人员参加进修培训的首要原因是"没有机会"。有 60% 的被调查者选择了此项原因。工作忙和付不起费用也是影响农技推广人员参加继续教育的重要原因，选择这两个因素的受调查者比例分别是 40.5% 和 28.8%。农技推广人员按部就班地完成大强度、简单重复的日常任务，很少有外出培训、考察、进修等机会。部分坚持自学的也因时间少、内容随意而在知识技能的提升上缺乏系统性，故导致不少农技推广人员视野狭隘、知识结构单一而陈旧、技术技能提高缓慢，尤其在信息技术、农产品加工增值技术、市场预测等领域较陌生。

表 2-80　影响农技推广人员参加进修培训的主要因素

		响应		个案百分比
		N	百分比	
影响参加进修培训因素ᵃ	觉得没必要	141	2.9%	4.8%
	付不起费用	842	17.6%	28.8%
	工作忙	1 184	24.7%	40.5%
	家庭事务多	424	8.8%	14.5%
	没有机会	1 755	36.6%	60.0%
	领导不同意	355	7.4%	12.1%
	其他	95	2.0%	3.2%
总计		4 796	100.0%	163.9%

注：ᵃ 值为 1 时制表的二分组。

综上所述，加强农技推广人员的能力建设，全面提升其综合素质是现代农业发展的迫切需求，推行继续教育培训确保及时跟踪最新农业科技成果是其重要路径。本课题建议首先，推行农技推广人员资格准入制。该制度早已被一些发达国家普遍采用，我国应尽快逐步完善农技推广人员录用和试用制度，进行农技推广人员资格认证、职业技能鉴定，规定农技推广人员"竞争上岗"且"持证上岗"。其次，采取岗前培训与职后培训的叠加培训模式，定期开展内容丰富、形式多样的培训活动，帮助农技推广人员形成终身学习的理念，在推广次数、推广时间、推广内容、推广方法、推广技能等方面客观规范自己的推广行为。再次，强化爱岗敬业、转变农技推广观念。要培养政治思想素质过硬的农技推广人员，树立全心全意服务"三农"的核心价值观；要贯彻脚踏实地、吃苦耐劳、务实创新的工作作风，保证工作的积极性和主动性；要转变推广观念，崇尚人性化推广，以农民为中心，与农民建立平等协商双向互动的新型关系。最后，可设立农技推广人员知识更新专项基金，对获得推广资格的在岗农技推广人员定期轮训给予经费保障。

2.7　被调查农技推广人员的生活状况

由于编制预算、历史遗留等多方面的原因，如今不少地方的农技推广人员在生活待遇方面普遍面临着一些现实的问题和矛盾。其中较为突出地表现为工资待遇相对偏低，工作压力普遍偏大，医疗保障不足，这些因素制约着推广人员的工作积极性的发挥。下面我们分别从以下几个方面来了解农技推广工作人员的生活情况。

2.7.1　个人收入状况

个人收入是确保农技推广工作人员基本生活需求的主要保障，也是激励农技推广人员更多地投入到农技推广工作的关键因素。较高的收入有利于农技推广人员过上更加体面的生活并保持更加健康的身体，激励农技推广人员更多地投入到农技推广工作中去，吸引更多的外部人才加入农技推广队伍中来。对于该方面的信息，本课题从收入来源构成、收入水平、收入稳定性、组织工资制度四个方面进行了问卷调查，相关调查结果及分析如下：

（1）收入来源构成情况

从被调查农技推广人员的收入来源构成情况来看，只有80％左右的受调查者拥有固定工资收入，其余人员则没有固定工资收入，自收自支或按工作时间获得劳动报酬。在前80％有固定工资收入的农技推广人员中，近50％仅有固定工资收入而无其他收入，另30％则除固定工资收入外还有一定的奖金和津贴收入。由此可见，当前农技推广人员中还有相当一部分人员其收入难以得到充分保障，即使已经得到一定保障的农技推广人员，其收入也多数停留在最基本的固定工资收入。见表2-81。

表 2-81   被调查农技推广人员的收入来源构成情况   %

		频率/人	百分比	有效百分比	累积百分比
有效	仅有固定基本工资	1 450	48.7	49.7	49.7
	固定基本工资＋奖金与津贴	876	29.4	30.0	79.7
	按工作时间获得劳动报酬，没有固定基本工资	119	4.0	4.1	83.8
	自收自支	427	14.4	14.6	98.4
	其他	46	1.5	1.6	100.0
	合计	2 918	98.1	100.0	
缺失		57	1.9		
合计		2 975	100.0		

（2）收入水平情况

从收入水平来看，本课题问卷调查结果显示，被调查农技推广人员的月平均收入为 2 417.87 元，其中通过农技推广服务所获得的收入比例平均为 41.12％，与工作绩效挂钩的津贴平均为 377.30 元。由此可见，被调查农技推广人员收入处于比较低的水平，与全国城镇就业单位工作人员 3 897 元的平均月工资相比具有很大的差距[①]。见表 2-82。

表 2-82   被调查农技推广人员的月均收入与津贴均值情况

	月平均收入/元	农技推广收入所占比例/%	每月与工作绩效挂钩津贴/元
均值	2 417.87	41.12	377.30
N	2 691	2 209	1 851
标准差	1212.473	42.176	718.418
分组中值	2 208.65	20.46	4.51

---

① 中华人民共和国国家统计局 . 中国统计年鉴—2013. 中国统计出版社 . 2014 年 9 月

对不同地区比较来看，陕西、宁夏、广西、贵州四个西部地区农技推广人员的月平均收入为 2 492.78 元，反而高于江西、湖南、河北、吉林、山东、河南六个中东部地区 2 353.10 元的月平均收入。其方差方程的 Levene 检验结果（Sig.＝0.027）、均值方程的 t 检验结果（Sig.（双侧）＝0.003）均为显著。另外，西部地区被调查农民推广人员每月与工作绩效挂钩平均津贴也比中东部地区高出 150 多元。这种情况与中东部地区人员普遍高于西部地区的一般看法有较大差异。本课题组认为这种差异进一步表明，农技推广人员的收入水平与当地的总体经济发展水平并不一定成正比，甚至是经济发展水平越高的地区其农技推广人员的收入水平反而越低。因为当地政府可能更加重视二、三产业的发展而不是农业的发展，同时高素质的人才更不愿意从事农技推广工作。

按照收入分组的情况来看，被调查农技推广人员的月均收入主要在 3 000 元以下，其比例达到 71.4%，月均收入超过 4 000 元的不足 10%。见表 2-83。

表 2-83　被调查农技推广人员的月均收入分组情况　　　　　%

		频率/人	百分比	有效百分比	累积百分比
有效	不足 1 000 元	118	4.0	4.4	4.4
	1 000~1 999 元	734	24.7	27.2	31.6
	2 000~2 999 元	1 074	36.1	39.8	71.4
	3 000~3 999 元	515	17.3	19.1	90.5
	4 000~4 999 元	165	5.5	6.1	96.6
	5 000 元及以上	92	3.1	3.4	100.0
	合计	2 698	90.7	100.0	
缺失	系统	277	9.3		
合计		2 975	100.0		

为了克服地区发展水平差异的影响、更加清楚地了解农技推广人员收入在不同地区的情况。本课题在问卷中设置了一个专门问题用于农技推广人员与当地普通中小学教师的收入水平比较。结果发现，70%多的被调查农技推广人员表示自己的工作收入要低于当地普通中小学教师的收入。见表 2-84。

表 2-84　被调查农技推广人员月均收入与当地普通中小学教师工资比较　　%

		频率/人	百分比	有效百分比	累积百分比
有效	高很多	35	1.2	1.2	1.2
	高一点	167	5.6	5.8	7.0
	差不多	626	21.0	21.7	28.6
	低一点	1151	38.7	39.8	68.5
	低很多	912	30.7	31.5	100.0
	合计	2 891	97.2	100.0	
缺失		84	2.8		
合计		2 975	100.0		

　　繁重的工作压力却只能获得较低的工资收入，这种情况正在严重地影响农技推广人员的工作积极性，并导致部分能力较强的农技推广人员流失到其他行业。例如，宁夏贺兰县立岗镇农技服务中心的姚主任也指出虽然中心的农技人员既要从事推广工作，又要从事行政工作，但事业编制和公务员编制比起来待遇低了200～300元，只有2 500～2 600元，这导致了很多农机推广人员的流失。

　　（3）收入稳定性与增长

　　在收入稳定性方面，82.6%的被调查者表示相对稳定或非常稳定，其余17.4%的人表示不太稳定或非常不稳定。与前面收入来源构成调查结果比较可以发现，这个比例与前面拥有固定工资收入和没有固定工资收入的人员比例大致相同。见表2-85。

表 2-85　被调查农技推广人员工资稳定性情况　　%

		频率/人	百分比	有效百分比	累积百分比
有效	非常稳定	576	19.4	19.7	19.7
	相对稳定	1 840	61.8	62.9	82.6
	不太稳定	408	13.7	13.9	96.5
	非常不稳定	101	3.4	3.5	100.0
	合计	2 925	98.3	100.0	
缺失		50	1.7		
合计		2 975	100.0		

在收入增长方面，25.8%的被调查者表示近5年内收入增长比较慢，另有22%表示增长非常慢，仅有11.5%的被调查者表示增长比较快或非常快。见表2-86。

表 2-86　被调查农技推广人员工资增长情况　　　　　%

		频率/人	百分比	有效百分比	累积百分比
有效	非常快	31	1.0	1.1	1.1
	比较快	272	9.1	9.3	10.4
	一般	1 218	40.9	41.8	52.2
	比较慢	753	25.3	25.8	78.0
	非常慢	640	21.5	22.0	100.0
	合计	2 914	97.9	100.0	
缺失		61	2.1		
合计		2 975	100.0		

（4）组织工资制度情况

从组织（单位）工资制度来看，拥有全额事业单位工资的被调查者比例为80.6%，其余为差额事业单位工资或自收自支情况。见表2-87。

表 2-87　被调查农技推广人员组织工资制度情况　　　　%

		频率/人	百分比	有效百分比	累积百分比
有效	全额事业工资	1 832	61.6	80.6	80.6
	差额事业工资	203	6.8	8.9	89.5
	自收自支	162	5.4	7.1	96.7
	其他	76	2.6	3.3	100.0
	合计	2 273	76.4	100.0	
缺失		702	23.6		
合计		2 975	100.0		

根据以上各项关于收入的调查结果可知,农技推广人员作为基层服务人员,工资待遇低,福利少,严重影响了其工作积极性,不利于农技推广工作的开展。被调查农技推广人员的收入水平非常低,与当地普通中小学教师有较大差距,而且在近年来增长非常缓慢。因此,许多人不得不把有限的收入节衣缩食,应对住房、医疗子女教育等硬性支出。面对飞速上涨的房价,医疗和教育成本,收入缩水,他们感觉生活压力大。在巨大生活压力下,他们有可能在相应的制度下将这种压力转化成工作中的动力。但是由于多数农技推广组织与单位缺少和推广业绩直接挂钩的激励制度,他们的推广业绩无法直接和自己的收入进行挂钩,致使很多技术人员在推广工作实施过程中明显缺乏热情和积极性。例如,贵州省遵义市尚稽镇农技服务中心的农机人员收入每月只有 2 100 元,没有福利待遇,身体处于亚健康状态,他们时常感到生活很累,生活水平和生活质量有待提高。如果目前问题长期得不到系统、有效的解决,将会严重压抑更多人的积极性、创新性,让越来越多的人对农技推广工作望而止步,继而导致基层农技工作人才严重匮乏。相关部门迫切需要从整体制度和具体政策措施等多个层面更多体现对他们的关爱与呵护,逐步提高改善福利待遇,从而有效激发他们研讨业务、提升技术等级、提高工作效率,为农业提供更好的公共服务。

2.7.2 身体健康状况

农技推广人员工作在农业生产第一线,经常要下乡下地,工作非常辛苦,加上农业新技术新知识层出不穷、农产品市场瞬息万变所带来的工作压力,很多基层农技推广人员表示农技推广是一个吃力不讨好的工作。工作辛苦,收入低,效果难见,压力山大,不少农技推广人员生活在亚健康状态。本课题问卷调查结果显示,61.4%的被调查者认为农技推广人员工作压力大或非常大,而认为农技推广人员工作生活压力小或非常小的人员比例仅为 3.2%。关于农技推广人员的身体健康情况的调查显示,16.8%的被调查者认为自己的身体不太健康或非常不健康。调查具体结果如表 2-88、表 2-89 所示:

表 2-88　被调查农技推广人员工作生活压力情况　　　　　　　　　%

		频率/人	百分比	有效百分比	累积百分比
有效	非常大	535	18.0	18.4	18.4
	大	1 254	42.2	43.0	61.4
	一般	1 029	34.6	35.3	96.7
	小	71	2.4	2.4	99.2
	非常小	24	0.8	0.8	100.0
	合计	2 913	97.9	100.0	
缺失			62	2.1	
合计			2 975	100.0	

表 2-89　被调查农技推广人员身体健康情况　　　　　　　　　%

		频率/人	百分比	有效百分比	累积百分比
有效	非常健康	780	26.2	26.5	26.5
	比较健康	1 668	56.1	56.7	83.2
	不太健康	462	15.5	15.7	98.9
	非常不健康	32	1.1	1.1	100.0
	合计	2 942	98.9	100.0	
缺失			33	1.1	
合计			2 975	100.0	

　　通过被调查农技推广人员过去一年内去医院看病的情况可以更加真实地了解农技推广人员的身体健康情况。问卷调查结果显示，过去一年中，近60%的被调查人员去医院看过病，其中20%以上去医院看过3次以上病，这个比例与上表调查中认为自己不太健康或非常不健康人员的比例基本接近。见表2-90。

表 2-90   被调查农技推广人员过去一年内去医院看病情况 　　　　%

		频率/人	百分比	有效百分比	累积百分比
有效	没去过	1 180	39.7	40.3	40.3
	1～2 次	1 155	38.8	39.5	79.8
	3～4 次	423	14.2	14.5	94.2
	5 次以上	169	5.7	5.8	100.0
	合 计	2 927	98.4	100.0	
缺失		48	1.6		
合计		2 975	100.0		

虽然过高的压力给农技推广人员的健康带来一定隐患，使得农技推广人员的健康情况堪忧。但相关管理部门对于农技推广人员的健康却不太重视，被调查人员中有 48.4% 的人从未参加过健康体检，参加过单位组织公费体检的仅有 33%。见表 2-91。

表 2-91   被调查农技推广人员过去一年中参加体检的情况 　　　　%

		频率/人	百分比	有效百分比	累积百分比
有效	参加过单位组织公费体检	966	32.5	33.0	33.0
	做过自费体检	542	18.2	18.5	51.6
	没参加过体检	1 417	47.6	48.4	100.0
	合 计	2 925	98.3	100.0	
缺失		50	1.7		
合计		2 975	100.0		

2.7.3　社会保障状况

近年来，我国社会保障制度不断完善，公民与单位签订正式劳动合同、参加医疗保险、养老保险等的人员比例大幅上升。但作为相对不受重视的群体，农技推广人员的社会保障情况仍然十分堪忧。被调查人员参加最多的保险是医疗保险，参加比例也仅为 80.7%，比农村合作医疗 90%多的参合率还要低。其次参加较多的是养老保险，参加比例仅为 52.5%，其余社会保障险种的参加率更低，失业保险为 35.1%，工伤保险是 19.2%，生育保险为 10.4%，另外还有 10.7%的人员没有参加任何保险。见表 2-92。

表 2-92　被调查农技推广人员参加社会保险情况

		响应		个案百分比
		N	百分比	
	医疗保险	2 365	38.7%	80.7%
	养老保险	1 539	25.2%	52.5%
	失业保险	1 028	16.8%	35.1%
	工伤保险	562	9.2%	19.2%
	没有参加任何保险	313	5.1%	10.7%
	生育保险	306	5.0%	10.4%
总计		6 113	100.0%	208.5%

从聘用劳动合同签订情况来看。18.5%拥有组织或单位的被调查农技推广人员没有与组织或单位签订劳动合同，另有 18.9%的人员不清楚是否签订了，仅有 62.7%的人员明确自己与组织或单位签订了劳动合同。这里还没有考虑那些体制外、缺少组织与单位农技推广人员的情况。见表 2-93。

表 2-93　被调查农技推广人员签订聘用劳动合同情况　　　　　　　%

		频率/人	百分比	有效百分比	累积百分比
有效	不清楚	405	13.6	18.9	18.9
	没有签	397	13.3	18.5	37.3
	一年以内	103	3.5	4.8	42.1
	两年	38	1.3	1.8	43.9
	三年	542	18.2	25.2	69.1
	三年以上	350	11.8	16.3	85.4
	无固定期限	313	10.5	14.6	100.0
	合计	2 148	72.2	100.0	
缺失		827	27.8		
合计		2 975	100.0		

2.7.4 生活满意度总体评价

对于被调查农技推广人员的生活满意度，本课题从个人收入、社会声望、社会保障福利、居住条件与环境、总体生活状况 5 个方面进行了调查。调查结果显示，对于个人收入，39.7％的被调查者表示不太满意或非常不满意，远高于表示比较满意或非常满意 16.6％的比例。在社会福利保障方面，与个人收入的满意度相似，不满意的人员比例高于满意的人员比例 10 个百分点，33.5％的人员表示不太满意或非常不满意，22.9％的人员表示比较满意或非常满意。在社会声望方面，满意度相对高一点，有 28.6％的被调查者表示比较满意或非常满意，但仍有 18.6％的被调查者表示不太满意或非常不满意。在居住条件与环境方面，满意度也相对较高，表示比较满意或非常满意的比例为 30.7％，表示不太满意或非常不满意的比例为 16.4％。对于总体的生活状况，表示比较满意或非常满意的比例为 28.5％，表示不太满意或非常不满意的比例为 12.4％。具体调查数据如表 2-94 所示：

表 2-94　被调查农技推广人员生活满意度评价　　　　　　　　%

		有效						缺失	合计
		非常满意	比较满意	一般	不太满意	非常不满意	合计		
个人收入	频率	66	427	1 235	760	379	2 867	108	2 975
	百分比	2.2	14.4	41.5	25.5	12.7	96.4	3.6	100
	有效百分比	2.3	14.9	43.1	26.5	13.2	100		
	累积百分比	2.3	17.2	60.3	86.8	100			
社会声望	频率	114	696	1 490	394	134	2 828	147	2 975
	百分比	3.8	23.4	50.1	13.2	4.5	95.1	4.9	100
	有效百分比	4	24.6	52.7	13.9	4.7	100		
	累积百分比	4	28.6	81.3	95.3	100			

续表 2-94

		有效						缺失	合计
		非常满意	比较满意	一般	不太满意	非常不满意	合计		
社会保障福利	频率	71	579	1239	663	287	2 839	136	2 975
	百分比	2.4	19.5	41.6	22.3	9.6	95.4	4.6	100
	有效百分比	2.5	20.4	43.6	23.4	10.1	100		
	累积百分比	2.5	22.9	66.5	89.9	100			
居住条件与环境	频率	93	781	1 506	335	132	2 847	128	2 975
	百分比	3.1	26.3	50.6	11.3	4.4	95.7	4.3	100
	有效百分比	3.3	27.4	52.9	11.8	4.6	100		
	累积百分比	3.3	30.7	83.6	95.4	100			
总体生活状况	频率	63	744	1 671	263	89	2 830	145	2 975
	百分比	2.1	25	56.2	8.8	3	95.1	4.9	100
	有效百分比	2.2	26.3	59	9.3	3.1	100		
	累积百分比	2.2	28.5	87.6	96.9	100			

图 2-10 所示生活各方面满意度的柱状图比较能够让我们更加直观地认识被调查者对于各方面生活的满意情况。结合该图及上表数据可以看出，被调查者对于生活状况的满意度总体上偏低，对于总体生活关注表示比较满意或非常满意的不足 30％，对于各具体项目除了居住条件与环境之外表示比较满意或非常满意的比例均不越过 30％。其中满意度最低的两个方面是个人收入和社会保障福利，其表示不太满意或非常不满意的比例分别达到了 39.7％和 33.5％。生活满意度方面的调查结果进一步验证了上文中对于个人收入、社会保障福利状况方面的调查结果。

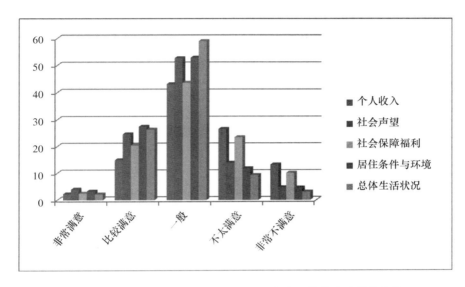

图 2-10 被调查农技推广人员对于生活各方面的满意度评价比较

2.8 被调查农技推广人员的主张与建议

在对农技推广人员的工作、学习、生活、认知态度、组织情况、管理体制进行全面调查的基础上。本课题调查问卷也专门设置了一个问题对被调查农技推广人员关于解决当前农技推广活动中存在困难的主张与建议进行调查。在问卷试调查时，对于该问题的调查采用的是开放式问题，由被调查者完全根据自己判断自由进行填答，根据所得结果虽然更有利于了解受调查者的客观主张与建议，但由于填答需要受调查者付出更多时间与精力，填答率不高，因此本研究在正式问卷调查时将该题改成了封闭式问题，其中选项的设计根据前期调研、试调查结果以及相关文献研究进行，并设置"其他"选项供被调查者填写问卷设计者未考虑到的方面。

该方面调查结果显示，针对解决当前农技推广活动中存在困难，被调查者反映最强烈的两项是"提高基层农技推广人员待遇"和"确保和增加农技推广投入"两项内容。同意这两项建议的人员比例超过80%。这种建议与前面农技推广投入低、待遇差、工作累等多项调查结果具有高度的一致性。正是由于投入低、待遇差、工作累等原因致使我国农技推广工作活动开展难、农技推广人员缺乏必要工作激励、推广效果不佳等现象。见表2-95。

表 2-95　被调查农技推广人员对于解决当前农技推广活动困难的主张与建议

		响应		个案百分比
		N	百分比	
	提高基层农技推广人员待遇	2 359	23.3%	84.0%
	确保和增加农技推广投入	2 314	22.8%	82.4%
	改革农技推广管理体制	1 383	13.7%	49.2%
	改善农技推广服务条件	1 259	12.4%	44.8%
	增加农技推广服务主体和人员	910	9.0%	32.4%
	改进农技推广服务方法	775	7.7%	27.6%
	改革农技推广评价机制	712	7.0%	25.3%
	改善农技推广人员服务态度	353	3.5%	12.6%
	基本没有办法解决	59	0.6%	2.1%
	其他	4	0.0%	0.1%
总计		10 128	100.0%	360.6%

第 3 章

体制内与体制外农技推广人员比较分析

3.1　被调查农技推广人员个体基本情况

3.1.1　被调查农技推广人员的性别结构

调查中发现男性多女性少的情况非常普遍，尤其是体制外农技推广人员性别失衡现象更加明显。这一定程度上说明体制外农技推广人员的工作更加复杂更具挑战性，从而使通常情况下承受压力较小、更加喜欢稳定工作的女性参与较少。具体数据如表 3-1 所示：

表 3-1　农技推广人员性别统计表

体制类型		性别		合计
		男	女	
体制内	计数/人	1 270	783	2 053
	比例/%	61.9	38.1	100.0
体制外	计数/人	664	224	888
	比例/%	74.8	25.2	100.0
合计	计数/人	1 934	1 007	2 941
	比例/%	65.8	34.2	100.0

3.1.2 被调查农技推广人员的年龄结构

本研究所调查不同体制农技推广人员的年龄结构如表 3-2 所示：

表 3-2　农技推广人员年龄统计表

体制类型		年龄分段								合计
		20 岁以下	20～24 岁	25～29 岁	30～34 岁	35～39 岁	40～44 岁	45～49 岁	50 岁及以上	
体制内	计数/人	0	20	120	182	351	478	454	437	2 042
	比例/%	0.0	1.0	5.9	8.9	17.2	23.4	22.2	21.4	100.0
体制外	计数/人	5	61	63	80	112	214	142	209	886
	比例/%	0.6	6.9	7.1	9.0	12.6	24.2	16.0	23.6	100.0
合计	计数/人	5	81	183	262	463	692	596	646	2 928
	比例/%	0.2	2.8	6.3	8.9	15.8	23.6	20.4	22.1	100.0

从上表数据可以看出，本研究所调查农技推广人员的年龄以 35 岁以上人员居多，所占比例在 80% 以上，其中 40 岁以上在 65% 以上。体制内与体制外农技推广人员的年龄结构大致相似，不同的是体制外农技推广人员的年龄分布更广，包含部分小于工作年龄（学生）和大于退休年龄的人员（退休返聘人员）。这些数据表明，被调查农技推广人员老龄化已经成为农技推广职业的一种明显特征。

3.1.3 被调查农技推广人员的学历结构

从被调查农技推广人员的学历结构来看。体制内的大专及以上学历在 70% 以上，与 2008 年全国基层农技推广人员大专及以上学历 51.8%[1]的比例相比具有明显的改善。这说明我国体制内农技推广人员的学历层次在近年来得到了很大

---

① 张真和. 基层农技推广运行机制创新与能力建设. 科技体系网. 2009 年 8 月 17 日. http：//tx. natesc. gov. cn/Html/2009＿08＿17/28278＿39649＿2009＿08＿17＿104739. html

的提升。这种提升一方面来自原有农技推广体系内人员接受了更多的继续学历教育。另一方面来自将原有低学历的农技推广人员排除在农技推广体系之外。这种被排除的人员一部分流向了其他行业，另外一部分则成了体制外的农技推广人员。从体制外农技推广人员大专及以上学历 30％左右的比例来看，其学历层次相对较低，其中有超过 50％的人员没有接受过专业教育。具体数据如表 3-3 所示：

表 3-3　农技推广人员学历统计表

体制类型		博士	硕士	本科	大专	中专	高中	初中	小学	合计
体制内	计数／人	0	18	672	857	358	80	42	5	2032
	比例／％	0.0	0.9	33.1	42.2	17.6	3.9	2.1	0.2	100.0
体制外	计数／人	7	23	115	131	107	185	255	35	858
	比例／％	0.8	2.7	13.4	15.3	12.5	21.6	29.7	4.1	100.0
合计	计数／人	7	41	787	988	465	265	297	40	2 890
	比例／％	0.2	1.4	27.2	34.2	16.1	9.2	10.3	1.4	100.0

3.1.4　被调查农技推广人员的专业结构

从统计数据来看，接近 90％的农技推广人员具有农业直接或间接相关专业背景。其中体制内农技推广人员比体制外农技推广人员具有更好的专业背景（即有更多比例的人具有农业直接或间接相关专业背景，而更少的人具有农业不相关专业背景）。如果考虑到本次调查对象中那些未填写此项答案的体制内或体制外农技人员，具有农业直接或间接相关专业背景农技人员的比例为 64.84％。其中体制内具有农业直接或间接相关专业背景农技推广人员的比例为 80.49％。体制外该比例为 29.21％。总体上 35％以上的农技推广人员具有农业不相关专业背景或无专业背景，其中体制内农技推广人员不具农业专业背景或无专业背景人员比例较低，在 20％左右。而体制外不具有专业背景或具有农业不相关专业背景人员比例则在 70％以上。具体数据如表 3-4 所示：

表 3-4　被调查农技推广人员专业结构

体制类型		专业			合计
		农业直接相关专业	农业间接相关专业	农业不相关专业	
体制内	计数/人	1 559	108	144	1 811
	比例/%	86.1	6.0	8.0	100.0
体制外	计数/人	213	49	99	361
	比例/%	59.0	13.6	27.4	100.0
合计	计数/人	1 772	157	243	2 172
	比例/%	81.6	7.2	11.2	100.0

3.1.5　被调查农技推广人员的职称结构

从体制内被调查农技推广人员的职称结构来看，超过 80% 具有专业职称，其中超过 50% 具有中级及以上职称，这种职称结构与 2007 年和 2008 年全国基层农技推广人员具有专业技术职称人员 59.7% 和 67.4% 的比例[1]相比，具有较大幅度的提高。其中中级及以上职称的比例也高出了 10 个百分点以上。这种状况已经达到了 [2006] 30 号文件"专业农业技术人员占总编制的比例不低于 80%"的要求。从中可以看出体制内农技推广人员素质的提高。具体数据如表 3-5 所示：

表 3-5　被调查农技推广人员职称结构

体制类型		职称				合计
		高级职称	中级职称	初级职称	无专业职称	
体制外	计数/人	31	34	25	532	622
	比例/%	5.0	5.5	4.0	85.5	100.0
体制内	计数/人	227	851	412	230	1720
	比例/%	13.2	49.5	24.0	13.4	100.0
合计	计数/人	258	885	437	762	2 342
	比例/%	11.0	37.8	18.7	32.5	100.0

---

[1]　中华人民共和国农业部 . 2009 中国农业发展报告 . 北京：中国农业出版社 . 2009 年 10 月

从上表体制外被调查农技推广人员的职称结构来看，超过 85% 的人员没有专业职称。这种情况与前面分析中体制外的学历结构及专业背景情况基本一致。以上学历、专业、职称三个方面情况说明体制外农技推广人员素质相对较低。此外，体制外农技推广体系比体制内农技推广体系更难以吸引高素质的专业人才参与。

3.2 被调查农技推广人员所属组织或机构情况

由于有组织（单位、机构）的被调查人员才会回答本关于其所属组织与机构的情况。很多体制外农技推广人员缺乏明确的组织而没有此部分问题，因此本部分关于体制内、体制外农技推广人员所属组织或机构情况的比较分析仅限于有组织的体制内和体制外农技推广人员对比。

3.2.1 拥有组织情况

本次调查共收回问卷 2 975 份，其中体制内人员为 2 071 人，回答了此部分问题的人员数量为 2 015 人，占体制内人员总数的 97.3%，体制外人员 897 人，回答了此部分问题的人员数量为 464 人，占体制外人员总数的 51.7%，另有 7 人关于身份定位方面数据缺失。虽然，也可能由于其他原因致使拥有组织情况数据的缺失，但这种体制内与体制外回答此部分问题人员比例的巨大差别仍然能够较好地说明，更多的体制外农技推广人员缺乏明确的组织属性，而更多地体现为个体活动。这种缺乏组织支持的农技推广活动虽然也能发挥一定作用，但其广度和深度受到很大的限制。

3.2.2 组织或机构性质

从机构性质来看，体制内被调查人员虽然也有部分人员将自己的组织或机构定性为科研机构、企业等其他性质组织，但其主流绝对是推广机构。95.2% 的体制内人员认为自己的组织属于农技推广机构。而体制外人员所选择的组织性质则非常分散，其中以农民组织居多，占 27.5%。其次分别是农技推广机构、企业、供销合作社，分别占 18.9%、17.6% 和 9.0%。另有 16.4% 选择其他。对自身组织性质的多元化定位间接地反映了体制外被调查农技推广人员构成的多元性和组织追求的多元性，很难作为农技推广的主体支持力量。具体数据如表 3-6 所示：

表 3-6　农技推广人员工作单位（组织）类型与其工作单位（组织）性质的交叉列表

体制类型		单位性质							合计
		农技推广机构	科研机构	企业	供销合作社	农民组织	大中专院校	其他	
体制内	计数/人	1 917	22	10	3	8	1	53	2014
	体制内的百分比/%	95.2	1.1	0.5	0.1	0.4	0.0	2.6	100.0
体制外	计数/人	82	19	76	39	119	26	71	432
	体制外的百分比/%	18.9	4.4	17.6	9.0	27.5	6.0	16.4	100.0
合计	计数/人	1 999	41	86	42	127	27	124	2447
	总体中的百分比/%	81.7	1.7	3.5	1.7	5.2	1.1	5.1	100.0

3.2.3　组织或机构规模

总体上来看，大多数农技推广机构规模较小，少于 20 人的组织在 2/3 以上。但也不排除有一些规模较大的组织或机构。从体制内情况来看，所谓大机构主要存在于县级农技推广机构，其将全县所有的农技推广人员均作为其组织成员，因此规模显得很大。从体制外情况来看，很多农民协会、组织由于参与农民很多活动，因此规模也通常很大。总体而言，体制内与体制外组织规模的分布大致相似，相对而言，体制外组织规模较大的机构数量比例要多于体制内的相关组织。具体数据如表 3-7 所示：

表 3-7 被调查农技推广人员工作单位（组织）机构规模比较

体制类型		组织规模						合计
		10 人及以下	11～20 人	21～30 人	31～40 人	41～50 人	50 人以上	
体制内	计数/人	823	395	125	73	68	274	1758
	比例/%	46.8	22.5	7.1	4.2	3.9	15.6	100.0
体制外	计数/人	134	53	34	11	25	75	332
	比例/%	40.4	16.0	10.2	3.3	7.5	22.6	100.0
合计	计数/人	957	448	159	84	93	349	2 090
	比例/%	45.8	21.4	7.6	4.0	4.4	16.7	100.0

　　虽然有的农技推广人员所属组织或机构规模较大，但并不是组织中的所有人都在从事农技推广工作。所有机构人员中全部从事农技推广工作组织的比例仅为41.4%，组织规模越大，其所有人员均从事农技推广工作的比例越低，其中所有人员从事农技推广工作的体制内机构比例要远远大于体制外机构。即使是体制内农技推广机构，也只有不到一半的机构是所有的人员都在从事农技推广工作，而更多的机构是有部分人员在从事其他非农技推广工作。这种情况从侧面说明农技推广机构或组织的多元化职能与作用。体制外农技推广人员所属组织或机构的职能则更加多元化，将农技推广工作作为主体职能的组织更是少数。具体数据如表3-8 所示：

表 3-8 农技推广人员工作单位（组织）规模与从事农技推广工作人员比重交叉比较表

体制类型			从事农技推广工作人员比重						合计
			20% 以下	20%～39%	40%～59%	60%～79%	80%～99%	100%	
体制内	10 人及以下	计数/人	4	50	97	118	56	489	814
		百分比/%	0.5	6.1	11.9	14.5	6.9	60.1	100.0
	11～20 人	计数/人	7	41	49	59	41	197	394
		百分比/%	1.8	10.4	12.4	15.0	10.4	50.0	100.0
	21～30 人	计数/人	2	11	14	14	25	56	122
		百分比/%	1.6	9.0	11.5	11.5	20.5	45.9	100.0

续表 3-8

体制类型			\multicolumn{6}{从事农技推广工作人员比重}						合计
体制类型			20%以下	20%~39%	40%~59%	60%~79%	80%~99%	100%	合计
体制内	31~40人	计数/人	8	15	2	9	12	25	71
体制内	31~40人	百分比/%	11.3	21.1	2.8	12.7	16.9	35.2	100.0
体制内	41~50人	计数/人	6	12	3	17	19	11	68
体制内	41~50人	百分比/%	8.8	17.6	4.4	25.0	27.9	16.2	100.0
体制内	50人以上	计数/人	40	21	74	87	29	18	269
体制内	50人以上	百分比/%	14.9	7.8	27.5	32.3	10.8	6.7	100.0
体制内	合计	计数/人	67	150	239	304	182	796	1 738
体制内	合计	百分比/%	3.9	8.6	13.8	17.5	10.5	45.8	100.0
体制外	10人及以下	计数/人	9	31	23	21	1	37	122
体制外	10人及以下	百分比/%	7.4	25.4	18.9	17.2	0.8	30.3	100.0
体制外	11~20人	计数/人	18	14	8	2	2	7	51
体制外	11~20人	百分比/%	35.3	27.5	15.7	3.9	3.9	13.7	100.0
体制外	21~30人	计数/人	4	17	3	0	3	4	31
体制外	21~30人	百分比/%	12.9	54.8	9.7	0.0	9.7	12.9	100.0
体制外	31~40人	计数/人	3	3	0	5	0	0	11
体制外	31~40人	百分比/%	27.3	27.3	0.0	45.5	0.0	0.0	100.0
体制外	41~50人	计数/人	4	18	1	1	1	0	25
体制外	41~50人	百分比/%	16.0	72.0	4.0	4.0	4.0	0.0	100.0
体制外	50人以上	计数/人	25	19	9	5	4	1	63
体制外	50人以上	百分比/%	39.7	30.2	14.3	7.9	6.3	1.6	100.0
体制外	合计	计数/人	63	102	44	34	11	49	303
体制外	合计	百分比/%	20.8	33.7	14.5	11.2	3.6	16.2	100.0
合计	10人及以下	计数/人	13	81	120	139	57	526	936
合计	10人及以下	百分比/%	1.4	8.7	12.8	14.9	6.1	56.2	100.0
合计	11~20人	计数/人	25	55	57	61	43	204	445
合计	11~20人	百分比/%	5.6	12.4	12.8	13.7	9.7	45.8	100.0
合计	21~30人	计数/人	6	28	17	14	28	60	153
合计	21~30人	百分比/%	3.9	18.3	11.1	9.2	18.3	39.2	100.0
合计	31~40人	计数/人	11	18	2	14	12	25	82
合计	31~40人	百分比/%	13.4	22.0	2.4	17.1	14.6	30.5	100.0

续表 3-8

体制类型			从事农技推广工作人员比重						合计
			20%以下	20%~39%	40%~59%	60%~79%	80%~99%	100%	
合计	41~50人	计数/人	10	30	4	18	20	11	93
		百分比/%	10.8	32.3	4.3	19.4	21.5	11.8	100.0
	50人以上	计数/人	65	40	83	92	33	19	332
		百分比/%	19.6	12.0	25.0	27.7	9.9	5.7	100.0
	合计	计数/人	130	252	283	338	193	845	2 041
		百分比/%	6.4	12.3	13.9	16.6	9.5	41.4	100.0

3.2.4 组织或机构主要职责

本课题问卷调查对拥有组织或工作单位农技推广人员组织的最主要工作职责的调查结果显示，83.1%的体制内农技推广人员认为他们组织最主要工作职责是农技推广。虽然国家农技推广机构是以农技推广作为主要目标而建立的组织，但其员工中仍有16.9%的人认为其组织最主要的职责不是农技推广，这是一个非常值得重视的问题。体制外农技推广人员组织最主要工作职责则更加分散，除农技推广外，还包括经营创收、行政管理、科学研究等多种答案。说明绝大多数体制外的农技推广人员或组织并不把农技推广作为其最主要的工作职责，而是仅仅作为其顺带而为的辅助工作。如果考虑到那些没有组织或工作单位的农技推广人员，则这一情况更加明显。见表3-9。

表 3-9 农技推广人员工作单位（组织）最主要工作职责统计表

	体制内		体制外		合计	
	计数/人	比例/%	计数/人	比例/%	计数/人	比例/%
行政管理	234	12.0	57	16.3	291	12.6
农技推广	1 623	83.1	126	36.1	1 749	76.0
执法监督	55	2.8	5	1.4	60	2.6
经营创收	4	0.2	99	28.4	103	4.5
科学研究	13	0.7	28	8.0	41	1.8
其他	23	1.2	34	9.7	57	2.5
合计	1 952	100.0	349	100.0	2 301	100.0

根据从事农技推广工作的时间比例调查结果来看，被调查农技推广人员平均从事农技推广工作时间占其所有工作时间的比例为61.91%。其中全身心投入农技推广工作的只有10%左右，超过1/4的人员从事农技推广工作的时间不到其工作时间的一半。体制外人员从事农技推广工作的时间比例更是远远低于体制内人员。接近1/3的人员从事农技推广工作时间少于25%，超过1/2的人员从事农技推广工作的时间比例小于50%。见表3-10。

表3-10　被调查农技推广人员从事农技推广工作时间比例统计表

体制类型		每周从事农技推广工作时间比例					合计
		少于25%	25%～49%	50%～74%	75%～99%	100%	
体制内	计数/人	169	235	622	732	227	1 985
	体制内的百分比	8.5%	11.8%	31.3%	36.9%	11.4%	100.0%
体制外	计数/人	222	109	162	114	68	675
	体制外的百分比	32.9%	16.1%	24.0%	16.9%	10.1%	100.0%
合计	计数/人	391	344	784	846	295	2 660
	总体中的百分比	14.7%	12.9%	29.5%	31.8%	11.1%	100.0%

从被调查农技推广人员组织内从事农技推广工作的人员比例来看，百分之百人员从事农技推广工作的组织比例仅有41.4%，其中体制内的相关比例是45.8%，而体制外的相关比例仅有16.2%。相反，一半以上的体制外组织其从事农技推广工作人员比例小于40%。见表3-11。

表3-11　体制内与体制外被调查农技推广人员组织内部从事农技推广工作人员比例比较

体制类型		组织内部从事农技推广工作人员比例						合计
		20%以下	20%～39%	40%～59%	60%～79%	80%～99%	100%	
体制内	计数/人	67	150	239	304	182	796	1 738
	百分比/%	3.9	8.6	13.8	17.5	10.5	45.8	100.0
体制外	计数/人	63	102	44	34	11	49	303
	百分比/%	20.8	33.7	14.5	11.2	3.6	16.2	100.0
合计	计数/人	130	252	283	338	193	845	2 041
	百分比/%	6.4	12.3	13.9	16.6	9.5	41.4	100.0

综合以上国家相关规定以及相关调查统计结果，农技推广工作的多元化职责是农技推广的复杂现实所需，也是国家相关政策法规的要求，同时也是农技推广实践而得出的现实结果。不仅非专门进行农技推广工作的体制外农技推广机构在现实中具有多样化的目标追求和职责要求，而且即使是专门为农技推广而建立的体制内组织与机构也同样具有多元的职责和目标追求。片面地将农技推广人员简单地定义为进行农业技术推广的人员，即违背了现实农技推广复杂现实的需求，也会给农技推广工作的评价、性质认定等公众评价、市民带来严重的误解和认知偏差。从而对农技推广工作的深入改革产生严重的负面影响。

3.2.5 组织或机构人员流动状况

本课题问卷调查结果表明，农技推广人员的流动性严重不足，对农技推广组织吸引新的人员补充和知识更新具有十分不利的影响。其中，体制内农技推广组织的人员流动性比体制外农技推广人员组织的人员流动性更差。在体制内人员中，63.0％的被调查人员其组织在近5年内没有招聘过应届大学毕业生，69.9％的被调查人员的组织在近5年内没有引进过社会其他人员。即使有的组织引进了应届大学生或社会流动人员，其数量也主要集中在1～2人的微小范围。具体调查结果如表3-12、表3-13所示：

表 3-12 农技推广人员工作单位（组织）近 5 年招聘应届大学生人数统计表

体制类型		单位（组织）近 5 年招聘应届大学生人数					合计
		1～2 人	3～5 人	6～9 人	10 人以上	无	
体制内	计数/人	319	157	115	125	1 217	1 933
	比例/%	16.5	8.1	5.9	6.5	63.0	100.0
体制外	计数/人	69	73	29	56	118	345
	比例/%	20.0	21.2	8.4	16.2	34.2	100.0
合计	计数/人	388	230	144	181	1 335	2 278
	比例/%	17.0	10.1	6.3	7.9	58.6	100.0

表 3-13　农技推广人员单位（组织）近 5 年引进社会其他人员人数统计表

体制类型		单位（组织）近 5 年引进社会其他人员人数					合计
		1～2 人	3～5 人	6～9 人	10 人以上	无	
体制内	计数/人	254	141	45	111	1 278	1 829
	比例/%	13.9	7.7	2.5	6.1	69.9	100.0
体制外	计数/人	38	43	27	43	162	313
	比例/%	12.1	13.7	8.6	13.7	51.8	100.0
合计	计数/人	292	184	72	154	1 440	2 142
	比例/%	13.6	8.6	3.4	7.2	67.2	100.0

从被调查农技推广人员参加农技推广工作时间的调查结果来看，可以进一步验证上述体制内农技推广组织人员流动严重不足的现象。只有 12.2% 的体制内人员是在近 5 年内加入农技推广组织的，超过 60% 的体制内农技推广人员在其组织中已经工作了 15 年以上。体制外农技推广人员参加农技推广工作时间相对较短，虽然反映了其人员流动性比体制外组织相对较好，但更主要的是反映了在市场机制转变、推广机构改革和农民组织蓬勃发展等新的社会背景变化下农技推广主体的日益多元化。有了更多的体制外农技推广人员日益参与到农技推广工作中来。具体数据如表 3-14 所示：

表 3-14　农技推广人员身份类型与其参加农技推广工作时间的交叉列表

体制类型		参加农技推广工作时间				合计
		0～5 年	6～15 年	16～25 年	26 年以上	
体制内	计数/人	243	475	729	538	1 985
	类型中的百分比	12.2%	23.9%	36.7%	27.1%	100.0%
体制外	计数/人	240	221	109	38	608
	类型中的百分比	39.5%	36.3%	17.9%	6.3%	100.0%
合计	计数/人	483	696	838	576	2 593
	类型中的百分比	18.6%	26.8%	32.3%	22.2%	100.0%

在经济社会发展环境变化迅速的背景下，农技推广工作面临着重大困难和挑战。而农技推广组织较差的人员流动性，既造成了当前农技推广人员的年龄老化

现象，也导致农技推广体系的知识老化现象，对于其适应当前农业发展新形势新问题新需求十分不利。

3.3　被调查推广人员工作意愿与评价基本情况

3.3.1　工作强度与难度

虽然《中华人民共和国劳动法》规定劳动者每日工作时间不超过 8 小时、平均每周工作时间不超过 44 小时。但本课题调查表明，农技推广人员超时工作的现象非常普遍，其中有 40％的农技推广人员存在超时工作的现象，8.4％的人员每周工作时间超过法定工作时间的一半以上。体制内农技推广人员超出法定工作时间的人员比例超过 30％，体制外农技推广人员超时工作现象则更为普遍，58.6％的人每周要进行超时工作。具体如数所表 3-15 所示：

表 3-15　被调查农技推广人员每周工作时间统计表

体制类型		每周工作时间/小时				合计
		＜40	40～44	45～60	＞60	
体制内	计数/人	251	1 139	589	57	2 036
	类型中的百分比	12.3％	55.9％	28.9％	2.8％	100.0％
体制外	计数/人	95	234	285	180	794
	类型中的百分比	12.0％	29.5％	35.9％	22.7％	100.0％
合计	计数/人	346	1 373	874	237	2 830
	类型中的百分比	12.2％	48.5％	30.9％	8.4％	100.0％

从体制内外农技推广人员每周工作时间的均值来看，体制内每周工作的时间均值为 42.31 小时，体制外是 50.36 小时。具体见表 3-16 所示：

表 3-16　农技推广人员每周工作时间均值统计表

体制类型	均值/小时	N	标准差
体制内	42.31	2 036	11.080
体制外	50.36	794	19.089
总计	44.57	2 830	14.266

从对农技推广人员工作强度的调查结果来看，接近 60% 的被调查农技推广人员认为其工作强度比较大或非常大。见表 3-17。

表 3-17　农技推广人员工作强度调查统计表

体制类型		工作强度自我评价					合计
		非常大	比较大	正常	比较小	非常小	
体制内	计数/人	363	871	784	41	2	2 061
	类型中的百分比	17.6%	42.3%	38.0%	2.0%	0.1%	100.0%
体制外	计数/人	172	322	339	47	4	884
	类型中的百分比	19.5%	36.4%	38.3%	5.3%	0.5%	100.0%
合计	计数/人	535	1 193	1 123	88	6	2 945
	类型中的百分比	18.2%	40.5%	38.1%	3.0%	0.2%	100.0%

农技推广工作号称要将论文写在大地上，其不仅要配合复杂的天气气候条件以及自然界生物成长规律，而且要适应农民无固定上下班时间和全周工作的作息时间，再加上深入农村推广往返路程的时间，这种性质决定农技推广人员超时工作是一种现实的需要，也是一种工作的常态。除了整天坐在办公室而不下地的工作人员能够基本保证 8 小时工作日作息时间外，更多的农技推广人员超时工作很难享受到国家劳动法所带来的权利保护，尤其是在地方财政条件有限的情况下，他们的超时工作基本上没有任何额外的工资福利待遇补偿。

对于农技推广工作的难度，体制内与体制外农技推广人员的评价基本没有差别，均有超过 60% 的被调查人员表示大或非常大，而表示小或非常小的人员则在 6% 以内。见表 3-18。

表 3-18　体制内与体制外被调查农技推广人员对于农技推广难度的评价比较

体制类型		对于农技推广难度的评价					合计
		非常大	大	一般	小	非常小	
体制内	计数/人	431	913	638	45	17	2 044
	体制内的百分比	21.1%	44.7%	31.2%	2.2%	0.8%	100.0%
体制外	计数/人	163	374	280	37	10	864
	体制外的百分比	18.9%	43.3%	32.4%	4.3%	1.2%	100.0%
合计	计数/人	594	1 287	918	82	27	2 908
	体制中的百分比	20.4%	44.3%	31.6%	2.8%	0.9%	100.0%

　　总的来说，调查结果显示，不论是体制内还是体制外农技推广人员，他们均认为农技推广工作非常重要，但工作难度很大。

3.3.2　工作氛围与条件

　　对于工作氛围，体制内与体制外被调查农技推广人员评价基本一致，45%左右的被调查人员对其工作氛围做出肯定性评价，45%左右被调查者做出中性评价，仅有10%左右的被调查者做出了负面评价。该结果表明被调查农技推广人员组织的工作氛围相对比较好。这种结果与农技推广机构主要进行公益性服务、涉及复杂利益关系较少、整体工作经费不多、人员流动性较少、工作比较稳定等机构特色有密切关系。具体结果如表 3-19 所示。

表 3-19　农技推广人员工作氛围统计表

体制类型		工作氛围					合计
		非常好	比较好	一般	不好	非常不好	
体制内	计数/人	318	631	912	150	50	2 061
	类型中的百分比	15.4%	30.6%	44.3%	7.3%	2.4%	100.0%
体制外	计数/人	144	281	394	54	12	885
	类型中的百分比	16.3%	31.8%	44.5%	6.1%	1.4%	100.0%
合计	计数/人	462	912	1 306	204	62	2 946
	类型中的百比分	15.7%	31.0%	44.3%	6.9%	2.1%	100.0%

在交通、通信、展示等硬件设施方面，体制外与体制内被调查农技推广人员均有一半左右的被调查者认为设施条件一般。但体制外人员与体制内人员相比做出肯定性评价的人员比例更多，而进行否定性评价的人员比例则较少。体制外人员做出肯定性评价的比例为 33.8%，做出否定性评价的比例为 17%。体制内人员做出肯定性评价的比例为 20.6%，做出否定性评价的比例为 27.9%。具体调查结果如表 3-20 所示：

表 3-20　农技推广人员进行农技推广工作的
交通、通信、展示等方面的硬件设施情况

体制类型		硬件设施情况					合计
		非常好	比较好	一般	不好	非常不好	
体制内	计数/人	78	347	1 061	442	135	2 063
	类型中的百分比	3.8%	16.8%	51.4%	21.4%	6.5%	100.0%
体制外	计数/人	61	235	431	112	37	876
	类型中的百分比	7.0%	26.8%	49.2%	12.8%	4.2%	100.0%
合计	计数/人	139	582	1 492	554	172	2 939
	类型中的百分比	4.7%	19.8%	50.8%	18.8%	5.9%	100.0%

这种结果表明，基层农业技术推广机构的条件建设有了比较明显的成果，基层农技推广机构多数拥有了比较独立的办公场所，配备了基本的交通工具、计算机和投影等设施，但仍然有较大的改进空间。体制外的农技推广人员虽然比体制内人员做出了更加正面的评价，但并不一定说明体制外农技推广人员的工作条件要好于体制内农技推广人员。实地访谈结果显示，体制外农技推广人员内部差异巨大。有些农业科研机构、企业、合作组织的农技推广人员具备了较好的硬件设施条件，但部分种养大户、科技示范户、农资经销商等类型的体制外农技推广人员由于推广活动范围较小，传播途径主要以人际交流互动为主，而且工作更多的是以生产经营为主，他们对计算机、投影、交通工具等硬件条件需求较少，对政府提供这方面支持的要求也不多，所以对于这些硬件设施条件通常情况下是抱着无所谓的态度。

3.3.3 考核与管理制度

对拥有组织体制内和体制外被调查农技推广人员对于其组织内部考核管理制度的评价调查结果如表 3-21 所示：

表 3-21 体制内与体制外单位考核评价管理制度
对于农业科技推广深入开展的影响评价比较

体制类型		非常有利	有利	无关	不利	非常不利	合计
体制内	计数/人	256	1 072	448	123	35	1 934
	百分比/%	13.2	55.4	23.2	6.4	1.8	100.0
体制外	计数/人	61	158	99	16	8	342
	百分比/%	17.8	46.2	28.9	4.7	2.3	100.0
合计	计数/人	317	1 230	547	139	43	2 276
	百分比/%	13.9	54.0	24.0	6.1	1.9	100.0

从上表数据来看，体制内农技推广人员对于单位考核评价管理制度的评价结果总体上显示为正面评价远远大于负面评价。其中体制内人员做出正面评价的比例为 68.6％，做出负面评价的比例为 8.2％。体制外人员做出正面评价的比例为 64％，做出负面评价的比例为 7％。数据表明不论是体制内还是体制外农技推广人员对农技推广体系内部的考核评价管理制度并不是特别关心，这种不关心是一种缺乏改变自身能力受制于外部环境的无奈，也是一种长期身处艰难困境而无法摆脱的麻木。

对于具体的薪酬制度，体制内人员与体制外人员的评价结果也基本一致，接近一半的人员认为基本合理。其中个人收入与能力业绩仍然不成比例以及人员内部的收入差距过大是部分体制内和体制外农技推广人员相对不够满意的两个方面。具体调查结果如表 3-22 所示：

表 3-22　农技推广人员对单位薪酬制度的评价　　　　　　　　　人

评价结果		体制类型		合计
		体制内	体制外	
基本合理	计数/人	901	172	1 073
	体制中的百分比	46.3%	49.6%	46.8%
过于平均化	计数/人	167	35	202
	体制中的百分比	8.6%	10.1%	8.8%
个人收入与能力业绩不成比例	计数/人	456	57	513
	体制中的百分比	23.5%	16.4%	22.4%
收入差距太大	计数/人	356	36	392
	体制中的百分比	18.3%	10.4%	17.1%
收入缺乏稳定性	计数/人	24	7	31
	体制中的百分比	1.2%	2.0%	1.4%
自收自支	计数/人	10	30	40
	体制中的百分比	0.5%	8.6%	1.7%
无薪酬	计数/人	7	3	10
	体制中的百分比	0.4%	0.9%	0.4%
其他	计数/人	23	7	30
	体制中的百分比	1.2%	2.0%	1.3%
合计	计数/人	1 944	347	2 291
	体制中的百分比	100.0%	100.0%	100.0%

　　对于单位或组织需要大幅改进的人事管理制度,被调查体制内和体制外人员的调查结果也十分相似。他们对于其内部人员选拔聘用制度、职称评审制度、职务晋升制度、工资薪酬制度、进修培训制度各项的响应率均不是很高,相对而言体制内人员的对各项的响应率多数高于体制外人员的响应率。另有超过 16% 的人员认为没有什么管理制度需要大幅改进。在体制内人员中,职称评审制度和工资薪酬制度是两个受关注度最高的制度,在体制外人员中选拔聘用制度和工资薪酬制度是两个最受关注的制度。结合上面调查结果及相关实地的访谈调查结果。本课题组认为当前体制内或体制外农技推广人员对于组织内部各种管理制度关注度不高。本课题关于单位或组织需要大幅改进人事管理制度具体调查结果如

表 3-23 所示：

表 3-23　单位（组织）需要大幅改进的人事管理制度　　　　　　　　　　人

体制类型		没有什么制度需要改进	选拔聘用制度	职称评审制度	职务晋升制度	工资薪酬制度	进修培训制度	自己管理自己，没有任何人事制度	其他	总计
体制内	计数/人	334	412	648	292	569	394	28	16	1 930
	百分比/%	17.3	21.3	33.6	15.1	29.5	20.4	1.5	0.8	
体制外	计数/人	43	80	53	29	74	77	24	22	340
	百分比/%	12.6	23.5	15.6	8.5	21.8	22.6	7.1	6.5	
总计	计数/人	377	492	701	321	643	471	52	38	2 270
	百分比/%	16.6	21.7	30.9	14.1	28.3	20.7	2.3	1.7	100.0

百分比和总计以响应者为基础。

关于被调查农技推广人员的职称与职务提升机会的调查结果显示，体制内人员与体制外人员也表现出了大致相同的规律，即多数认为职称与职务提升比较少和非常少。相对而言，体制内的评价更加负面。被调查的体制内人员中有 74.5％ 的人员认为职称与职务的提升机会非常少或比较少，另有 15％ 的人员认为无所谓。这种情况的长期发生不可避免会造成体制内人员对职称与职务晋升失去基本的信心、期望与追求，对相关管理制度的不太关心逐渐成为一种普遍现象。相对而言，体制外人员虽然也有 52.8％ 的人员认为职称与职务提升机会非常少或比较少。有 26.1％ 的人对此表示无所谓，体现了与体制内人员大致相似的评价，但其表示职称职务提升机会比较多或非常多的比例达到 21％，比体制内人员 10.4％ 的比例高出近 10 个百分点，一定程度上说明体制外人员具有相对更加灵活的管理体制和晋升通道。具体数据如 3-24 表所示：

表 3-24 被调查农技推广人员的职称与职务提升机会

体制类型		非常多	比较多	无所谓	比较少	非常少或完全没有	合计
体制内	计数/人	43	159	292	900	548	1 942
	体制内中的百分比	2.2%	8.2%	15.0%	46.3%	28.2%	100.0%
体制外	计数/人	16	55	88	117	61	337
	体制外中的百分比	4.7%	16.3%	26.1%	34.7%	18.1%	100.0%
合计	计数/人	59	214	380	1 017	609	2 279
	总体中的百分比	2.6%	9.4%	16.7%	44.6%	26.7%	100.0%

3.3.4 困扰工作主要问题

对当前困扰被调查农技推广人员的主要问题方面，从体制内、外的对比来看，除体制外被调查农技推广人员不太关注职称职务晋升问题外，其他跟不上知识更新速度、收入过活、缺乏学术业务交流、工作太累、工作不受重视等问题是体制内与体制外农技推广人员共同面临的问题。相对而言，体制外农技推广人员认为这是困扰他们当前工作主要问题的比例要低一些。另外，将没有合作团队、工作难度大作为困扰工作主要问题的体制外人员比例要高于体制内人员比例，前者分别是17.20%和14.50%，后者则仅为13.10%和10.90%。这反映了体制外人员存在更多的单打独斗现象，缺少组织支持及外部环境支持是限制其发展的重要因素。

具体调查结果如表 3-25 所示：

表 3-25 被调查农技推广人员困扰当前工作的主要问题

主要问题	体制内		体制外		总计
	计数/人	体制内的百分比	计数/人	体制外的百分比	计数/人
跟不上知识更新速度	1 059	51.80%	334	38.30%	1 393
收入太少	1 046	51.10%	261	30.00%	1 307
职称职务晋升难	915	44.70%	71	8.20%	986
缺乏业务/学术交流	795	38.90%	198	22.70%	993

续表 3-25

主要问题	体制内		体制外		总计
	计数/人	体制内的百分比	计数/人	体制外的百分比	计数/人
工作不受重视	778	38.00%	138	15.80%	916
工作太累	486	23.80%	246	28.20%	732
加班太多	351	17.20%	76	8.70%	427
工作压力大	280	13.70%	96	11.00%	376
没有合作团队	268	13.10%	150	17.20%	418
工作难度大	223	10.90%	126	14.50%	349
时间不足	135	6.60%	91	10.40%	226
出差太多	68	3.30%	56	6.40%	124
其他	62	3.00%	32	3.70%	94
人际关系不和谐	48	2.30%	25	2.90%	73
总计	2 046		871		2 917

百分比和总计以响应者为基础。

3.3.5 工作喜爱与认同情况

从体制内与体制外被调查人员的对比来看，两者对于农技推广工作喜爱程度的看法相当接近，而对于农技推广工作发展前途的看法，则体制外人员比体制内人员表达了更为乐观的态度，有更多的人表示前途非常好或比较好，而更少的人表示前途不好或非常不好。该结果一定程度上显示，体制外人员比体制内人员具有更强的主动性，在现实中他们是由于实际工作的需要而主动参与到农技推广活动来，而且相关农技推广工作能够为他们带来更多的收益，包括经济收益以及声誉、市场等其他方面收益。而体制内农技推广人员则更多地是将农技推广工作作为一种职业、作为一项任务去完成，在工作的主动性和动力机制方面与体制外人员有一定差距。具体调查结果如表 3-26、表 3-27 所示：

表3-26 体制内与体制外被调查农技推广人员
对农技推广工作喜爱程度的看法比较

体制类型		非常喜欢	比较喜欢	谈不上喜欢也谈不上不喜欢	不喜欢	非常不喜欢	合计
体制内	计数/人	368	928	733	33	4	2 066
	百分比/%	17.8	44.9	35.5	1.6	0.2	100.0
体制外	计数/人	168	358	337	13	3	879
	百分比/%	19.1	40.7	38.3	1.5	0.3	100.0
合计	计数/人	536	1 286	1 070	46	7	2 945
	百分比/%	18.2	43.7	36.3	1.6	0.2	100.0

表3-27 体制内与体制外被调查农技推广人
员对农技推广工作发展前途的看法比较

体制类型		非常好	比较好	一般	不好	非常不好	合计
体制内	计数/人	386	577	830	220	53	2 066
	百分比/%	18.7	27.9	40.2	10.6	2.6	100.0
体制外	计数/人	193	311	305	61	10	880
	百分比/%	21.9	35.3	34.7	6.9	1.1	100.0
合计	计数/人	579	888	1 135	281	63	2 946
	百分比/%	19.7	30.1	38.5	9.5	2.1	100.0

3.3.6 流动意愿与职业生涯规划

从被调查农技推广人员是否希望换工作的流动意愿结果来看，体制内被调查农技推广人员与体制外被调查人员两者对于希望换工作的流动意愿差别不大，而对于将来的职业生涯规划，体制内人员打算继续从事农技推广职业的比例远远大于体制外人员的相关比例。相反，体制外人员认为"农技推广工作从来不是我的主要工作，我将继续从事我现在主要工作"人员的比例远远高于体制内人员的相关比例。具体数据如表3-28、表3-29所示：

表3-28　体制内与体制外被调查农技推广人员希望换工作的流动意愿比较

体制类型		职业流动意愿					合计
		非常希望	希望	无所谓	不希望	非常不希望	
体制内	计数/人	106	303	788	812	55	2 064
	百分比/%	5.1	14.7	38.2	39.3	2.7	100.0
体制外	计数/人	38	137	340	337	22	874
	百分比/%	4.3	15.7	38.9	38.6	2.5	100.0
合计	计数/人	144	440	1 128	1 149	77	2 938
	百分比/%	4.9	15.0	38.4	39.1	2.6	100.0

表3-29　体制内与体制外被调查农技推广人员职业生涯规划比较

体制类型		继续从事农技推广	改行从事农业科学研究	改行从事农业行政管理	改行从事农业生产经营活动	跳出农业行业	没有打算，走一步看一步	农技推广工作从来不是我的主要工作，我将继续从事我现在的主要工作	其他	合计
体制内	计数/人	1 420	53	103	44	112	240	52	32	2 056
	百分比/%	69.1	2.6	5.0	2.1	5.4	11.7	2.5	1.6	100.0
体制外	计数/人	366	37	56	49	29	128	162	45	872
	百分比/%	42.0	4.2	6.4	5.6	3.3	14.7	18.6	5.2	100.0
合计	计数/人	1 786	90	159	93	141	368	214	77	2 928
	百分比/%	61.0	3.1	5.4	3.2	4.8	12.6	7.3	2.6	100.0

3.3.7　工作满意度评价

　　从体制内与体制外被调查农技推广人员对职称职务晋升、工作稳定性、工作自主性、发挥专业特长、自我成就感、个人发展空间、工作条件与环境七个方面满意度评价的比较来看，在职称职务晋升方面，总体形势大致相似。相对而言，体制内人员比体制外人员对于职称和职务晋升的不满意度要稍高一点。现实的情况是体制内人员具有中高级职称的比例远远高于体制外人员，但体制外人员对此不满意度却较低。这种情况印证了前面关于职称分析的观点，职称职务晋升的难度太大，所以大多数体制外人员并不关心这方面的事情。即使体制内人员晋升的可能性要稍大一点，对此期望更多一点，但也有很大一部分人认为自己得到晋升的机会非常小，因而也不是特别关心。具体调查结果如图 3-1 所示：

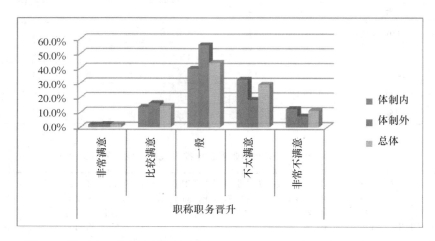

图 3-1　体制内与体制外被调查农技推广人员对于职称职务晋升满意度比较

在工作稳定性方面，体制内农技推广人员表现出更高满意度，体制外农技推广人员表示不太满意或非常不满意的比例稍微大于体制内人员，这与体制外人员的多种来源有关。很多企业和自己自负盈亏的农民组织、科技示范户、个体农民等，其工作稳定性显然与体制内农技推广人员有较大的差距。具体数据如图 3-2 所示：

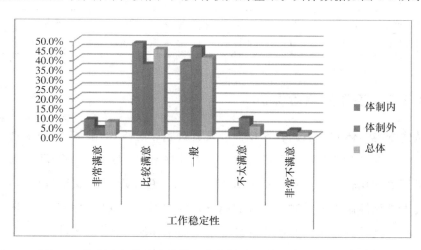

图 3-2　体制内与体制外被调查农技推广人员对于工作满意度比较

在工作自主性、发挥专业专长、个人发展空间、自我成就感、工作条件与环境 5 个方面，体制外人员则由于自身就是经营者、管理者、生产主体，因此享有更高的自主性，个人发展空间受到组织和政府机构、政策规定限制较少。因此其对于工作自主性等方面的满意度要稍高于体制内人员，而不满意度则要稍低于体制内人员，但这种差距也并不是太大。具体数据如图 3-3 至图 3-7 所示：

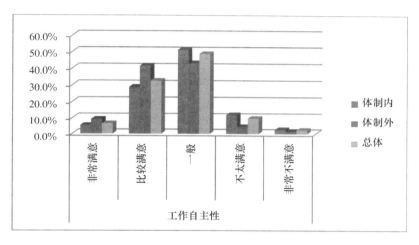

图 3-3　体制内与体制外被调查农技推广人员对于工作自主性满意度比较

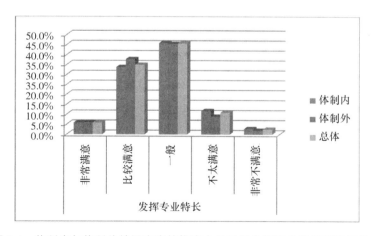

图 3-4　体制内与体制外被调查农技推广人员对于发挥专业专长满意度比较

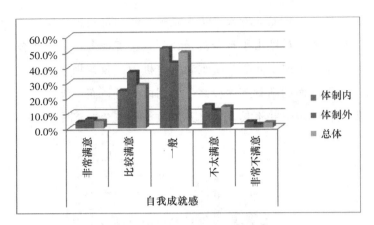

图 3-5　体制内与体制外被调查农技推广人员对于自我成就感满意度比较

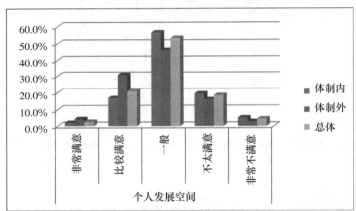

图 3-6　体制内与体制外被调查农技推广人员对于个人发展空间满意度比较

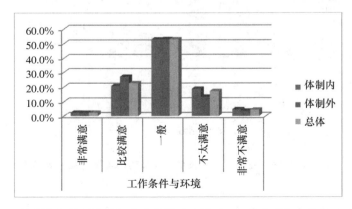

图 3-7　体制内与体制外被调查农技推广人员对于工作条件与环境满意度比较

3.4 被调查农技推广人员职业行为评估情况

3.4.1 推广对象与范围

从农技推广的主要对象来看，体制内农技推广人员的主要推广对象有较大的集中度，选择种养大户、科技示范户、普通农民的人员比例均超过 60％，说明其具有比较明确的推广目标对象。相反，体制外农技推广人员则缺少这种集中性，仅选择普通农民的人员比例超过 60％，选择其他各选项的人员比例均低于 50％以及低于相应体制内人员的比例。这种情况表明体制外人员的农技推广对象在理念上是以普通农民为主，然后兼顾科技示范户、种养大户、农民组织成员等群体。分析体制外被调查农技推广人员的构成可以发现，他们中的很多人员本身也是体制内农技推广机构的主要推广对象。体制内农技推广机构希望借助于他们的示范带头作用将科技推广到更多的普通农民，并为此给他们提供了种苗、化肥、补贴等多种诱导优惠政策和外部支持。实地访谈调查结果也表明，很多体制外农技推广人员参与农技推广活动是以获得优惠政策和补贴支持为主要目的，所承担的农技推广任务与工作只是他们为获取外部支持而在主体工作之外进行的一些辅助性工作。尽管种养大户、科技示范户确实能够起到一定的示范作用，但在当前农技推广体系中缺乏明确激励的情况下，他们的时间、精力将不会主要投入到农技推广工作中去。做农技推广工作更多的是一种顺带而为或外部示范效应。如果没有体制内农技推广系统及相关推广政策，很难说他们具有独立农技推广的意愿和能力。

相关具体调查数据如表 3-30 所示：

从被调查农技推广人员农技推广服务的直接对象数量来看，体制内人员农技推广服务的直接对象规模总体上大于体制外人员，其直接服务对象超过 150 人的人员比例达到 53.4％，远远超过体制外人员 30.4％的比例。其直接服务对象在 91～150 人规模的人员比例也高出体制外人员将近 6 个百分比。相反直接服务对象少于等于 30 人的体制外人员比例达到 31.7％，超出体制内人员相应比例 21 个百分点。该情

表 3-30　体制内与体制外被调查农技推广人员农技推广主要对象比较

体制类型		农技推广主要对象[a]							总计
		种养大户	协会、合作社组织成员	涉农企业员工	科技示范户	普通农民	贫困农民	其他	
体制内	计数/人	1 320	864	285	1 519	1 512	606	58	2 062
	百分比/%	64.0	41.9	13.8	73.7	73.3	29.4	2.8	100%
体制外	计数/人	368	292	115	296	543	179	22	881
	百分比/%	41.8	33.1	13.1	33.6	61.6	20.3	2.5	100%
总计	计数/人	1 688	1 156	400	1 815	2 055	785	80	2 943

注：[a] 百分比和总计以响应者为基础。

况表明，体制内农技推广人员直接服务的对象数量要多于体制外农技推广人员，具体调查结果如表 3-31 所示：

表 3-31　体制内与体制外被调查农技推广人员农技推广服务直接对象数量比较

体制类型		农技推广服务直接对象数量/人					合计
		≤30	31～60	61～69	91～150	＞150	
体制内	计数/人	218	263	223	251	1 095	2 050
	百分比/%	10.6	12.8	10.9	12.2	53.4	100.0
体制外	计数/人	275	162	107	59	264	867
	百分比/%	31.7	18.7	12.3	6.8	30.4	100.0
合计	计数/人	493	425	330	310	1 359	2 917
	百分比/%	16.9	14.6	11.3	10.6	46.6	100.0

从被调查农技推广人员对其推广对象素质与学习能力的评价情况来看，体制内农技推广人员与体制外农技推广人员的评价没有多大差别，40%左右的人认为非常好或比较好，50%左右的人认为一般，10%左右的人认为比较差或非常差。总体来说，被调查农技推广人员对其推广对象素质与学习能力总体上以正面评价为主，仅有少数人给出了负面评价的结果。具体调查结果如表 3-32 所示：

表 3-32　体制内与体制外被调查农技推广人员
对于推广对象素质与学习能力的评价比较

体制类型		推广对象的素质及学习能力					合计
		非常好	比较好	一般	比较差	非常差	
体制内	计数/人	155	658	997	226	23	2 059
	百分比/%	7.5	32.0	48.4	11.0	1.1	100.0
体制外	计数/人	93	303	383	78	16	873
	百分比/%	10.7	34.7	43.9	8.9	1.8	100.0
合计	计数/人	248	961	1 380	304	39	2 932
	百分比/%	8.5	32.8	47.1	10.4	1.3	100.0

　　从被调查农技推广人员推广的区域范围来说，体制内人员与体制外人员具有明显的差别。体制内人员中有97.1%的农技推广的范围集中在一个县范围之内，其中48.2%的人员推广范围在县域范围内，40.8%在乡镇范围内，另有8.1%在行政村范围内。而体制外人员的农技推广范围则更多地集中于一个行政村或一个乡镇范围内，另有少部分仅限于自己的亲朋好友范围。此情况说明体制外农技推广人员的推广范围相对较小。值得注意的是体制外人员中进行跨县、跨地区农技推广的比例达到8.9%，远高于体制内人员1.7%的比例，一定程度上说明了体制外人员构成的复杂性。具体调查结果如表3-33所示：

表 3-33　体制内与体制外被调查农技推广人员进行农技推广的区域范围比较

体制类型		农技推广的区域范围					合计
		一个行政村	一个乡镇	一个县之内	跨县跨地区	仅限于自己的亲朋好友	
体制内	计数/人	166	839	991	34	24	2 054
	百分比/%	8.1	40.8	48.2	1.7	1.2	100.0
体制外	计数/人	305	267	148	78	74	872
	百分比/%	35.0	30.6	17.0	8.9	8.5	100.0
合计	计数/人	471	1 106	1 139	112	98	2 926
	百分比/%	16.1	37.8	38.9	3.8	3.3	100.0

3.4.2　推广内容与方法

从被调查农技推广人员进行推广的主要内容来看，体制内与体制外农技推广人员差别不大，均以农、林、牧、渔等方面的生产技术作为主体内容。另外也包含部分乡土农业知识、农业市场经营、农民组织管理等辅助性内容。调查结果如表 3-34 所示：

表 3-34　体制内与体制外被调查农技推广人员农业推广主要内容比较

| | | 农技推广人员身份类别 | | | | 总计 |
| | | 体制内 | | 体制外 | | |
		计数/人	百分比/%	计数/人	百分比/%	计数/人
农技推广主要内容[a]	种植管理技术	1 681	81.80	595	68.00	2 276
	畜牧兽医技术	373	18.20	228	26.10	601
	渔业养殖技术	208	10.10	87	9.90	295
	林业技术	171	8.30	65	7.40	236
	农业市场经营技术	340	16.50	152	17.40	492
	创新能力建设知识	156	7.60	44	5.00	200
	非农产业技术	27	1.30	26	3.00	53
	农村健康医疗技术	22	1.10	24	2.70	46
	乡土农业知识与技术	422	20.50	112	12.80	534
	农民组织管理技术	257	12.50	99	11.30	356
	农产品加工技术	185	9.00	57	6.50	242
	其他	69	3.40	24	2.70	93
总计		2 055		875		2 930

注：[a] 百分比和总计以响应者为基础。

在农技推广方法方面，体制内与体制外农技推广人员采用最多的三种推广方法都是现场示范、咨询服务、讲座授课。相对而言，体制内农技推广人员在采用各种方法的响应比例方面均高于体制外人员，其中采用讲座授课的人员比例高出 31.8%，采用现场示范的人员比例高出 15.1%，采用了咨询服务方法的人员比例高出 9.9%。这种情况说明体制外农技推广人员对于各种主要农技推广方法的响应率要低于体制内人员，换句话说是体制外农技推广人员所采用的农技推广方法总体上要少于体制内农技推广人员，其中尤其是讲座授课的方法使用比体制内农技推广人员要少得多。这种情况与体制外农技推广人员多数并不以农技推广作为主要工作任务的特点密切相关。相关具体调研数据如表 3-35 所示：

表 3-35　体制内与体制外被调查农技推广人员采用主要推广方法比较

体制类型		农技推广主要方法[a]						总计
		讲座授课	现场示范	参观访问	远程教学	咨询服务	其他	
体制内	计数/人	1 247	1 715	594	99	1 257	63	2 013
	百分比/%	61.9	85.2	29.5	4.9	62.4	3.1	
体制外	计数/人	262	611	244	67	457	28	871
	百分比/%	30.1	70.1	28.0	7.7	52.5	3.2	
总计	计数/人	1 509	2 326	838	166	1 714	91	2 884

注：[a] 百分比和总计以响应者为基础。

从采用最多的推广方法来看，体制内与体制外人员总体上差别不大。相对而言，体制内人员选择讲座授课、现场示范的人员比例要大于体制外农技推广人员。而选择咨询服务、参观访问的体制外农技推广人员比例稍微高于体制内农技推广人员。具体结果如表 3-36 所示：

表 3-36　体制内与体制外被调查农技推广人员推广过程中采用最多的方法比较

体制类型		采用最多的推广方法						总计
		讲座授课	现场示范	参观访问	远程教学	咨询服务	其他	
体制内	计数/人	410	727	46	9	547	2	1 741
	百分比/%	23.5	41.8	2.6	0.5	31.4	0.1	100.0
体制外	计数/人	93	294	66	20	261	7	741
	百分比/%	12.6	39.7	8.9	2.7	35.2	0.9	100.0
合计	计数/人	503	1 021	112	29	808	9	2 482
	百分比/%	20.3	41.1	4.5	1.2	32.6	0.4	100.0

3.4.3 推广项目与任务

对于近 5 年主持或参加的基层农技推广项目的数量，体制内农技推广人员参加基层农技推广项目非常多和多的人数比例有 27.9%，有一些的占 46.3%，少和非常少的有 25.7%。体制外农技推广人员参加项目多和非常多的人数比例有 18.9%，有一些的占有 36.5%，少和非常少的人数比例高达 44.7%。体制内的农技推广人员参与基层农技推广项目的数量比体制外的农技推广人员更多一些。这说明，体制内的农技推广人员有更多的参与机会，这与目前我国农技推广的主要形式多是体制内集体组织的推广工作有很大关系。但是，像一些乡土精英、种粮大户在农技推广中发挥的作用，有时候比体制内的农技推广人员发挥的作用更大，他们更加了解农民的需求。因此政府除了要多组织基层的农技推广活动，更要多组织体制外的农技推广活动，充分发挥他们的积极作用，既能调动农技推广人员的工作积极性，也能带给农民更多的好处。见表 3-37。

表 3-37　体制内与体制外被调查农技推广人员近 5 年主持或参加基层农技推广项目比较

体制类型		近 5 年主持或参加的基层农技推广项目					合计
		非常多	多	有一些	少	非常少或无	
体制内	计数/人	118	457	953	333	196	2 057
	百分比/%	5.7	22.2	46.3	16.2	9.5	100.0
体制外	计数/人	44	120	318	183	206	871
	百分比/%	5.1	13.8	36.5	21.0	23.7	100.0
合计	计数/人	162	577	1 271	516	402	2 928
	百分比/%	5.5	19.7	43.4	17.6	13.7	100.0

3.4.4 推广效果与评价

对于农技推广效果的自我评价，本课题从自己所推广知识对于农民作用的自我评价、对于农业技术改进的影响、对于自身推广效果的直接评价三个角度进行了调查。从这三个方面的调查结果来看，体制内与体制外农技推广人员的自我评价显示了基本相同的特点，即在整体上对于自身所推广知识的有用性及推广效果总体上持正面评价。例如，分别有 94.8％的体制内人员和 92.7％的体制外人员认为自己所推广的知识对于农民重要或非常重要；分别有 63.4％体制内农技推广人员和 48.8％的体制外农技推广人员认为自己的工作对农民技术改进影响持有肯定态度。分别有 69.8％的体制内人员和 61.3％的体制外人员认为自身推广效果好或非常好。相对而言，双方对于推广知识的有用性更加肯定，而对于农民技术改进影响和推广效果的评价相对要低调得多。这反映被调查农技推广人员推广理想目标与实际效果具有很大差距。自己觉得自己所推广的知识、技术非常重要，但在具体推广效果的评价方面则显得不那么肯定。具体数据如表 3-38、表 3-39、表 3-40 所示：

表 3-38　体制内与体制外被调查农技推广人员所推广知识对于农民作用自我评价比较

体制类型		所推广知识对于农民的作用评价					合计
		非常重要	重要	无所谓	不重要	非常不重要	
体制内	计数/人	960	994	86	17	4	2061
	百分比/％	46.6	48.2	4.2	0.8	0.2	100.0
体制外	计数/人	364	449	50	12	2	877
	百分比/％	41.5	51.2	5.7	1.4	0.2	100.0
合计	计数/人	1 324	1 443	136	29	6	2 938
	百分比/％	45.1	49.1	4.6	1.0	0.2	100.0

表 3-39　体制内与体制外被调查农技推广人员对于农民技术改进的影响评价比较

体制类型		认为你的工作对于农民的技术改进影响					合计
		非常大	大	一般	小	非常小	
体制内	计数/人	364	938	676	59	16	2 053
	百分比/%	17.7	45.7	32.9	2.9	0.8	100.0
体制外	计数/人	135	295	386	47	17	880
	百分比/%	15.3	33.5	43.9	5.3	1.9	100.0
合计	计数/人	499	1 233	1 062	106	33	2 933
	百分比/%	17.0	42.0	36.2	3.6	1.1	100.0

表 3-40　体制内与体制外被调查农技推广人员对于自身推广效果的评价比较

体制类型		农技推广人员对于自身推广效果的评价					合计
		非常好	比较好	一般	不好	非常不好	
体制内	计数/人	397	1 039	558	56	7	2 057
	百分比/%	19.3	50.5	27.1	2.7	0.3	100.0
体制外	计数/人	135	402	307	24	7	875
	百分比/%	15.4	45.9	35.1	2.7	0.8	100.0
合计	计数/人	532	1 441	865	80	14	2 932
	百分比/%	18.1	49.1	29.5	2.7	0.5	100.0

3.4.5　推广交流与互动

交流与互动是农技推广人员有效开展工作的基本手段。从农技推广人员与其主要推广对象农民的交流情况来看，体制内农技推广人员与体制外农技推广人员虽说均与农民的交流比较频繁，但在程度上仍有一定差异。体制内农技推广人员表示与农民交流非常多的人员比例要比体制外农技推广人员低 12.7%，一定程度上能够说明体制外农技推广人员比体制内农技推广人员与农民的交流更多，这种情况与很多体制外农技推广人员本身来自农民群体并与农民一样处在农业生产经营第一线密切相关。对于农技推广的另一个主要对象——农民协会、合作社等农民组织的成员，体制内人员与体制外人员相比差别也并不是很大，其中体制内被调查农技推广人员与农民组织人员的交流稍微要多一点。表示交流互动多或非常多的比例为44.2％，而体制外农技推广人员的这一比例为39.7％。但两者比例总体上均不高，表明这两者之间的交流互动还需要进一步加强。此两项的具体数据如表3-41、表3-42所示：

表3-41　体制内与体制外被调查农技推广人员与农民之间交流情况比较

体制类型		农技推广人员与农民之间的交流					合计
		非常多	多	不定	少	非常少	
体制内	计数/人	629	959	399	56	12	2 055
	百分比/％	30.6	46.7	19.4	2.7	0.6	100.0
体制外	计数/人	380	326	124	39	8	877
	百分比/％	43.3	37.2	14.1	4.4	0.9	100.0
合计	计数/人	1 009	1 285	523	95	20	2 932
	百分比/％	34.4	43.8	17.8	3.2	0.7	100.0

表3-42　体制内与体制外农技推广人员与农民协会、

合作社等农民组织人员联系交流情况比较

体制类型		推广员与其他涉农企事业单位人员的交流					合计
		非常多	多	不定	少	非常少	
体制内	计数/人	163	735	576	462	92	2 028
	百分比/％	8.0	36.2	28.4	22.8	4.5	100.0
体制外	计数/人	85	255	221	201	94	856
	百分比/％	9.9	29.8	25.8	23.5	11.0	100.0
合计	计数/人	248	990	797	663	186	2 884
	百分比/％	8.6	34.3	27.6	23.0	6.4	100.0

　　从被调查农技推广人员与其他涉农企事业单位、农业科学研究机构人员等合作伙伴的交流情况来看，不论是体制内还是体制外农技推广人员，这两个方面的交流情况还处于比较低的层次。相对而言，体制外农技推广人员在与其他涉农企事业单位人员和农业科技研发部门人员的交流情况要稍微好于体制内农技推广人员。其表示交流多或非常多的人员比例分别为34.7％和23.3％，比体制内农技推广人员29.6％、14.9％的比例要分别高出5.1％和8.4％。相反其表示交流少

或非常少的比例分别为 39.0%、59.2%，比体制内农技推广人员 41.1%、68.9%的相应比例分别要低 2.1%和 9.7%。相关联系交流情况具体调查结果如表 3-43、表 3-44 所示：

表 3-43 被调查农技推广人员与其他涉农企事业单位人员的交流情况

体制类型		农技推广人员与其他涉农企事业单位人员的联系交流					合计
		非常多	多	不定	少	非常少	
体制内	计数/人	98	503	592	662	173	2 028
	百分比/%	4.8	24.8	29.2	32.6	8.5	100.0
体制外	计数/人	54	244	226	240	94	858
	百分比/%	6.3	28.4	26.3	28.0	11.0	100.0
合计	计数/人	152	747	818	902	267	28 86
	百分比/%	5.3	25.9	28.3	31.3	9.3	100.0

表 3-44 被调查农技推广人员与农业科学研究机构人员的联系交流情况

体制类型		推广员与其他涉农企事业单位人员的交流					合计
		非常多	多	不定	少	非常少	
体制内	计数/人	56	244	328	704	689	2 021
	百分比/%	2.8	12.1	16.2	34.8	34.1	100.0
体制外	计数/人	41	157	149	237	266	850
	百分比/%	4.8	18.5	17.5	27.9	31.3	100.0
合计	计数/人	97	401	477	941	955	2 871
	百分比/%	3.4	14.0	16.6	32.8	33.3	100.0

3.4.6 推广动机与回报

在农技推广主要目的上，体制内农技推广人员排在前五位的目的依次是促进农民增收、完成自己项目的工作任务、增加自己收入、完成组织布置的工作任务、亲戚朋友互助。其人员响应百分比分别是 67.90%、61.10%、51.50%、46.90%、30.20%，其余目的人员响应比例均在 10%以下。体制外农技推广人

员与此情况有较大的差别，其排在前五位的目的依次是完成自己项目的工作任
务、增加自己的收入、促进农民增收、提高农民素质能力、推销相关农资产品，
其人员响应百分比分别是 50.60%、35.30%、26.00%、24.80%、22.80%。其
余完成组织布置的工作任务、进行社会公益服务、亲戚朋友互助、提升自己名誉
地位的人员响应百分比分别是 22.10%、18.20%、15.80%、6.50%，其中仅有
一个选项响应百分比在 10% 以下。比较两者的调查结果可以发现，两者在推广
目的上虽然仍有一定共性，即同时追求公益、个人和组织目标，但在目的排序方
面及目标的分散性有比较明显的差别。在目的排序方面，体制内农技推广人员将
促进农民增收这个公益性目标排在了第一位，其响应比例达到 67.90%。然后才
是完成自己项目工作任务、增加自己收入、完成组织布置工作任务等个体和组织
目标，突显了农技推广机构的公益性地位。而体制外农技推广人员将完成自己项
目工作任务、增加自己收入两个个人目标分别排在了第一和第二位，然后才是促
进农民增收、提高农民素质能力公益性目标，这种选择显示了体制外农技推广人
员在开展农技推广工作方面与体制内农技推广人员有着不同的目标导向，更加强
调个人自身目标。至于公益性推广目标主要是一种顺带而为的辅助性目标。在目
标分散性方面，体制内农技推广人员有三个目标选择的比例超过 50%，另有一
个是 46.9% 和 30.2%，而体制外农技推广人员仅有一个目标响应率刚刚超过
50%，其余 8 个目标中除了一个是 35.3%、一个是 6.50% 外均在 20% 左右，由
此可见其追求目标的多元性。这种情况与体制外农技推广人员的多元构成相一
致。相关具体调查数据如表 3-45 所示：

表 3-45　体制内与体制外被调查农技推广人员进行农技推广的主要目的比较

		体制内		体制外		总计
		计数/人	百分比/%	计数/人	百分比/%	计数/人
农技推广的主要目的	促进农民增收	1 400	67.90	228	26.00	1 628
	完成组织布置的工作任务	967	46.90	194	22.10	1 161
	提高农民素质能力	135	6.50	217	24.80	352
	完成自己项目的工作任务	1 261	61.10	443	50.60	1 704
	进行社会公益服务	121	5.90	159	18.20	280
	增加自己的收入	1 062	51.50	309	35.30	1 371

续表 3-45

	体制内		体制外		总计
	计数/人	百分比/%	计数/人	百分比/%	计数/人
推销相关农资产品	195	9.50	200	22.80	395
亲戚朋友互助	624	30.20	138	15.80	762
提升自己的名誉地位	52	2.50	57	6.50	109
其他	10	0.50	24	2.70	34
总计	2 063		876		2 939

注：百分比和总计以响应者为基础。

在个体回报方面，体制内和体制外农技推广人员均将经济收入作为其最主要的回报，相对而言体制外农技推广人员对经济收入显得更加重视，其选择经济收入作为主要回报的比例为 54.2%，超出体制内农技推广人员相应比例 10.6%。其次，体制外农技推广人员比体制内农技推广人员更加重视发展机会的回报，相应响应率比体制内人员要高出 11 个百分点。另外，体制内农技推广人员更加看重职称职务提升的回报，其选择比例为 37.0%，比体制外农技推广人员 8.0% 的比例高出很多。相关具体调查结果如表 3-46 所示：

表 3-46　调查农技推广人员从事农技推广的主要回报

体制类型		农技推广主要回报[a]						总计
		经济收入	社会声誉	社会地位	职称职务提升	发展机会	其他	
体制内	计数/人	863	641	287	733	466	306	1 979
	百分比/%	43.6	32.4	14.5	37.0	23.5	15.5	
体制外	计数/人	467	287	121	69	297	115	861
	百分比/%	54.2	33.3	14.1	8.0	34.5	13.4	
计数/人	合计	1 330	928	408	802	763	421	2 840

注：[a] 百分比和总计以响应者为基础。

3.4.7　推广面临主要困难

对于农技推广工作中面临的主要困难，体制内农技推广人员与体制外农技推广人员在总体评价趋势（排序）方面大致相同，即均认为没有推广经费、推广设施条件太差是当前农技推广工作中最突出两个困难，这反映当前农技推广工作急需得到更多的活动经费扶持和更好的设施条件支持。其次的困难还包括推广手段太少、农业收益太低没有人员愿意学、推广技术内容太复杂、农民素质太差、农业生产经营活动太复杂、没有人愿意从事农技推广活动等，表明农技推广所面临问题非常复杂，难度非常大，而当前各方面人员素质、外部环境条件和利益相关主体的内在需求与动力等方面仍然存在很多问题。两者最大的不同是体制外对于各种困难的响应率普遍低于体制内农技推广人员。根据实地访谈调查的结果，本课题组认为这种差别不是由于体制外农技推广人员面临的困难比体制内农技推广人员小，而是体制外人员主要目标、任务不在农技推广，农技推广只是其辅助性工作任务。因此，他们对于这些困难的关注度远不如体制内农技推广人员。具体相关调查结果如表 3-47 所示：

表 3-47　体制内与体制外被调查农技推广人员对于农技推广工作主要困难的评价比较

		体制内		体制外		总计
		计数/人	百分比/％	计数/人	百分比/％	计数/人
农技推广工作的主要困难	没有推广经费	1 237	60.50	328	37.70	1 565
	推广设施条件太差	1 213	59.30	335	38.50	1 548
	推广手段太少	932	45.60	311	35.70	1 243
	农业收益太低，没有人员愿意学	808	39.50	278	31.90	1 086
	推广技术内容太复杂	436	21.30	228	26.20	664
	农民素质太差	420	20.50	171	19.60	591
	农业生产经营活动太复杂	290	14.20	141	16.20	431
	没有人愿意从事农技推广活动	309	15.10	80	9.20	389
	推广人员素质太差	242	11.80	86	9.90	328
	其他	34	1.70	37	4.20	71
总计		2 045		871		2 916

注：百分比和总计以响应者为基础。

对于进行农技推广工作条件方面存在的困难，从体制内与体制外的对比情况来看，两者存有共同的困难，其中活动经费不足、缺乏仪器设备是他们两个最主要的困难。相对而言，体制内农技推广人员由于其承担了更多的农技推广责任与任务，其对反映工作条件方面存在困难比例稍微高于以农技推广为副业的体制外农技推广人员。数据见表 3-48 所示：

表 3-48   体制内与体制外被调查农技推广人员进行农技推广工作条件方面存在的困难

		工作设施条件存在的困难									总计
		活动经费不足	缺乏仪器设备	设施老旧过时	缺乏实验材料	办公场所紧张	电脑不够用	不能上网	以上都没有	其他	
体制内	计数/人	1 816	1 182	738	733	502	451	115	94	43	2 056
	百分比/%	88.3	57.5	35.9	35.7	24.4	21.9	5.6	4.6	2.1	
体制外	计数/人	611	319	190	195	182	81	81	82	31	875
	百分比/%	69.8	36.5	21.7	22.3	20.8	9.3	9.3	9.4	3.5	
总计	计数/人	2 427	1 501	928	928	684	532	196	176	74	2 931

注：百分比和总计以响应者为基础。

3.5   农技推广人员对农业技术推广政策、需求及自身工作能力的认知与评价

3.5.1   对农技推广政策与体制认知与评价

（1）对当前国家农技推广政策了解情况比较

对于国家的农技推广政策，体制内农技推广人员明显要比体制外人员更加了解。本课题问卷调查结果显示，体制内有 77.3% 的人对国家的农技推广政策很了解，但是体制外只有 52.8%。所以要加大对农技推广人员的政策宣传工作，尤其是体制外的推广人员，定期组织培训工作。见表 3-49。

表 3-49　体制内与体制外被调查农技推广人员对当前国家农技推广政策了解情况比较

体制类型		对当前国家的农技推广政策的了解程度				合计
		非常清楚	清楚	不清楚	非常不清楚	
体制内	计数/人	209	1 384	455	13	2 061
	百分比/%	10.1	67.2	22.1	0.6	100.0
体制外	计数/人	62	402	397	18	879
	百分比/%	7.1	45.7	45.2	2.0	100.0
合计	计数/人	271	1 786	852	31	2 940
	百分比/%	9.2	60.7	29.0	1.1	100.0

（2）对当前政府对于基层农技推广工作重视程度的评价比较

如果把体制与政府对于基层农技推广工作的重视程度进行交叉比较可以发现，在体制内，表示政府对基层农技推广工作的重视程度持积极态度的人员比例为45.7%，表示不知道的为11.0%，持消极态度的为43.3%。积极态度与消极态度的比例相差不大，基本持平。在体制外，持有积极态度（非常重视和重视）的比例有52.2%，不知道的有19.6%。持消极态度（不重视和非常不重视）的比例为28.1%，明显低于认为非常重视和重视的农技推广人员的比例。由此看来，体制外农技推广人员相对持有更加积极的态度。见表3-50。

表 3-50　体制内与体制外被调查农技推广人员关于政府对基层农技推广工作重视程度的评价

体制类型		政府对于基层农技推广工作的重视程度					合计
		非常重视	重视	不知道	不重视	非常不重视	
体制内	计数/人	181	759	227	849	41	2 057
	百分比/%	8.8	36.9	11.0	41.3	2.0	100.0
体制外	计数/人	115	340	171	236	9	871
	百分比/%	13.2	39.0	19.6	27.1	1.0	100.0
合计	计数/人	296	1 099	398	1 085	50	2 928
	百分比/%	10.1	37.5	13.6	37.1	1.7	100.0

（3）对当前政府对于基层农技推广投入情况的认知评价比较

再看体制与政府对于基层农技推广投入的交叉分析表。体制内的农技推广人员持有积极态度的占 22.3%，不清楚的有 19.6%，持有消极态度的高达 58.1%。体制外农技推广人员持有积极态度的有 27.7%，不清楚的占 34.5%，持有消极态度的有 37.8%，也是高于积极态度的农技推广人员。从纵向对比，体制外农技推广人员比体制内人员更乐观。见表 3-51。

表 3-51　体制内与体制外被调查农技推广人员关于政府对于基层农技推广投入评价比较

体制类型		政府对于基层农技推广投入					合计
		非常大	大	不清楚	小	非常小	
体制内	计数/人	62	398	404	726	469	2 059
	百分比/%	3.0	19.3	19.6	35.3	22.8	100.0
体制外	计数/人	61	181	301	218	112	873
	百分比/%	7.0	20.7	34.5	25.0	12.8	100.0
合计	计数/人	123	579	705	944	581	2 932
	百分比/%	4.2	19.7	24.0	32.2	19.8	100.0

总之，无论是体制内人员还是体制外人员，多数人员均认为政府对农技术推广的经费投入不够。增加对农业技术推广经费的投入对于保障农技推广体系健康运行十分重要。

（4）对我国农业技术推广体制存在问题的认知评价比较

把体制与农技推广中存在的问题进行交叉分析，得出以下统计表。体制内的农业技术推广人员认为存在前三项问题排序为投入不足、缺乏激励、人才断层。体制外推广人员认为存在的主要三项问题是投入不足、缺乏激励、推广人员经济回报太少，人才断层在第四位。体制内外的影响因素前两项是一致的，和前面的总体频率表也是一致的。相对而言，体制外推广人员对于经济回报的关注要比体制内人员更少，而体制内农技推广人员更加关注人才断层问题。见表 3-52。

表 3-52　体制内与体制外被调查农技推广人员我国农业技术推广体制存在问题认知比较

存在问题的认知	体制内		体制外		总计
	计数/人	体制内的百分比	计数/人	体制外的百分比	计数/人
职能不清	731	35.90%	248	30.50%	979
体制不顺	940	46.20%	291	35.80%	1231
缺乏激励	1 108	54.40%	384	47.30%	1 492
投入不足	1 340	65.80%	486	59.90%	1 826
人才断层	1 067	52.40%	321	39.50%	1 388
知识老化	800	39.30%	207	25.50%	1 007
推广方式落后	643	31.60%	225	27.70%	868
推广人员经济回报太少	1 056	51.90%	327	40.30%	1 383
推广人员社会声誉回报太少	436	21.40%	88	10.80%	524
其他	16	0.80%	17	2.10%	33
总计	2 035		812		2 847

注：百分比和总计以响应者为基础。

（5）被调查农技推广人员对最适合管理农业技术推广部门组织与机构的认知评价

通过体制与谁最适合管理农业技术推广部门的人、财、物及相关推广活动的交叉表我们可以看出。体制内的农技推广人员认为最适合管理的部门首选是县政府。而体制外的人员认为管理的部门首选是协会、合作社等农民组织。这种选择的出现也与大家处在体制内外的情况正好相符。当然，无论归哪个部门进行管理，都有他们的利与弊。如果交由县政府进行管理，在管理、资金、设备方面等都会是最合适的。农技推广活动需要大量的资金，如果仅靠民间组织，是很难筹集到这些资金的。另外，现在推广条件艰苦、设备老化，这些都需要政府机构给予一定的支持。同时，如果县政府管理农业技术推广部门，也会加大对大学生或者有真才实学的技术人员的吸引力。如果交给协会、合作社等农民组织，他们会更加了解农民的技术需求，推广的效果也会更加突出。见表 3-53。

表 3-53　体制内与体制外被调查农技推广人员关于谁最适合管理农业
技术推广部门的人、财、物及相关推广活动评价

机构类型	体制内		体制外		总计	
	计数/人	体制内的百分比	计数/人	体制外的百分比	计数/人	百分比
县政府	904	44.60%	157	18.20%	1061	36.70%
乡镇政府	238	11.70%	174	20.10%	412	14.20%
跨区域农技推广专门机构	541	26.70%	123	14.20%	664	23.00%
协会、合作社等农民组织	116	5.70%	259	30.00%	375	13.00%
村委会	18	0.90%	35	4.10%	53	1.80%
农业科研机构	146	7.20%	78	9.00%	224	7.70%
农业教育及结构	36	1.80%	12	1.40%	48	1.70%
其他	29	1.40%	26	3.00%	55	1.90%
合计	2 028	100.00%	864	100.00%	2 892	100.00%

3.5.2　对农技推广工作重要性认知与评价

体制内有 85.9% 的推广人员对基层农技推广工作的重要性持肯定态度，13.1% 认为一般重要，1.1% 持有否定态度。体制外有 76.7% 推广人员对基层农技推广工作的重要性持肯定态度，21.2% 认为一般，2.1% 持有否定态度。由此可见无论是体制内外，基层农技推广人员都认为自身的农技推广工作是很重要的。见表 3-54。

表 3-54　体制内与体制外被调查农技推广人员对所从事农技推广工作重要性的评价比较

体制类型		对所从事的农技推广工作重要性的自我评价					合计
		非常重要	重要	一般	不重要	非常不重要	
体制内	计数/人	675	1 094	269	18	5	2 061
	百分比/%	32.8	53.1	13.1	0.9	0.2	100.0
体制外	计数/人	256	417	186	14	4	877
	百分比/%	29.2	47.5	21.2	1.6	0.5	100.0
合计	计数/人	931	1 511	455	32	9	2 938
	百分比/%	31.7	51.4	15.5	1.1	0.3	100.0

3.5.3 对农技推广需求的认知与评价

基层农技人员是农村实用技术的掌握者、实践者、示范者。他们立足家园，活跃农村，在促进农业产业结构调整，拉动农村经济发展，带领群众脱贫致富特别是在推进新农村建设中起着举足轻重的作用。所以，无论是体制内还是体制外农技推广人员，首先都要清楚农民对于其技术需求的了解程度，这样才能有目标、有针对性地去进行推广工作，达到事半功倍的效果。

（1）农技推广人员心目中对农民农技推广需求的认知与判断

课题调查结果显示，体制内与体制外被调查农技推广人员对于农民农技推广需求强度的评价没有明显差别。认为农民对于农技推广需求非常强和强的比例均为70%多，一般的为20%左右，弱和非常弱的只有5%左右。这种情况说明，两类农技推广人员在实际工作中均感受到了农户对于农技推广的强烈需求。见表3-55。

表 3-55 体制内与体制外被调查农技推广人员对于农民农技推广需求强度评价比较

体制类型		对于农民农技推广的需求强度的评价					合计
		非常强	强	一般	弱	非常弱	
体制内	计数/人	438	1 087	462	65	7	2 059
	百分比/%	21.3	52.8	22.4	3.2	0.3	100.0
体制外	计数/人	192	449	194	39	7	881
	百分比/%	21.8	51.0	22.0	4.4	0.8	100.0
合计	计数/人	630	1 536	656	104	14	2 940
	百分比/%	21.4	52.2	22.3	3.5	0.5	100.0

就对农民技术需求内容的了解程度而言，体制内农技推广人员具有更多的自信，自认为农民技术需求内容清楚或非常清楚的人员比例达到77.8%，稍高于体制外的农技推广人员的66.3%的人员比例。总体来说，两者中仍有20%～30%的人员认为对于农民的农技推广需求内容不清楚或非常不清楚。这种情况对于长期在一线从事农技推广活动的工作人员来说仍然是一个非常严重的问题。见表3-56。

表 3-56　体制内与体制外被调查农技推广人员对于农民技术需求内容了解程度自我评价比较

体制类型		对于农民技术需求的内容了解程度				合计
		非常清楚	清楚	不清楚	非常不清楚	
体制内	计数/人	199	1 397	436	19	2 051
	百分比/%	9.7	68.1	21.3	0.9	100.0
体制外	计数/人	60	525	278	19	882
	百分比/%	6.8	59.5	31.5	2.2	100.0
合计	计数/人	259	1 922	714	38	2 933
	百分比/%	8.8	65.5	24.3	1.3	100.0

　　进一步来看，对于农民最希望得到的技术服务内容，体制内与体制外农技推广人员的评价大致相似，前三项都是种植技术、畜牧兽医技术和农民市场经营技术。体制内与体制外人员认为农民最希望得到技术服务内容为种植技术的分别占91.2%和82.9%。认为是畜牧兽医技术的分别占59.4%和53.4%。认为是农业市场经营技术分别占42.4%和30.5%。其中体制内人员对这三项内容具有更高的关注度。他们同时对于创新能力建设知识、农民组织管理技术、农村健康医疗知识、传统乡土农业知识与技术、非农产业技术、农产品加工技术等关注非常少。这种情况对于生态文明、和谐社会中的农业发展建设非常不利。见表 3-57。

表 3-57　体制内与体制外被调查农技推广人员关于农民最希望得到技术服务内容评价比较

认为农民最希望得到的技术服务内容	体制类型				总计
	体制内		体制外		
	计数/人	体制内的百分比	计数/人	体制外的百分比	计数/人
种植技术	1 873	91.20%	721	82.90%	2 594
畜牧兽医技术	1 220	59.40%	465	53.40%	1 685
渔业养殖技术	863	42.00%	206	23.70%	1 069
林业技术	673	32.80%	146	16.80%	819
农业市场经营技术	870	42.40%	265	30.50%	1 135
创新能力建设知识	417	20.30%	95	10.90%	512
非农产业技术	140	6.80%	48	5.50%	188
农村健康医疗知识	282	13.70%	165	19.00%	447

续表 3-57

认为农民最希望得到的技术服务内容	体制类型				总计
	体制内		体制外		
	计数/人	体制内的百分比	计数/人	体制外的百分比	计数/人
传统乡土农业知识与技术	280	13.60%	120	13.80%	400
农民组织管理技术	385	18.70%	135	15.50%	520
农产品加工技术	22	1.10%	19	2.20%	41
其他	22	1.10%	19	2.20%	41
总计	2 054		870		2 924

（2）农技推广人员确定农民农技推广需求的方法

关于确定推广内容的方法，体制内农技推广人员中排名前三的为：根据领导指示、根据访谈很多农民所得到的意见、根据农业种养大户的意见。其中排名第一的根据领导指示的比例高达 50.4%。体制外确定农技推广内容排名前三为根据市场情况进行判断、根据访谈很多农民所得到的信息和根据种养大户的意见。体制内和体制外确定农技推广内容方法的前三项中后两项都是相同的。但是体制内农技推广内容的确定更加受制于领导的指示，体制外推广内容的确定相对比较自由，更多地受到市场支配。见表 3-58。

表 3-58　体制内与体制外被调查农技推广人员确定农业技术推广内容的方法比较

确定技术推广内容的方法	体制类型				总计
	体制内		体制外		
	计数/人	体制内的百分比	计数/人	体制外的百分比	计数/人
根据领导指示	1 037	50.40%	241	27.50%	1278
根据专家研究预测	531	25.80%	193	22.10%	724
根据市场情况进行判断	880	42.80%	424	48.50%	1304
根据相关涉农企业的要求	405	19.70%	136	15.50%	541
根据研究推广项目需要	876	42.60%	172	19.70%	1 048
根据农业种养大户的意见	929	45.20%	310	35.40%	1 239
根据农民组织的意见	574	27.90%	205	23.40%	779
根据访谈很多农民所得到的意见	959	46.60%	311	35.50%	1 270
其他	26	1.30%	36	4.10%	62
总计	2 057		875		2932

3.5.4 对自身农技推广能力的认知与评价

（1）对自身农技推广能力的评价

在体制与对自身农技推广能力的评价交叉表中，我们可以明显看到，体制内农技推广人员对自身农技推广能力的自我评价要远远好于体制外农技推广人员。体制内农技推广人员认为自身能力强的比例占到了 59.1%，远高于体制外 40.4% 的人员。体制内推广人员认为自身推广能力很弱的只有 1.8%，而体制外达到 6.7%。体制外推广人员高于一半的认为自身农技推广能力一般。这种情况说明，虽然农技推广人员学历层次提升以及专业相关性高，但这些农技推广人员都进入了体制内，体制外人员队伍建设依然有待加强。这说明一方面需要提高体制外农技推广工作的福利待遇和工资水平，吸引更多学历高、专业相关的推广人员的加入。另一方面也要大力培养农技推广工作相关人才，避免出现人员断层、青黄不接的现象以及大部分涌入体制内而使体制外人才匮乏的现象。最后，在此基础上也要定时对现有的体制外农技推广人员进行教育培训，提高他们的能力水平。见表 3-59。

表 3-59　体制内与体制外被调查农技推广人员对自身农技推广能力的评价比较

体制类型		对自身农技推广能力的评价					合计
		非常强	强	一般	弱	非常弱	
体制内	计数/人	198	1 019	806	31	6	2 060
	百分比/%	9.6	49.5	39.1	1.5	0.3	100.0
体制外	计数/人	53	302	465	52	7	879
	百分比/%	6.0	34.4	52.9	5.9	0.8	100.0
合计	计数/人	251	1 321	1 271	83	13	2 939
	百分比/%	8.5	44.9	43.2	2.8	0.4	100.0

（2）对最新的农业科学技术的了解状况

对于最新农业科学技术的了解状况，体制内农技推广人员认为清楚或非常清楚的比例为 45.5%，认为一般的有 45.3%，认为不清楚或非常不清楚的比例为 9.1%。体制外农技推广人员对于最新农业科学技术的了解程度持有肯定态度的

只有 34.9%，这个比例远远小于体制内的农技推广人员的，认为一般的有
46.2%，不清楚或非常不清楚的占有 19%。由此可知，不论是体制内还是体制
外，对于最新农业科学技术的了解均比较缺乏，其中体制外农技推广人员不了解
程度要远高于体制内农技推广人员。要引导现代农业快速发展，作为农业新科技
的一线推广者，不了解最新农业科学技术是很难实现国家的现代农业发展目标
的。加强自身能力建设提高农技推广人员素质，尤其是对体制外农技推广人员开
展系统培训和组织学习让其迅速及时了解最新农业科学技术知识，是提高农业科
技推广效率效果的首要任务。见表 3-60。

表 3-60   体制内与体制外被调查农技推广人员对于最新农业科学技术了解状况比较

体制类型		对于最新农业科学技术的了解状况					合计
		非常清楚	清楚	一般	不清楚	非常不清楚	
体制内	计数/人	127	810	933	178	11	2 059
	百分比/%	6.2	39.3	45.3	8.6	0.5	100.0
体制外	计数/人	44	264	408	149	19	884
	百分比/%	5.0	29.9	46.2	16.9	2.1	100.0
合计	计数/人	171	1 074	1 341	327	30	2 943
	百分比/%	5.8	36.5	45.6	11.1	1.0	100.0

3.6   被调查农技推广人员的继续教育状况

3.6.1   知识信息获取渠道

从信息获取渠道角度来看，体制内与体制外农技推广人员具有大致相似的特
点，即具有多元化的信息获取渠道。其中的差别在于体制内农技推广人员能够更
多地利用专业培训、书报杂志、会议、参观学习等正式渠道获取信息，而体制外
农技推广人员利用这些渠道的机会相对较少，因此也更多地利用"自我观察思考

研究与经验积累"及"朋友、同事、同行间非正式交流"的非正式渠道获取信息。见表 3-61。

表 3-61　体制内与体制外被调查农技推广人员获取信息渠道交叉比较表

获取信息主要渠道	体制内		体制外	
	计数/人	体制内的百分比	计数/人	体制外的百分比
专业培训	1 688	82.60%	500	57.10%
书报杂志	1 467	71.80%	513	58.60%
会议	903	44.20%	253	28.90%
广播电视	832	40.70%	315	36.00%
自我观察思考研究与经验积累	677	33.10%	342	39.00%
参观学习	781	38.20%	225	25.70%
朋友、同事、同行间非正式交流	498	24.40%	291	33.20%
网络手机	494	24.20%	171	19.50%
其他	15	0.70%	4	0.50%

3.6.2　继续教育机会与需求

参加继续教育是农技推广人员实现自我发展、提升综合素质、加快农业科技成果转化、增强综合服务能力的重要手段。前面调查结果从总体上来看，农技推广人员近 5 年来参加过进修、培训等继续教育情况不容乐观。近 5 年来有 70% 左右的农技推广人员未能实现年均参加一次继续教育的进修或培训活动，不利于农技推广人员及时更新知识和技术。从体制内与体制外农技推广人员比较来看，体制内农技推广人员近 5 年来参加过 3 次及以上进修、培训等继续教育活动的人员比例明显高于体制外农技推广人员的相应比例。而近 5 年来没有参加过培训进修、培训等继续教育活动的人员比例远低于体制外农技推广人员的比例。由此可见，体制内农技推广人员比体制外农技推广人员拥有更多的继续教育机会。这种调查结果与上文中体制内能够更多依赖专业培训、会议、参加学习等正式渠道获取信息的调查结果相一致。如果国家想更多地利用好体制外农技推广人员推进多

元化的农技推广体系，有必要给他们提供更多的继续教育与培训机会。见表 3-62
所示。

表 3-62 体制内与体制外被调查农技推广人员近 5 年来参加进修、培训继续教育活动次数比较

体制类型		参加次数				合计
		没有参加过	1～2 次	3～4 次	5 次以上	
体制内	计数/人	210	639	506	669	2 024
	百分比/%	10.4	31.6	25.0	33.1	100.0
体制外	计数	223	329	117	196	865
	百分比/%	25.8	38.0	13.5	22.7	100.0

在继续教育需求和机会方面，本课题调查结果显示，被调查农技推广人员在
总体上需求非常强烈，但所能获取的继续教育机会却十分有限，两者没有明显的
差别。见表 3-63 所示。

表 3-63 体制内与体制外被调查农技推广人员继续学习机会与需求比较

体制类型		认为参加进修、培训等继续学习的机会					认为是否需要再进修学习				
		非常多	比较多	一般	比较少	非常少	非常需要	需要	不清楚	不需要	完全不需要
体制内	计数/人	67	305	659	596	433	899	1 053	58	28	22
	体制内的百分比	3.3%	14.8%	32.0%	28.9%	21.0%	43.6%	51.1%	2.8%	1.4%	1.1%
体制外	计数/人	44	143	258	211	216	261	481	75	48	13
	体制外的百分比	5.0%	16.4%	29.6%	24.2%	24.8%	29.7%	54.8%	8.5%	5.5%	1.5%

3.6.3 继续教育效果与影响因素

在继续教育效果评价方面，多数体制内和体制外农技推广人员对此给予了相
对较好的评价，但相对而言，体制外农技推广人员表示效果不好、非常不好、不
清楚的人员比例达到 43.6%，远高于体制内人员 25.9% 的相应比例。从某种意
义上说明体制外农技推广人员由于参与继续教育的机会少、次数少，进而对培训

效果的自我感知也比较模糊，而且对继续教育效果的总体评价较低。见表 3-64。

表 3-64　体制内与体制外被调查农技推广人员对当前进修培训效果评价比较

体制类型		非常好	好	不清楚	不好	非常不好
体制内	计数/人	481	1 045	332	169	33
	百分比/%	23.3	50.7	16.1	8.2	1.6
体制外	计数/人	133	359	309	63	9
	百分比/%	15.2	41.1	35.4	7.2	1.0

从影响参加进修培训的原因来看，不论是体制内还是体制外农技推广人员，首要的三个原因依次是没有机会、工作忙和付不起费用。相比较而言，表示没有机会的体制内人员比体制外人员比例显得更高，高出 20 多个百分点。同时其领导不同意的比例也比体制外人员高出近 10 个百分点。而体制外人员表示工作忙和家庭事务多的比例则比体制内人员高。这种情况表明，体制内人员虽然总体上接受继续教育的机会较多，但同时也受到组织、机构的限制也越多。另外，体制外人员拥有更大的工作压力和家庭压力。见表 3-65。

表 3-65　影响体制内与体制外被调查农技推广人员参加进修培训的主要原因比较

体制类型		影响你参加进修培训的主要原因							总计
		觉得没有必要	付不起费用	工作忙	家庭事务多	没有机会	领导不同意	其他	
体制内	计数/人	72	627	812	213	1 332	304	64	2 047
	百分比/%	3.5	30.6	39.7	10.4	65.1	14.9	3.1	
体制外	计数	69	215	372	211	416	44	31	872
	百分比/%	7.9	24.7	42.7	24.2	47.7	5.0	3.6	
总计	计数/人	141	842	1 184	424	1 748	348	95	2 919

3.7 被调查农技推广人员的生活状况

3.7.1 个人收入状况

（1）收入来源构成情况

从被调查农技推广人员的收入来源构成情况来看，96.6％的体制内被调查者拥有固定工资收入，其中 35.2％的体制内人员还有奖金和津贴，没有固定工资收入的人员比例仅为 3.4％。而体制外被调查农技推广人员仅有 39.6％拥有固定工资收入，其中仅有 18％拥有奖金和津贴，其他 60％多的人员没有固定工资收入。由此可见，当前农技推广人员中已经得到一定保障的农技推广人员主要是体制内农技推广人员，尽管其收入也多数停留在最基本的固定工资收入，但仍然是我国农技推广体系改革的一大进步。而体制外农技推广人员中还有很大比例的人员其收入难以得到充分保障，一定程度上对于他们更多地投入到农技推广活动形成了非常不利的障碍因素。具体调查结果如表 3-66 所示：

表 3-66 体制内与体制外被调查农技推广人员的收入来源构成情况比较

体制类型		收入来源构成					合计
		仅有固定基本工资	固定基本工资＋奖金与津贴	按工作时间获得劳动报酬，没有固定基本工资	自收自支	其他	
体制内	计数/人	1 257	721	21	29	20	2 048
	百分比/％	61.4	35.2	1.0	1.4	1.0	100.0
体制外	计数	186	155	98	398	26	863
	百分比/％	21.6	18.0	11.4	46.1	3.0	100.0
合计	计数/人	1 443	876	119	427	46	2 911
	百分比/％	49.6	30.1	4.1	14.7	1.6	100.0

（2）收入水平情况

就收入水平来看，被调查农技推广人员的月平均收入为 2 417.87 元，总体上处于比较低的水平，与全国城镇就业单位平均月工资相比具有很大的差距。体制内外比较来看，体制内被调查农技推广人员的月均收入为 2 369.61，标准差为 866.584，分组中值为 2 286.22。体制外被调查农技推广人员的月均收入为 2 543.23，标准差为 1 822.030，分组中值为 2 034.40。两者的独立样本检验结果显示，方差方程的 Levene 检验值 Sig. ＝0.000，均值方程的 t 检验值 Sig.（双侧）＝0.001，均为显著。由以上数据可知，被调查体制外农技推广人员的月均收入并不比体制内人员低，但其人员之间的收入差距远大于体制内人员之间的收入差距。见表 3-67。

表 3-67　体制内与体制外被调查农技推广人员的月均收入与津贴均值情况比较

体制类型		月平均收入/元	农技推广收入所占比例	每月与工作绩效挂钩津贴
体制内	均值	2 369.61	44.53	355.58
	N	1 943	1 584	1 613
	标准差	866.584	44.427	652.120
	分组中值	2 286.22	22.11	12.10
体制外	均值	2 543.23	32.49	524.49
	N	748	625	238
	标准差	1 822.030	34.395	1 054.210
	分组中值	2 034.40	19.62	3.60
总计	均值	2 417.87	41.12	377.30
	N	2 691	2 209	1 851
	标准差	1 212.473	42.176	718.418
	分组中值	2 208.65	20.46	4.51

按照收入分组情况来看，体制外被调查农技推广人员月均收入在 2 000 元以下的比例高于体制内人员相关的比例，而月均收入超过 4 000 元的人比体制内人员相应比例更高。另外，体制内农技推广人员月均收入在 2 000～3 000 元的人员比例高出体制外人员 20 多个百分点。由于可见，体制外人员的收入差距比较大，

低收入的群体比较多，很多人员收入难以得到保证，但也仍然有部分人员能够凭借自己多方面的优势获得比体制内人员更高的收入。见表 3-68。

表 3-68　体制内与体制外被调查农技推广人员的月均收入分组比较情况

体制类型		收入分组情况						合计
		不足1 000 元	1 000～1 999 元	2 000～2 999 元	3 000～3 999 元	4 000～4 999 元	5 000 元及以上	
体制内	计数/人	44	510	888	379	100	22	1 943
	百分比/%	2.3	26.2	45.7	19.5	5.1	1.1	100.0
体制外	计数	74	217	186	136	65	70	748
	百分比/%	9.9	29.0	24.9	18.2	8.7	9.4	100.0
合计	计数/人	118	727	1 074	515	165	92	2 691
	百分比/%	4.4	27.0	39.9	19.1	6.1	3.4	100.0

（3）收入稳定性与增长

在收入稳定性方面，体制内农技推广人员有 92.9% 的被调查者表示相对稳定或非常稳定，比体制外 58.1% 的比例要高出很多。体制外有 40% 多的人员表示不太稳定或非常不稳定。由此可见，被调查的体制内农技推广人员的收入得到了较好的保障，而体制外农技推广人员的收入保障有待进一步提高。见表3-69。

表 3-69　体制内与体制外被调查农技推广人员工资稳定性情况比较

体制类型		工资稳定性				合计
		非常稳定	相对稳定	不太稳定	非常不稳定	
体制内	计数/人	501	1 406	105	42	2 054
	百分比/%	24.4	68.5	5.1	2.0	100.0
体制外	计数/人	68	434	303	59	864
	百分比/%	7.9	50.2	35.1	6.8	100.0
合计	计数/人	569	1 840	408	101	2 918
	百分比/%	19.5	63.1	14.0	3.5	100.0

在收入增长方面，分别有 52.7% 体制内和 35.9% 的体制外表示近 5 年内收入增长比较慢或非常慢，仅有 8.6% 的体制内和 14.7% 的体制外被调查者表示增长比较快或非常快。由此可见，被调查农技推广人员的收入总体上增长比较缓慢，相对而言，体制外农技人员的收入增长稍快一点。见表 3-70。

表 3-70　体制内与体制外被调查农技推广人员收入增长情况比较

体制类型		近 5 年收入增长情况					合计
		非常快	比较快	一般	比较慢	非常慢	
体制内	计数/人	15	162	791	554	523	2 045
	百分比/%	0.7	7.9	38.7	27.1	25.6	100.0
体制外	计数/人	16	110	427	199	110	862
	百分比/%	1.9	12.8	49.5	23.1	12.8	100.0
合计	计数/人	31	272	1 218	753	633	2 907
	百分比/%	1.1	9.4	41.9	25.9	21.8	100.0

3.7.2　身体健康状况

本课题关于工作生活压力的问卷调查结果显示，体制内与体制外农技推广人员相关评价没有大的差别，分别有 62.9% 和 57.7% 的被调查者认为农技推广人员工作生活压力大或非常大，而认为工作生活压力小或非常小的人员比例仅为 2.6% 和 4.9%。见表 3-71。

表 3-71　体制内与体制外被调查农技推广人员工作生活压力情况比较

体制类型		工作生活压力情况					合计
		非常大	大	一般	小	非常小	
体制内	计数/人	356	929	706	46	7	2 044
	百分比/%	17.4	45.5	34.5	2.3	0.3	100.0
体制外	计数/人	179	318	323	25	17	862
	百分比/%	20.8	36.9	37.5	2.9	2.0	100.0
合计	计数/人	535	1 247	1 029	71	24	2 906
	百分比/%	18.4	42.9	35.4	2.4	0.8	100.0

关于农技推广人员的身体健康情况的调查显示有 18.6％ 的体制内和 11.9％ 的体制外被调查者认为自己的身体不太健康或非常不健康，两者差别不大。见表 3-72。

表 3-72　体制内与体制外被调查农技推广人员身体健康情况比较

体制类型		身体健康情况				合计
		非常健康	比较健康	不太健康	非常不健康	
体制内	计数/人	461	1 219	359	24	2 063
	百分比/%	22.3	59.1	17.4	1.2	100.0
体制外	计数/人	319	449	96	8	872
	百分比/%	36.6	51.5	11.0	0.9	100.0
合计	计数	780	1 668	455	32	2 935
	百分比/%	26.6	56.8	15.5	1.1	100.0

在过去一年中，有 65.5％ 的体制内被调查人员去医院看过病，其中 23.8％ 的人员去医院看过 3 次以上病，而体制外相应的比例分别为 46.5％ 和 12.0％。从这里可以看出，不论体制内还是体制外去医院看过病的比例都比较高，相对而言，体制内被调查人员去医院看病的次数更多一些。结合以上工作生活压力、身体健康状况自我评价调查结果可以判断，被调查体制内农技推广人员的工作生活压力更大、身体健康状况更差。见表 3-73。

表 3-73　体制内与体制外被调查农技推广人员过去一年内去医院看病情况比较

体制类型		过去一年内去医院看病情况				合计
		没去过	1～2 次	3～4 次	5 次以上	
体制内	计数/人	709	856	348	140	2 053
	百分比/%	34.5	41.7	17.0	6.8	100.0
体制外	计数/人	464	299	75	29	867
	百分比/%	53.5	34.5	8.7	3.3	100.0
合计	计数/人	1 173	1 155	423	169	2 920
	百分比/%	40.2	39.6	14.5	5.8	100.0

在健康体检方面，分别有 45.1％ 的体制内和 56.9％ 的体制外被调查人员从未

参加过健康体检，表明相关管理部门对于农技推广人员的健康问题不是十分重视，相对而言，体制内的农技推广人员参加过单位组织公费体检的比体制外人员要高一些。见表 3-74。

表 3-74　体制内与体制外被调查农技推广人员过去一年中参加体检的情况比较

体制类型		体检情况			合计
		参加过单位组织公费体检	做过自费体检	没参加过体检	
体制内	计数/人	778	352	928	2 058
	百分比/%	37.8	17.1	45.1	100.0
体制外	计数/人	183	188	489	860
	百分比/%	21.3	21.9	56.9	100.0
合计	计数/人	961	540	1 417	2 918
	百分比/%	32.9	18.5	48.6	100.0

3.7.3　社会保障状况

社会保障方面，虽然总体情况不是很好，但相对而言体制内被调查农技推广人员要好于体制外农技推广人员。体制内人员没有参加任何保险的比例为 8.9%，而体制外人员的这一比例为 14.9%。见表 3-75。

表 3-75　体制内与体制外被调查农技推广人员参加社会保险情况比较

体制类型		参加的保险						合计
		养老	失业	医疗	工伤	生育	没有参加任何保险	
体制内	计数/人	1 085	926	1 738	442	253	184	2 058
	百分比/%	52.7	45.0	84.5	21.5	12.3	8.9	
体制外	计数/人	449	102	621	114	53	129	867
	百分比/%	51.8	11.8	71.6	13.1	6.1	14.9	
总计	计数/人	1 534	1 028	2 359	556	306	313	2 925
	百分比/%	52.4	35.1	80.6	19.0	10.5	10.7	100.0

3.7.4 生活满意度总体评价

对于个人收入，尽管体制内和体制外被调查者对于个人收入均有较大的比例表示不太满意或非常不满意。但相对而言，体制外的不满意率要稍低于体制内的相关比例。具体数据如表 3-76 所示：

表 3-76 体制内与体制外被调查农技推广人员个人收入满意度评价比较

体制类型		个人收入					合计
		非常满意	比较满意	一般	不太满意	非常不满意	
体制内	计数/人	30	236	823	590	330	2 009
	百分比/%	1.5	11.7	41.0	29.4	16.4	100.0
体制外	计数/人	36	191	412	170	42	851
	百分比/%	4.2	22.4	48.4	20.0	4.9	100.0
合计	计数/人	66	427	1 235	760	372	2 860
	百分比/%	2.3	14.9	43.2	26.6	13.0	100.0

在社会声望方面，也与个人收入满意度类似，体制内人员的不满意率要稍高于体制外人员的不满意率。而表示比较满意或非常满意的人员比例则是体制外人员超出体制内人员 10 多个百分点。见表 3-77。

表 3-77 体制内与体制外被调查农技推广人员社会声望满意度评价比较

体制类型		社会声望					合计
		非常满意	比较满意	一般	不太满意	非常不满意	
体制内	计数/人	78	430	1 048	313	118	1 987
	百分比/%	3.9	21.6	52.7	15.8	5.9	100.0
体制外	计数/人	36	266	442	76	14	834
	百分比/%	4.3	31.9	53.0	9.1	1.7	100.0
合计	计数/人	114	696	1 490	389	132	2 821
	百分比/%	4.0	24.7	52.8	13.8	4.7	100.0

在社会福利保障方面，也与个人收入和社会声望的满意度相似，体制内表示不满意的人员比例高于体制外表示不满意的人员比例十几个百分点，表示比较满意或非常满意的人员比例情况则正好相反。见表 3-78。

表 3-78　体制内与体制外被调查农技推广人员社会保障福利满意度评价比较

体制类型		社会保障福利					合计
		非常满意	比较满意	一般	不太满意	非常不满意	
体制内	计数/人	44	372	847	509	225	1 997
	百分比/%	2.2	18.6	42.4	25.5	11.3	100.0
体制外	计数/人	27	207	392	152	57	835
	百分比/%	3.2	24.8	46.9	18.2	6.8	100.0
合计	计数/人	71	579	1 239	661	282	2 832
	百分比/%	2.5	20.4	43.8	23.3	10.0	100.0

在居住条件与环境方面，与前面几项生活满意度调查结果一样，体制内人员表示不太满意或非常不满意的人员比例大于体制外人员比例，表示比较满意或非常满意的比例情况刚好与不满意情况相反。见表 3-79。

表 3-79　体制内与体制外被调查农技推广人员居住条件与环境满意度评价比较

体制类型		居住条件与环境					合计
		非常满意	比较满意	一般	不太满意	非常不满意	
体制内	计数/人	43	503	1 106	248	96	1 996
	百分比/%	2.2	25.2	55.4	12.4	4.8	100.0
体制外	计数/人	50	278	400	85	31	844
	百分比/%	5.9	32.9	47.4	10.1	3.7	100.0
合计	计数/人	93	781	1 506	333	127	2 840
	百分比/%	3.3	27.5	53.0	11.7	4.5	100.0

对于总体的生活状况，延续了上面几项具体生活满意度调查结果的总体趋势，体制内表示比较满意或非常满意的比例为 25.0％，低于体制外 37.2％的比例 10 多个百分点。而表示不太满意或非常不满意的比例为 13.9％，高于体制外人员 8.3％的比例 5 个多百分点。见表 3-80。

表 3-80　体制内与体制外被调查农技推广人员总体生活状况满意度评价比较

体制类型		总体生活状况					合计
		非常满意	比较满意	一般	不太满意	非常不满意	
体制内	计数/人	39	456	1 213	202	73	1 983
	百分比/％	2.0	23.0	61.2	10.2	3.7	100.0
体制外	计数/人	24	288	458	60	10	840
	百分比/％	2.9	34.3	54.5	7.1	1.2	100.0
合计	计数/人	63	744	1 671	262	83	2 823
	百分比/％	2.2	26.4	59.2	9.3	2.9	100.0

综合以上各项生活满意度情况调查结果可知，尽管总体上满意度不是很高，但相对而言，体制外农技推广人员对于生活各方面的满意率比体制内人员要更高一些，而不满意率则要更低一些。

3.8　被调查农技推广人员的主张与建议

对于解决当前农技推广活动中存在困难的建议，体制内与体制外被调查者意见没有很大差别，他们反映最强烈的两项都是"提高基层农技推广人员待遇"和"确保和增加农技推广投入"两项内容。其次是"改革农技推广管理体制"和"改善农技推广服务条件"两项。两者的差别是体制内人员对于该问题的响应率要高于体制外人员，一定程度上表明他们对于解决当前农技推广活动中的困难更加关注。见表 3-81。

表 3-81　体制内与体制外被调查农技推广人员对于解决当前农技推广活动困难建议比较

解决当前农技推广活动中存在的问题解决方法建议	体制类型				总计	
	体制内		体制外			
	计数/人	体制内的百分比	计数/人	体制外的百分比	计数/人	总计的百分比
确保和增加农技推广投入	1 735	86.4%	578	72.8%	2 313	82.5%
提高基层农技推广人员待遇	1 820	90.6%	536	67.5%	2 356	84.1%
改革农技推广管理体制	1 047	52.1%	336	42.3%	1 383	49.4%
改革农技推广评价机制	550	27.4%	162	20.4%	712	25.4%
增加农技推广服务主体和人员	650	32.4%	257	32.4%	907	32.4%
改善农技推广服务条件	1 020	50.8%	238	30.0%	1 258	44.9%
改善农技推广人员服务态度	233	11.6%	118	14.9%	351	12.5%
改进农技推广服务方法	548	27.3%	224	28.2%	772	27.6%
基本没有办法解决	36	1.8%	23	2.9%	59	2.1%
其他	4	0.2%	0	0.0%	4	0.1%
总计	2 008		794		2 802	100.0%

第 4 章

结论与建议

4.1 研究结论

根据《2013 中国农业科技推广发展报告》，我国现有体制内农技人员，另外还有若干缺少具体统计数据的体制外人员作为农技推广体系重要的多元化参与力量。本课题采取判断抽样的方法发放问卷 3300 余份，回收有效问卷 2975 份，另外收集了 300 多个典型案例进行统计分析。所得结果虽然不能完全说明整体，但仍然能够起到窥一斑而知全豹的效果，可以让我们对我国农技推广人员的基本情况形成比较全面的理解与判断。本研究报告前面两个部分对调研所获得的具体数据与案例进行了分析，根据这些分析我们能够对中国农业科技推广人员的总体状况做出以下一些基本判断：

4.1.1 农技推广人员个体情况方面的总体情况与结论

在个体情况方面，本课题对农技推广人员的性别、年龄、学历、专业、职称结构分别进行了调查，总体上呈现了男多女少、年龄老化严重、低学历低职称人员较多、专业背景比较多元化的特点。本课题组认为，经过近年来的农技推广体系改革与建设，农技人员的学历、职称、专业结构越来越趋向于合理，其中多数情况总体上与农技推广工作繁重、对学历职称层次要求不高、涉及学科专业门类较多的特点相匹配。最大的问题是农技推广人员的年龄老化现象。35 岁以上人员所占比例达到 81.9％以上，其中 40 岁以上为 66.1％以上。所有人员的平均年龄为 42.34，这种人员老龄化的趋势说明农技推广工作对年轻人缺乏必要的吸引力，将会造成农技推广人员青黄不接，最终可能导致农技推广体系的崩溃。

总体而言，经过近年来我国农技推广体制的改革与建设，我国已经初步建立多主体参与的多元化相对比较稳定的农技推广队伍，但政府公益性的农技推广机构仍然在其中发挥着主体力量。农技推广人员的学历、职称、性别、专业结构趋向合理，工作条件和工资待遇得到了较好的保障。其中主要问题是农技推广人员的老龄化现象严重，人员流动性非常不足，缺少年轻人的加入，导致农技推广体系缺乏自我更新与发展重建的能力。

4.1.2 农技推广人员组织属性方面的总体情况与结论

在组织属性方面，本课题对拥有组织或机构的农技推广人员所属组织或机构的性质、规模、职责、人员流动情况进行了调查。根据此结果再加上对农技推广人员个人身份定位的调查结果。本课题组认为，我国当前农技推广领域已经形成一个以政府农技推广机构为主体、社会多元组织和主体共同参与的多元化农技推广体系，参与的主体包括体制内的政府农技推广人员，也包括科技示范户、涉农企业技术人员、科学研究人员、农民带头人、农村实用技术人才、农民协会与合作社技术人员、科技特派员、种养大户、农资经销商、政府公务员、普通农民、学生、农民经纪人、村干部、学校教师、大学生村官等体制外农技推广人员。鉴于组织或机构性质的多元性，本课题主要关注农技推广人员对于自身组织与性质自我认知与定位，81.7％的认为自己的组织属于推广机构，另有 19.3％的人员认为属于科研机构、企业、供销合作社、农民组织等其他机构。该结果充分说明了当前农技推广体系构成的多元性，同时也表明了政府正规农技推广机构在其中的主体地位。

在组织规模与职责方面，我国农技推广组织具有规模小而职责功能多的特点。拥有组织或工作单位的农技推广人员其机构规模 20 人及以下的占到 67.2％，其中 10 人及以下规模的为 45.8％。如果算上没有组织未填写该项问卷的人员，拥有 20 人以上组织的农技推广人员仅占 22.9％。从农技推广组织的职责来看，机构人员中全部从事农技推广工作组织的比例为 41.4%，接近一半的机构从事农技推广工作的人员低于 80%，仅有 76% 的农技推广人员认为他们组织的最主要工作职责是农技推广，另有 24% 的人员认为其组织最主要的职责不是农技推广。这种情况充分表明，农技推广人员实际工作职责的多元性特点，这是农技推广工作复杂性和多元化实践需求的客观反映。这种多元化的实践需求与农技推广法律、一般社会认知对于农技推广人员职责的相对狭窄的界定或认识有较大的冲突。这引发了农技推广人员个体职责定位的混乱与矛盾，引发了社会、学者对于农技推广人员、体系、机制的不当批评。

在人员流动方面，本课题调查结果显示，基层农技推广机构由于不受领导重视、升职机会少、工作待遇低，招聘应届大学生非常困难，有的单位近十年没有招聘过一个大学生，有的单位即使进来了大学生，这些大学生也难以安心从事农技推广工作，多数会在短时间内通过公务员考试等各种方式离开农技推广部门。至于从社会其他部门向农技推广部门流动的人员更多的是作为政府机构解决转业军人安置任务的一个可随意安插人员的机构。本课题问卷调查结果表明，58.6% 的被调查人员组织在近 5 年内没有招聘过应届大学毕业生，67.2% 的被调查人员的组织在近 5 年内没有引进过社会其他人员。即使有的组织引进了应届大学生或社会流动人员，其数量也主要集中在 1～2 人的微小范围。只有 18.62% 的人员是在近 5 年内加入农技推广组织的，而 54.5% 的农技推广人员在其组织中已经工作了 15 年以上，参加工作时间与参加农技推广时间相同的人员比例在 50% 以上。人员流动性的不足，一方面加剧了农技推广人员老龄化的趋势，另一方面也导致农技推广人员整体的知识老化现象。

综合以上情况，本课题组认为当前农技推广组织构成存在以下三个特点：第一，我国农技推广组织规模比较小，职责趋向多元化。不管是组织人员的职责分工，还是农技推广人员的个人时间安排，均趋向于多元化。这种职责的多元化是农业工作的复杂性、多学科性所决定的，反映了农业生产实践的多元需求。但是农技推广机构名称及相关法律所给予它的相对狭隘的农技推广职责与现实实践的多元化需求存在较大的矛盾，造成了农技推广人员自身定位的两难，也造成了社会对于农技推广机构的不当批评。非常有必要对其进行适当的正名，使其名符其实。第二，各地各种农业政策的推出与实行最终都离不开农技推广这支主体力量。我国各大作物良种与农业技术的高普及率，农业机械使用的日益广泛性，粮食产量的十连增无不显示了我国农业发展的巨大成绩，虽然这是多种原因形成的共同结果，但其中农技推广部门绝对是其中最重要的一支支持力量。第三，农技推广体系人员流动性不足，对新毕业大学生和社会人才均缺乏足够的吸引力。

4.1.3　农技推广人员推广工作评价方面的总体情况与结论

从工作强度与难度来看，40%的农技推广人员存在超时工作现象，其中8.6%每周工作时间超过60小时，58.5%的人员表示工作强度比较大或非常大，64.8%的被调查者表示农技推广工作的难度大或非常大，而表示小或非常小的人员仅为3.7%。

在工作氛围与条件方面，46.5%的被调查者对工作氛围做出了肯定性的评价，44.2%的被调查者做出了中性评价，仅有9.2%的被调查者做出了负面评价。对于交通、通信、展示等方面的硬件设施，24.5%的被调查者表示了肯定性评价，另有50.8%的被调查者表示一般。由此可见，随着近年来政府与社会对农技推广体系改革与建设的日益重视，基层农技推广人员的工作氛围和工作条件有了较大的改善。

对于考核评价制度，超过60%的被调查者认为单位的考核评价管理制度对于农业科技推广深入开展具有有利或非常有利的影响。仅有不到8%的人认为不利或非常不利。对于薪酬制度，46.8%的人认为基本合理，相对不够满意的两个方面是有31.2%的农技推广人员认为个人收入与能力业绩仍然不成比例、过于平均化以及17.1%的人员认为内部收入差距过大。对于需要大幅改进的人事管理制度，16.6%的人员认为没有什么管理制度需要大幅改进，认为选拔聘用制度、职称评审制度、职务晋升制度、工资薪酬制度、进修培训五项制度应该改进的人员比例在14%~31%，各项响应率均不是很高。另外，超过70%的被调查人员认为职称与职务的提升机会非常少或比较少，另有16.7%的人员认为无所谓。综合以上各项调查结果，本课题组认为，基层农技推广人员对于组织考核与管理制度关注度不是很高，评价偏于正面，不是影响农技推广人员积极性的关键因素。因为不管这种考核与管理体制内部如何变革，基层农技推广人员所能获得收入水平、职称晋升机会均很难得到更大提高。更为核心的问题不在于农技推广体系内部，而在于其外部需求与环境。当农业不受农民和地方政府重视之时，当资金与人力纷纷走出农业产业之时，农技推广所能获取的外部资源必然有限，其发展条件和发展前景必然受限。农技推广体系的改革不应仅聚焦于农技推广体系内部的考核管理体制，而更应该聚焦于农技推广体系的外部环境变化与政策支持体系的变革。

对于困扰工作主要问题调查结果显示，跟不上知识更新速度、收入太少、缺乏学术业务交流、工作不受重视、职称职务晋升难等问题是农技推广人员当前工作中面临的主要困难。农技推广工作的复杂性对于农技推广人员的素质能力有着很高的要求，而外部环境对于其知识学习交流、工作支持的力度不足严重影响了其推广工作的顺利开展。

从工作喜爱、流动意愿、职业生涯规划、工作满意度评价四个方面来看，61.7％的被调查者表示非常喜欢或比较喜欢农技推广工作，另有36.5％的被调查者表示中性态度，而仅有1.8％的被调查者表示不喜欢或非常不喜欢。49.7％的被调查者表示农技推广工作发展前途非常好或比较好，38.4％的被调查者表示一般，仅有10％左右的被调查者表示不好或非常不好。80％的被调查者对于更换现有工作表示非常不希望、不希望或者无所谓，仅有20％表示希望或非常希望。60％以上的被调查者表示要继续从事农技推广工作，10％左右的被调查者表示打算改行从事农业科学研究、农业生产经营、农业行政管理等工作，仅有不到10％左右的人员表示要跳出农业行业。分别有52％和40.7％的被调查人员对工作稳定性和发挥专业特长表示非常满意或比较满意，对其表示不太满意或非常不满意的比例只有7.3％和13.7％。对于工作自主性和自我成就感表示非常满意或比较满意的比例分别是39.1％、33％，表示不太满意或非常不满意的比例分别为12.2％和17.7％。对于工作条件与环境、个人发展空间和职称职务晋升，表示非常满意或比较满意的比例分别只有25.1％、23.6％和16.2％。相反，表示不太满意或者非常不满意的也以这两项最高，分别是23.1％、40.2％和21.9％。

综合以上各项调查结果，本课题组认为尽管农技推广工作强度和难度比较大，外部环境支持虽有改进但仍然不足。但是农技推广人员对于自身工作的喜爱认同、工作氛围、工作满意度评价还是比较高的，对于组织的考核与管理制度评价也比较正面。大多数农技推广人员流动意愿较低，希望继续从事农技推广工作或农业发展相关工作。影响工作的主要问题是知识更新速度、收入太少、缺乏学术业务交流、工作不受重视、职称职务晋升难，农技推广人员最不满意的三个方面是工作条件与环境、个人发展空间和职称职务晋升机会。我国政府与社会应该在这些方面给予农技推广人员更大的支持。

4.1.4　农技推广人员职业行为方面的总体情况与结论

在职业行为评估方面，本课题对农技推广人员的推广对象与范围、内容与方法、项目与任务、效果与评价、交流与互动、动机与回报、面临主要困难等方面进行了调查。

在推广对象与范围方面，问卷调查结果显示普通农民、科技示范户、种养大户、协会合作社组织成员是农技推广人员的主要推广对象，选择这些对象的比例依次是 69.9%、61.5%、57.2%、39.2%。普通农民虽然排在第一位，但本课题组的实地调查显示，这只是农技推广人员意识中的一种观念，而实际上普通农民常常是排除在农技推广的体系之外，尤其是一些政府大力支持、需要农民深度参与的农技推广活动。我国农技推广的最主要模式是示范加推广模式，科技示范户、种养大户、协会合作社组织成员是农技推广人员首先推广的对象、支持对象和科技示范者。普通农民是最终的推广目标但实际上由于普通农民从事农业意愿不足、外出务工较多、缺乏资金与技能等多种原因而使这种最终目标难以完成。在推广对象数量方面，31.4%的被调查者表示自己直接进行农技推广服务对象数量范围在 60 人以内，21.9%的被调查者表示在 61～150 人，46.7%的被调查者表示直接进行农技推广服务的人在 150 人以上。总体来说，农技推广人员的推广服务对象数量比较多，相应的用在每一个推广对象上的时间、精力会比较少，最终将直接影响农技推广活动开展的深度。

在农技推广内容与方法方面，我国新修订《农业技术推广法》主要限于农业生产产前、产中、产后环节中所要用到的实用技术，目标是用于解决农业生产中的技术问题发展高产、优质、高效、生态、安全农业。本课题调查结果显示，实践中的农技推广人员推广的主要内容显得更加狭隘，77.5%的被调查者将农业种植管理技术作为了其主要推广内容，其次有 20％左右的被调查者将畜牧兽医、渔业养殖、农产品加工、林业技术等作为农业技术推广中的主要内容。而乡土农业知识、农业市场经营技术、农民组织管理、创新能力建设等内容被农技推广人员考虑得相对比较少。本课题组认为这种从法律到实践对于农技推广内容的狭隘规定对于实现农业发展高产、优质、高效、生态、安全等目标十分不利。因为农业问题不仅是一个技术问题，也不仅是一个生产问题，同时也是一个经济问题、社会问题、生态问题和文化问题。未来农技推广和农村科技创新需要更加广阔的视野。在农技推广方法方面，现场示范、咨询服务、讲座授课是被调查农技推广人员最常用的三种推广方法，其采用比例分别是 80.5％、59.5％和 52.2％。这种情况与早期农技推广人员以讲座授课为主的推广方法明显有了很大的改进。

推广项目与任务方面，近 5 年来参加基层农技推广项目非常多和多的人数比例为 25.2％，表示有一些的比例为 43.3％，表示少和非常少甚至无的比例为 31.5％。这种情况在农技推广工作资金支持主要以项目形式进行的体制下，不利于充分发挥所有农技推广人员的能力，同时在职业行为导向上使农技推广人员更多地注重向上争取项目资金而不是向下服务农民群众。

在农技推广效果方面，总体上农技推广人员进行了十分肯定的评价。94％的人员认为自己所推广的知识对于农民重要或非常重要，其中认为非常重要的比例高达 45％。认为自身推广效果好或非常好的比例为 67.1％，其中认为非常好的比例为 18.1％，另有 29.4％的人认为效果一般。仅有 3.5％的人认为效果不好或非常不好。认为自己的工作对农民技术改进影响程度持有肯定态度的有 58.9％，感觉一般的有 36.4％，持有否定态度的比例为 4.7％。认为农民技术需求得到的满足程度充分或非常充分的人员比例为 34.2％，44.1％觉得不好说、不知道是不是所得到的推广知识能否适用于农民的生产。21.7％认为农民觉得所得到的满足程度不充分或者非常不充分。其中十分有趣的现象是，如果更多地从农技推广人员自身出发去考察农技推广的效果，农技推广人员会做出更加正面的回答，如 94％的人员认为自己所推广的知识对于农民重要或非常重要。反过来如果更多地涉及农民从农民的角度进行考察，相应的肯定态度就会大大降低，如认为农民技术需求得到的满足程度是充分或非常充分的人员比例仅为 34.2％，觉得不好说的则占到 44.1％。这种现象反映了农技推广人员自我认知与现实的一种差距，也反映了他们对最终推广效果、农民所受实际影响的不清楚和不自信。

在农民技术知识主要来源方面，被调查农技推广人员认可来自政府科技推广部门的人员比例为78.7%，来自个人经验积累与创新的人员比例为51.6%，来自广播电视的人员比例占32.1%，来自乡村能人的比例为31.6%，来自科研机构的人员比例为29.7%，来自农民组织的人员比例为27.4%，来自书报杂志的人员比例为20.6%，来自亲戚朋友的人员比例为17.7%，来自邻居的人员比例为12.1%，来自公司企业的人员比例为7.1%，来自其他方面的人员比例为0.2%。

将以上农技推广人员关于传播效果的自我评价与本课题组曾经做过的关于农民对于农技推广效果的评价进行对比会发现另一个十分有趣的现象——即农技推广人员觉得效果很好，但农民对其评价相对却比较低。例如，农民认为现有农业科技主要来源中，个人经验积累与创新是农民农业科技最主要的来源，占总数的41.8%。政府科技推广部门和科研机构、大众传媒、组织传播和人际传播虽然是农民农业科技的重要来源但不是主要来源，选择政府科技推广部门和科研机构的比例分别为17.0%和7.4%。选择农民组织和公司企业的比例分别为4.7%和3.0%。选择广播电视、书报杂志的比例分别为7.0%和2.6%。选择乡村能人、亲戚朋友、邻居的比例分别为7.6%、8.4%和1.5%。有一半多的农民参加政府农业科技推广的活动非常少，另有36.8%的农民表示参加得比较少，表示参加比较多或非常多的农民仅占10%左右。对于政府农业科技推广活动的效果，11.9%的农民表示没有任何好处，31.8%的农民表示无法评价，45.4%的农民表示有一点点好，10.9%的农民表示好处非常大。对比结果显示，农民的农技知识来源趋向于多元化，农技推广人员实际推广效果与其理想目标追求有比较大的差距。

在推广交流与互动方面，本课题调查显示，农技推广人员交流的主要对象依次是农民、农民组织、涉农企事业单位人员和农业科学研究机构人员。表示交流多或非常多的比例依次是78.1%、42.8%、31.1%、17.3%。农民和农民组织成员作为农技推广人员的主要工作对象，却分别仍有20%多和50%多未将他们作为交流与互动的主要对象，表明这种交流互动还具有进一步加强的迫切需求。至于农技推广人员与其他涉农企事业单位、农业科学研究机构人员等合作伙伴的交流互动情况来看，其中交流层次与频率还有巨大的提升空间。目前这方面的交流互动不足对于农技推广活动的深入开展形成了十分不利的影响。

在推广动机与回报方面，本课题调查结果显示，完成将促进农民增收、提高农民素质能力、进行社会公益服务三个社会公益目标是农技推广人员最重要的一个目的动机。将它们三个作为主要目的动机的人员比例分别为57.8%、46.5%和25.9%。其次，完成组织布置工作任务是农技推广人员的第二个主要目的，相应比例为55.5%。至于完成自己项目工作任务、增加自己收入、推销相关农资产品、亲戚朋友互助、提升自己的名誉地位等个体目标则显得非常必要，相关选项的个案百分比分别是39.4%、13.4%、11.9%、9.5%、3.7%。在工作回报方面，分别有46.9%、32.6%、28.2%、26.8%、14.3%的人员将经济收入、社会声誉、职称职务提升、发展机会、社会地位作为其工作的主要回报，其中没有一项回报选择的百分比超过50%。除经济收入外，将其他方面作为主要回报的个案比例均低于总个案的1/3。以上结果表明，农技推广人员从事农技推广工作更多地是为了完成国家目标和组织任务，而个体利益激励在当前农技推广运行机制中不占主导地位。这既是一种好的现象——即农技推广人员具有无私奉献精神和高度社会责任感，同时也隐含了一些问题——光讲奉献、责任而不顾个人利益的农技推广机制要长期地可持续发展将会比较困难。农技推广人员对于各种回报的主观接受程度不高、总体满意度不高，受到这些方面的激励而努力工作的机会不大。这也是很多农技推广人员工作主动性、积极性不高，年轻人不愿意进入农技推广体系、农技推广体系内人员结构老化和流动性不足等问题的重要原因。

对于农技推广工作中面临的主要困难，53.5%的被调查者表示没有推广经费，53.0%的被调查者表示推广设施条件太差。对于进行农技推广工作条件方面存在的困难，82.6%的被调查者表示活动经费不足，51.3%的被调查者表示缺乏仪器设备，另外分别有30%左右的被调查者表示设施老旧过时和缺乏实验材料。调查结果显示，尽管我国基层农技推广组织近年来在农技推广经费和设施条件方面已经有了比较大的改善，但这两个方面仍然是农技推广活动深入开展过程的短板，需要再进一步加强支持力度。

综合以上对农技推广人员职业行为评价各方面的调查结果，本课题组认为我国农技推广工作职业行为的开展仍然存在以下几个方面的问题：第一，农技推广人员的数量仍然不足，其推广工作深度仍然不够，作为农民主体的普通农民未能成为农技推广工作的主体对象；第二，我国农技推广相关政策、法规及体制将农业发展仅仅作为一个技术问题和生产问题；将农技推广仅仅作为一项生产技术知识的传播活动的狭隘认识和任务设定无法实现我国农业发展高产、优质、高效、生态、安全的目标，未来的农技推广和农村科技创业需要有更加广阔的视野和实践范围；第三，当前以项目形式为主的农技推广工作资金支持方式不利于充分发挥所有农技推广人员的能力，在职业行为导向上使农技推广人员更多地注重向上争取项目资金而不是向下服务农民群众；第四，农民农技知识的来源非常多元化，不应将促进农技知识传播和农业发展的任务单一地寄托于农技推广人员，他们应该是重要力量、主导力量而不是唯一力量；第五，农技推广人员与农民、农民组织成员、其他相关企事业单位人员、科学研究人员的交流与互动十分不足，有待于进一步提高；第六，光靠无私奉献精神和社会责任感支持而缺少个人利益激励的农技推广激励机制不利于整个国家农技推广体系的可持续发展，如今已经造成农技推广人员工作主动性积极性不高，年轻人不愿意进入农技推广体系、农技推广体系内人员结构老化和流动性不足等严重问题；第七，缺少工作经费和设施条件太差仍然是阻碍农技推广工作顺利开展的两个重要原因。

4.1.5 农技推广人员农技推广政策、农民技术需求及自身工作能力认知与评价方面总体情况与结论

作为政策的主要推行者和实践者，农技推广人员对国家农技推广政策、体制有着比较深刻的了解，表示对当前国家出台的农技推广政策非常清楚和清楚的比例达到69.8%，其中从事农技推广工作时间较长、年龄较大、学历较高的男性人员对政策有更多的了解。对于农技推广工作重要性的评价，82.3%的农技推广人员表示重要或非常重要，仅有1.4%的人认为不重要。对于农技推广工作的难度，64.8%的被调查者表示大或非常大，仅有3.7%的受调查者而表示小或非常小。

认为政府对于基层农技推广工作非常重视和重视的人员比例为47.5%，认为不重视和非常不重视的为38.9%，不知道的为13.6%。认为政府对于基层农

技推广的投入非常大和大的有效百分比只有 23.9％，不清楚的占 24％，认为非常小和小的比例高达 52.2％。64.2％的农技推广人员认为投入不足是农技推广体制中存在的主要问题。其次缺乏激励、人才断层和推广人员经济回报太少位居第二、第三、第四大问题，人员比例分别为 52.4％、48.8％和 48.5％。以上各项调查结果表明，农技推广人员认为政府对于农技推广工作远远不够重视，投入不足是制约农技推广发展的首要原因。另外，缺乏激励、人才断层和推广人员经济回报太少也是阻碍农技推广工作发展的重要障碍，但最终归根到底还是投入不足的问题。

对于农民的农技推广需求，认为强和非常强的比例为 73.5％，一般的为 22.5％，弱和非常弱的只有 4％。对于是否清楚了解农民对于其技术需求的内容，69.8％的人表示清楚或非常清楚，30.26％的人员表示不清楚或非常不清楚。对于农民最希望得到的技术服务内容，被调查的农技推广人员认为依次是种植技术、畜牧兽医技术、农业市场经营技术、渔业养殖技术、林业技术、创新能力建设知识、农民组织管理技术、农村健康医疗知识、传统乡土农业知识与技术、非农产业技术、农产品加工技术，相应的比例依次是 88.7％、57.5％、38.7％、36.5％、28.1％、17.4％、16.4％、15.3％、13.6％、6.3％、1.3％。对于农技推广人员确定推广的方法，44.4％根据市场情况来定；43.7％根据领导指示；43.2％选择根据访谈很多农民所得到的意见；42.2％选择根据种养大户的意见；35.7％根据推广项目的需要；26.5％根据农民组织的要求；24.6％根据专家研究预测；18.4％根据涉农企业要求。以上数据表明，虽然分别有 70％左右的被调查人员表示农民对农技推广的需求比较强烈以及对于农民的农技需求比较清楚，但总的来说仍有近 30％的被调查者未能感受到农技的推广需求或者不清楚农民的农技推广需求。对于农民需要的具体技术需求，被调查农技推广人员认为最主要的就是种养技术，而对于市场经营、管理、农产品加工、创新能力建设、乡土农业知识与技术等则关注较少，这符合我们国家对于农技推广的总体定位，有利于更好地确保我国的农业发展和粮食安全。然而却停留在传统农业范围，不利于农产品深加工、农业生产经营管理、与农业相关的新型服务业等具备更强增值能力的环节与产业的发展，对于增加农民就业、提高农民收入、缩小社会贫富差距、减少农民生产风险等作用有限，对于食品安全、生态安全等农业发展目标的实现也是作用有限，最终导致了农技推广效果有限而广受批评。

对于自身的农技推广能力，53.6%的农技推广人员表示强和非常强，43.1%表示一般，仅有3.2%认为很弱。其中拥有高级职称和农业相关专业背景的农技推广人员队伍对自身的推广能力自我评价相对更高。对于最新的农业科学技术，42.2%认为自己清楚或非常清楚的45.5%表示一般。

综合以上各项农技推广人员对于农技推广政策、农民农技需求和自身推广能力的调查结果可知，多数农技推广人员对于农技推广政策比较了解，并认为农技推广工作非常重要，认为政府对于农技推广的重视与投入明显不足，并引发了缺乏激励、人才断层和推广人员经济回报太少等其他问题。对于农民的需求，虽然多数农技推广人员表示清楚、其需求比较强，但农技推广人员头脑中的农民需求更多地是指农业种养技术知识，而对于市场经营、管理、农产品加工、创新能力建设、乡土农业知识与技术等则关注较少，对于解决农村的经济、社会问题和国家的食品安全、生态安全等作用有限。对于自身农技推广能力，虽有一半左右的农技推广人员表示能力强或非常强以及对于最新农业科学技术了解比较多，但仍有另外一半的人员表示一般。由于受到部门利益、职责和传统观念的限制，现有农业科技推广将推广的内容主要集中在新工艺、新产品的研究方面，而对新的生产方式、经营方式、管理方式、组织方式和市场开拓关注研究得很少，限制了农业科技推广的范围与作用。

4.1.6 农技推广人员继续教育方面总体情况与结论

实地调查结果显示，近5年来约有70%的农技推广人员没有实现一年参加一次继续教育的进修或培训活动，其中没有参加过培训的占14.6%；参加过1~2次培训的占33.4%；参加过五次以上的占调研总人数的29.9%。91%的农技推广人员认为需要再进修学习、继续教育，其中40%学习需要非常强烈。然而，认为参加进修、培训等继续教育机会比较少和非常少的人员占49%，另有32%认为机会一般，仅有9%认为机会比较多或非常多。继续学习与教育渠道中，以专业培训、会议、参观学习为主的官方正式渠道占43.7%。以书刊杂志、广播电视、自我观察思考研究与经验积累等形式的非正式渠道占56.3%。68.6%的农技推广人员认为当前进修培训的效果好或非常好。31.4％的人员表示对效果不清楚或效果不好，实地访谈显示培训内容缺乏针对性，和实际需求脱节，培训形式单一，理论培训多，技能培训少，课堂教学多，现场观摩少，概念化内容多，新技术培训少，"填鸭式"多，交流研讨少，短期培训多，系统学习少等是当前农技推广人员继续再学习与教育的主要问题。60％的被调查者表示影响农技推广人员参加进修培训的首要原因是"没有机会"。40.5％和28.8％的人员分别将影响培训学习的原因归结为工作忙和付不起费用。

综上所述可以认为当前农技推广人员的继续再学习需求非常强烈，但是机会非常少，再加上工作忙、缺少费用等原因，他们参加实际继续学习教育的机会相对较少，效果也不理想，严重影响了农技推广人员知识更新和新农业技术的推广应用。增加投入，建立机制，有效促进农技推广人员再学习再教育是当前进一步提高农技推广水平和效果的迫切需要。

4.1.7 农技推广人员生活状况方面总体情况与结论

在生活状况方面，本课题对农技推广人员的个人收入、身体健康、社会保障、生活满意度四个大的方面进行了调查。结果显示：

①极低的收入水平和收入增长率严重影响了农技推广人员的工作积极性和生活质量，并导致了农技推广人才流失和新生血液补充的困难。只有80％左右的受调查者拥有固定工资收入，其余20％人员没有固定工资收入。在80％拥有固定工资收入农技推广人员中，30％除固定工资收入外还有一定的奖金和津贴收入，另50％仅有固定工资收入而无其他收入。农技推广人员月平均收入为2 417.87元，71.4％的人员月收入在3 000元以下。与全国城镇就业单位3 897元的平均月工资相比具有很大的差距，70％多的被调查农技推广人员认为自己的工作收入要低于当地普通中小学教师。收入中通过农技推广服务所获得的收入比例平均为41.12％，与工作绩效挂钩的津贴平均为377.30元。在收入增长方面，47.8％的被调查者表示近5年内收入增长比较慢或非常慢，仅有11.5％的被调查者表示增长比较快或非常快。

②由于工作辛苦，收入低，压力大，很多农技推广人员生活在一种亚健康状

态，而这种状况并没有受到农技推广管理部门和领导的足够重视。61.4%的被调查者认为农技推广人员工作压力大或非常大，而认为农技推广人员工作生活压力小或非常小的比例仅为3.2%。16.8%的被调查者认为自己的身体不健康或非常不健康。过去一年中，近60%的被调查人员去医院看过病，其中20%以上去医院看过3次以上病。48.4%的人从未参加过健康体检，参加过单位组织公费体检的仅有33%。

③农技推广人员的社会保障情况十分堪忧。在社会保障方面，被调查人员参加最多的保险是医疗保险，参加比例也仅为80.7%，比农村合作医疗90%多的参合率还要低。其次参加较多的是养老保险，参加比例仅为52.5%，其余社会保障险种的参加更低，失业保险为35.1%，工伤保险为19.2%，生育保险为10.4%，另外还有10.7%的人员没有参加任何保险。

④在生活满意度方面，被调查者对于生活状况的满意度总体上偏低。他们对于总体生活关注表示比较满意或非常满意的不足30%。对于各具体项目除了居住条件与环境之外表示比较满意或非常满意的比例均不越过30%。其中满意度最低的两个方面是个人收入和社会保障福利，其表示不太满意或非常不满意的比例分别达到了39.7%和33.5%。

4.1.8 体制外农技推广人员总体情况与结论

本课题对体制外农技推广人员的状况进行了调查，并与体制内农技推广人员的状况进行了对比分析，其中有很多共同之处，这里不再说明，下面将主要对两者具有很大差异的方面进行总结。

在个体基本情况方面，体制外农技推广人员在学历、专业、职称结构方面明显差于体制内农技推广人员。体制内大专及以上学历在70%以上，而体制外农技推广人员大专及以上学历仅占30%左右，有超过50%的人员没有接受过专业学历教育。体制内具有与农业直接或间接相关专业背景农技推广人员比例为80.49%，体制外该比例为29.21%。体制内农技推广人员不具有农业专业背景或无专业背景人员比例在20%左右，而体制外不具有专业背景或具有农业不相关专业背景人员比例则在70%以上。体制内农技推广人员超过80%具有专业职

称，其中超过 50％ 具有中级及以上职称，体制外被调查农技推广人员超过 85％
的人员没有专业职称。以上学历、专业、职称三个方面情况说明体制外农技推广
人员素质相对较低，此外，体制外农技推广体系比体制内农技推广体系更难以吸
引高素质的专业人才参与。

在组织属性方面，体制内人员为 2 071 人，回答了关于拥有组织或机构部分
问题的人员数量为 2 015 人，占体制内人员总量 97.3％。体制外人员 897 人，回
答了此部分问题的人员数量为 464 人，占体制外人员总量的 51.7％。两者结果的
巨大差别能够较好地说明，更多的体制外农技推广人员缺乏明确的组织属性，而
更多地体现为个体活动，这种缺乏组织支持的农技推广活动虽然也能发挥一定作
用，但其广度和深度受到很大的限制。在组织性质上，95.2％ 的体制内人员认为
自己的组织属于农技推广机构。而体制外人员所选择的组织性质则非常分散，其
中以农民组织居多，占 27.5％，其次分别是农技推广机构、企业、供销合作社，
分别占 18.9％、17.6％ 和 9.0％，另有 16.4％ 选择其他。对自身组织性质的多元
化定位间接地反映了体制外被调查农技推广人员构成的多元性和组织追求的多元
性，很难作为农技推广的主体支持力量。在组织主要职责上，83.1％ 的体制内农
技推广人员认为他们组织的最主要工作职责是农技推广，而体制外农技推广人员
的组织最主要工作职责则非常分散，除农技推广外，还包括经营创收、行政管
理、科学研究等多种答案。其中同意农技推广是组织主要工作职责的比例仅为
36.1％，说明绝大多数体制外的农技推广人员或组织并不把农技推广作为其最主
要的工作职责，而是仅仅作为其顺带而为的辅助工作。如果考虑那些没有组织或
工作单位的农技推广人员，则这一情况更加明显。体制外人员从事农技推广工作
的时间比例更是远远地低于体制内人员，接近 1/3 的人员从事农技推广工作时间
少于 25％，超过 1/2 的人员从事农技推广工作的时间比例小于 50％。从被调查
农技推广人员组织内从事农技推广工作的人员比例来看，百分之百人员从事农技
推广工作的组织比例仅有 41.4％，其中体制内的相关比例是 45.8％，而体制外
的相关比例仅有 16.2％。相反，一半以上的体制外组织其从事农技推广工作人
员比例小于 40％。

对于将来的职业生涯规划，体制内人员打算继续从事农技推广职业的比例
（69.1％）远远大于体制外人员的相关比例（42.0％）。相反，体制外人员认为

"农技推广工作从来不是我的主要工作,我将继续从事我现在主要工作"人员的比例(18.6%)远远高于体制内人员的2.5%的比例。

从农技推广主要对象来看,体制内农技推广人员选择种养大户、科技示范户、普通农民的人员比例均超过60%。相反,体制外农技推广人员则缺少这种集中性,仅选择普通农民的人员比例超过60%,选择其他各选项的人员比例均低于50%以及低于相应体制内人员的比例。实地访谈调查结果也表明,很多体制外农技推广人员参与农技推广活动是以获得优惠政策和补贴支持为主要目的,所承担的农技推广任务与工作只是他们为获取外部支持而在主体工作之外进行的一些辅助性工作。尽管种养大户、科技示范户确实能够起到一定的示范作用,但在当前农技推广体系中缺乏明确激励的情况下,他们的时间、精力将不会主要投入到农技推广工作中去,做农技推广工作更多的是一种顺带而为或外部示范效应。如果没有体制内农技推广系统及相关推广政策,很难说他们具有独立农技推广的意愿和能力。从被调查人员农技推广服务的直接对象数量来看,体制内人员农技推广服务的直接对象规模总体上大于体制外人员,其直接服务对象超过150人的人员比例达到53.4%,远远超过体制外人员30.4%的比例,其直接服务对象在91~150人规模的人员比例也高出体制外人员将近6%。相反直接服务对象≤30人的体制外人员比例达到31.7%,超出体制内人员相应比例21%。该情况表明,体制内农技推广人员直接服务的对象数量要多于体制外农技推广人员。

从被调查农技推广人员推广的区域范围来看,体制内人员与体制外人员具有明显的差别。体制内人员中有97.1%的人农技推广的范围集中在一个县范围之内,其中48.2%的人员推广范围在县城范围内,40.8%在乡镇范围内,另有8.1%在行政村范围内。而体制外人员的农技推广范围则更多地集中于一个行政村(35.0%)或一个乡镇范围内(30.6%),另有少部分仅限于自己的亲朋好友范围(8.5%)。此情况说明体制外农技推广人员的推广范围相对较小。

在农技推广方法方面,体制内与体制外农技推广人员采用最多的三种推广方法都是现场示范、咨询服务、讲座授课。相对而言,体制内农技推广人员在采用各种方法的响应比例方面均高于体制外人员,其中采用讲座授课的人员比例高出31.8%,采用现场示范的人员比例高出15.1%,采用了咨询服务方法的人员比例高出9.9%。这种情况说明体制外农技推广人员对于各种主要农技推广方法的响应率要低于体制内人员，换句话说是体制外农技推广人员所采用的农技推广方法总体上要少于体制内农技推广人员。其中尤其是讲座授课的方法使用比体制内农技推广人员要少得多。这种情况与体制外农技推广人员多数并不以农技推广作为主要工作任务的特点密切相关。

对于近 5 年主持或参加的基层农技推广项目数量，体制内农技推广人员参加基层农技推广项目非常多和多的人数比例有 27.9%，有一些的占有 46.3%，少和非常少的有 25.7%。体制外农技推广人员参加项目多和非常多的人数比例有 18.9%，有一些的占有 36.5%，少和非常少的人数比例高达 44.7%。这说明，体制内的农技推广人员参与基层农技推广项目的数量比体制外的农技推广人员更多一些，体制内的农技推广人员有更多的参与机会。

对于国家的农技推广政策，体制内农技推广人员明显要比体制外人员更加了解，77.3% 的体制内人员对国家的农技推广政策清楚或非常清楚，但是体制外该比例只有 52.8%。对于自身农技推广能力，体制内农技推广人员对自身农技推广能力的自我评价要远远好于体制外农技推广人员。体制内农技推广人员认为自身能力强的比例占到了 59.1%，远高于体制外 40.4% 的人员。体制内推广人员认为自身推广能力很弱的只有 1.8%，而体制外达到 6.7%。体制外推广人员有一半以上的认为自身的农技推广能力一般。对于最新农业科学技术的了解状况，体制内农技推广人员认为清楚或非常清楚的比例为 45.5%，认为一般的有 45.3%，认为不清楚或非常不清楚的比例为 9.1%。体制外的农技推广人员对于最新农业科学技术的了解程度持有肯定态度的则只有 34.9%，这个比例是远远小于体制内的农技推广人员的，认为一般的有 46.2%，不清楚或非常不清楚的占有 19%。

在个人收入状况方面，96.6% 的体制内受调查者拥有固定工资收入，其中 35.2% 的体制内人员还有奖金和津贴，没有固定工资收入的人员比例仅为 3.4%。而体制外被调查农技推广人员仅有 39.6% 拥有固定工资收入，其中仅有 18% 拥有奖金和津贴，其他 60% 多的人员没有固定工资收入。体制内被调查农技推广人员的月均收入为 2 369.61 元，标准差为 866.584，分组中值为 2 286.22，体制外被调查农技推广人员的月均收入为 2 543.23，标准差为 1 822.030，分组中值为 2 034.40。两者的独立样本检验结果显示，方差方程的

Levene 检验值 Sig.＝0.000，均值方程的 t 检验值 Sig.（双侧）＝0.001，均为显著。体制外被调查农技推广人员月均收入在 2 000 元以下的比例（38.9%）高于体制内人员相关的比例（28.5%），而月均收入超过 4 000 元的人员比例（18.1%）比体制内人员相应比例（6.2%）多不少。由以上数据可知，被调查体制外农技推广人员的月均收入并不比体制内人员低，但其人员之间的收入差距远大于体制内人员之间的收入差距，低收入的群体比较多，很多人员收入难以得到保证，但也仍然有部分人员能够凭借自己多方面的优势获得比体制内人员更高的收入。在收入稳定性方面，体制内农技推广人员有 92.9% 的被调查者表示相对稳定或非常稳定，比体制外 58.1% 的相应比例要高出很多。体制外有 40% 多的人员表示不太稳定或非常不稳定。

综上所述，体制外农技推广人员在工作、生活、继续教育等方面与体制内农技推广人员存在很多共性问题。如工作压力大、收入水平低、社会保障不足等。相对而言，体制外农技推广人员在学历结构、专业结构、职称结构三个方面相对较差。整体素质低于体制内农技推广人员，其推广对象数量、区域范围、参与的农技推广项目、采用的农技推广方法数量等方面均小于体制外农技推广人员。对于国家农技推广政策和最新农业技术的了解、以及自身农技推广能力的评价也明显低于体制内农技推广人员。此外，体制外农技推广人员在工资收入保障方面远差于体制内人员，收入差距很大，稳定性不足。总的来说，体制外农技推广人员虽然是农技推广工作的重要支持力量，但仍然不能算作一个主体力量，而只是一种体制内农技推广人员的补充、辅助力量，农技推广不是其主要工作任务，收入不是主要来源于农技推广活动，而且其综合素质不高，所得到的收入保障比较差。

4.1.9　农技推广人员的主张与建议总体情况与结论

针对当前农技推广活动中存在的困难，被调查者反映最强烈的两项是"提高基层农技推广人员待遇"和"确保和增加农技推广投入"两项内容。同意这两项建议的人员比例超过 80%。这种建议与前面农技推广投入低、待遇差、工作累等多项调查结果具有高度的一致性。

4.2　研究建议

农业事关整个国家生存发展与民众的基本生活安全，是极其重要的基础产业，然而由于其在国民经济体系、政府财政收入、农民生产经营收入中所占比例的日益下降，其赢利能力非常弱，致使地方政府、企业、农民等各种利益相关主体都不愿意投入相应的资源（资金、人力、设备等）到农业和农技推广领域，最终导致农业成为一项弱势产业，农技推广成为一块没有人重视的事业。知识经济与信息化时代，农业生产、经营、消费分工的日益细化及其之间联接、协调的日益复杂化、全球化、信息化，虽然一定程度上大大提高了农业生产经营的经济效益，但同时也大大增加了农业生产经营的复杂性、风险性，致使知识的主体在全球化农业生产经营消费链条中缺乏必要的控制能力和话语权，对外产生了更多的依赖性。这种情况反过来大大增加了农技推广的复杂性，对农技推广人员素质提出了前所未有的挑战。缺乏知识更新与提升的农技推广人员难以适应新形势下的农技推广工作。为了更加有效地推进新形势下的农技推广工作，针对以上调查研究所获得的农技推广人员基本情况及存在的问题，本课题提出以下六个方面的政策参考建议：

第一，进一步明确农技推广站职能，将省、市、县农技推广站逐步转变成具有综合性质与功能的农业工作站。

由于农业的复杂多元性，造成了农技推广人员实际职能的多元性。然而国家与社会法定赋予和一般认识上对于农技推广职能的单纯农业技术推广传播功能相对狭隘，不足以完成各项农业政策的推行任务。这种情形造成了农技推广人员认知与实践的分离，也造成了社会对农技推广人员及体系的不当批评。将名义上承担农业技术推广单一功能但实际上承担农业行政执法、协调管理、政策执行、技术推广、产品服务等多元功能的农技推广站变成名义上和实际上均是多元功能的农业工作站，有利于纠正社会及农技推广人员的错误认识和工作定位，使各项农业工作的开展更加名正言顺。这种改革已经在乡镇农技推广改革中进行了试验并取得了良好的效果，如果能够继续向上推行至县、市、省层级，有利于形成一个更加专业的农业发展推广队伍。

第二，加大对农技推广人员政策支持力度，协调和利用体制内、外农技推广人员的共同力量，进一步完善当前以体制内农技推广人员为主体、个体、企业、研究机构等体制外人员共同参与的多元化农技推广体系。

农业事关国家安全与社会和谐，具有重要的公益性特点，国家在农业领域投入专门的人员队伍、资金支持是确保农业公益性目标得以实现的重要途径。农技推广人员作为唯一一支专门的、法定的、体系完整的基层农业工作队伍，是国家各项农业政策的重要传播者和实施者，是国家农业公益性维护的直接责任者，是除了农业生产经营者之外的最重要的农业发展力量，理应得到进一步的支持与发展。同时，农业也具有一定的市场经济功能，因而应该也可以得到市场力量的参与与推动，利用市场力量与机制促进体制外农技推广人员积极参与，将是促进我国农业发展的另外一支重要力量。针对我国当前体制内、外农技推广人员体系工作机制中存在的问题，本课题认为加强以下几个方面的政策措施有利于更好地推进农技推广体系改革与建设，从而更加有效地实现国家农业发展的目标。

（1）进一步加大农技推广投入，保证和改善农技推广工作条件和运行经费情况。

（2）提高农技推广人员工资待遇，增强农技推广人员的荣誉感，提高农技推广人员的工作积极性。

（3）建立合适的奖励、激励机制，吸引新毕业大学生和社会上已有的各类人才加入农技推广体系和投身农技推广事业，不断壮大农技推广队伍。

（4）建立农技推广人员定期培训学习机制，增加农技推广人员继续教育与学习经费投入，不断提高农技推广人员技术、管理、协调、经营、传播等各方面综合素质。

第三，建立农技推广人员与农业科研机构、其他农业相关企事业单位人员的合作交流平台与机制，将农技推广人员从单纯技术传播的角色转变成集管理、协调、服务、组织于一体的服务人员。

农业生产与经营的日益复杂化，使农技推广人员不可能具有解决所有农业生产经营问题的能力，因此必须转变单纯由农技推广人员进行技术传播的功能定位。增强农技推广人员组织、沟通、协调、管理、服务的功能，做好农民与农业科研机构、相关企事业单位、政府管理者等不同角色之间的中介协调和管理服务功能。应该采取新的方式、机制促使农技推广体系及其工作融入农业研发、创新、生产、经营、管理、教育等多个领域。拓展农技推广的主体（正式与非正式推广人员、广大农民等）、对象（农民、学生、公众等）、内容（农业生产、经营、管理、能力建设等）、方法（多种手段结合、灵活多变、结合实际）、理念（提供知识信息技术供生产者决策应用，非单纯推广技术），增强不同领域利益相关主体的互动、交流，这是农技推广适应当前及未来农业、社会、技术变化的必由之路。

第四，加强农民农业组织和行业协会建设，重视农技协在农村农业发展中的重要作用。

我国农业发展面临的一个突出问题是分散的小农在全球化的市场中缺乏必要的竞争力。这种特点同时决定了我国农业生产经营、技术服务、组织管理的高成本与低效率。近年来我国大力提倡农业专业合作社和家庭农场的发展，虽然单个主体农业生产规模上有所扩大，但仍然十分分散，市场竞争力仍然不强。在镇、县、省等不同层次建立不同的行业协会，协助解决农业生产、经营与销售过程，有利于增强农民的组织性，提高农技推广服务普通农民的效率。

第五，针对不同农技推广对象，分类分阶段开展农技推广服务。

我国农业生产经营的主体构成包括不同规模的个体农民生产者、农业企业，它们对于农技推广服务具有不同的需求和不同的支付能力，也具有不同的对外服务能力。同时，鉴于农业生产经营同时具有公益性和营利性特点，我国政府应该采取一定优惠政策鼓励具有较强营利能力的农业企业和大规模农民农业生产者自己解决技术发展问题，有可能的情况下也向普通的个体农民提供一定的知识、技术与市场服务，成为农技推广体系的重要补充力量。对于目前缺乏自我技术服务能力但将来发展后能够进行自我技术创新与服务的农业生产经营者，初期或中期可以免费或优惠为其提供技术、市场服务，当其发展壮大后，则可以将其逐渐转变成一具自我技术服务的主体。广大的普通农民，由于其缺乏必要的自我技术服务能力，为其提供有效的公益性的农技推广服务将是农技推广发展的主要任务。

第六，拓展农技推广范围，突出国家农业发展多目标追求与导向。

国家对于农业科技推广的发展确定了高产、优质、高效、生态、安全等多个目标追求，不仅希望能够解决农村农业生产经营问题，同时也希望能够解决农民农村发展、农村和谐社会建设、农村生活高质安全。主要关注农技推广的技术传播功能，显然已经不适合我国农业农村农民全方面发展的需要。将农技推广机构单一的技术传播功能，转换成技术传播、协调管理、行政组织服务等，有利于农技推广队伍了解和责任承担。

4.3　研究局限

限于调查对象、调查范围、工作能力等方面的有限性，本课题研究仍然存在以下几个方面的局限性：

（1）由于调查问卷数量仍然有限，虽然本课题组采取多种办法竭力使其具有更大的代表性，但样本统计数据与总体数据不可避免地仍然会有一定差距。

（2）研究更大的难度是体制外农技推广人员的构成是不确定的，缺少组织体系，缺少明确职责与人员定位，对其调查难免挂一漏万。

（3）本课题主要调查对象为农技推广人员，比较容易得到农技推广人员基本状况的调查结果与分析结论，这也是本课题的主要任务。调查结果虽然反映农技推广体系中存在的一些重要关键问题，但由于调查对象的单一性和农技推广体系构成的多元性，本调查结果不能反映农技推广体系的所有问题。

鉴于以上原因，对于本课题研究结论的解释与推论、应用应该采取非常慎重的态度。

第2部分

农技推广人才队伍状况与建设策略专题研究

第 5 章

农技推广队伍建设策略专题研究

5.1 转型期农业推广体系全面深化改革的问题与建议

转型期现代农业发展出现新特征新要求，全面深化农技推广体系改革迫在眉睫

中国农业正在从传统农业向市场化、科技化和生态化现代农业转型，发展过程中出现很多新特征。今年一号文件提出我国农业必须尽快从主要追求产量和依赖资源消耗的粗放经营转到数量质量效益并重、注重提高竞争力、注重农业科技创新、注重可持续的集约发展上来，走产出高效、产品安全、资源节约、环境友好的现代农业发展之路，为现代农技推广提出了新要求和新目标。认识这种新特征、适应这种新要求是现代农业和现代农技推广体系深入改革的必由之路。

5.1.1 转型期现代农业发展新特征

在"三农"发展方面，近年来我国农村、农民、农业发展的各个方面正在面临着全面转型急剧变革的新常态，出现了很多新特征。

一是发展主体元化趋势日益明显。农村空心化、农民老龄化已经成为我国农村社会重要特征,农业经营主体已由相对同质性的家庭经营农户占主导的格局向现阶段多类型经营主体并存格局转变,专业大户、家庭农场、农民专业合作社和农业企业等新型主体展示出巨大生机与潜力,成为我国现代农业发展新的重要微观基础。

二是创新成为农村农业进一步发展的核心推动力。传统以增加劳动强度、劳动力数量、物质资源、种养殖密度方式促进农业发展的方式由于受到生态、环境、资源的限制而逐渐失灵,新的农业发展必须更多地依赖知识、技术、市场、组织、制度等方面的创新。信息化技术的飞速发展更是促进了这些创新的产生、传播与应用。

三是专业化、规模化、科技化、信息化、市场化、全球化生产经营与市场竞争已经成为新的时代潮流。小农生产虽然还会在我国的很多农村长期存在,但他们更多承担的是一种社会保障功能而不是一种农产品供给功能。面向动态的、高度竞争的全球化市场,专业化、规模化、科技化生产是现代农业发展的唯一出路。其中,信息化技术是其中的一个关键因素。

5.1.2 转型期农技推广面临的新问题

一是农技推广功能认知与实践相脱离。此次调查调查显示,从农技推广组织的职责来看,机构人员中全部从事农技推广工作组织的比例为41.4%,接近一半机构从事农技推广工作的人员低于80%,仅有76%的农技推广人员认为他们组织最主要工作职责是农技推广,另有24%的人认为其组织最主要职责不是农技推广。农技推广人员实际工作职责的多元性是农技推广工作复杂性和多元化实践需求的客观反映。这种多元化的实践需求与农技推广法律、一般社会认知对于农技推广人员职责的相对狭窄的界定或认识有较大冲突。这引发了农技推广人员个体职责定位的混乱与矛盾,引发了社会、学者对于农技推广人员、体系、机制的不当批评。

二是农技推广内容与实际需求相脱离。调查显示,农技推广人员推广内容较为狭隘,77.5%被调查者将农业种植管理技术作为其主要推广内容;20%左右被调查者将、畜牧兽医、渔业养殖、农产品加工、林业技术等作为主要推广内容。而乡土农业知识、农业市场经营技术、农民组织管理、创新能力建设等内容通常不在农技推广人员考虑范围之内。这种从法律到实践对于农技推广内容的狭隘认识与规定对实现农业发展高产、优质、高效、生态、安全等目标十分不利。农业问题不仅是一个技术问题，也不仅是一个生产问题，同时也是一个经济问题、社会问题、生态问题和文化问题。

三是农技推广方法创新不足。在农技推广方法方面，现场示范、咨询服务、讲座授课是被调查农技推广人员最常用的三种推广方法，其采用比例分别是80.5％、59.5％和52.2％。这种情况虽然与早期农技推广人员以讲座授课为主的推广方法相比有了很大改进。但在当前农民科技需求多元化、市场变化动态化、科技内容高新化、知识供给信息化、科技传播互动化时代背景下，现有农技推广方法在推广效率上存在很大不足。

四是农技推广人员素质能力与现实需求有巨大差距。现代消费者对农产品在多样性、高品质、生态安全等方面的需求为现代农业的发展提出更多更高的要求，促使农业不断向全产业链延伸、一二三产业融合、休闲农业、生态农业、教育农业、娱乐农业等新的方向发展。现代农业科技创新成果更是突飞猛进，加上家庭农场、农业企业、专业合作社等新生产经营主体的产生，为现代农业的快速发展提供了更多新的可能。多年前仅受过农业单学科教育、继续教育学习不足、与农业科技创新机构交流不多、不从事农业实际生产经营活动、将职责功能主要定位于种养殖技术的农技推广人员几乎不可能满足现代农业发展的新需求。

5.1.3　农技推广体系应对现代农业发展新常态新要求的改革建议

一是调整农技推广功能定位，将农业推广站转变为农业工作站。虽然备受批评，但农技推广人员仍然是当前我国确保粮食安全、宣传和实行国家各种农业政策最重要的支撑力量。针对当前农技推广存在的主要问题，建议调整农技推广体系的功能定位，拓展农技推广服务的内容，将名义上承担农业技术推广单一功能但实际上承担农业行政执法、协调管理、政策执行、技术推广、产品服务等多元功能的农技推广站转变成名义上和实际上均是多元功能的农业工作站，有利于纠正社会及农技推广人员错误的工作认识和职业定位，使各项工作的开展更加名正言顺。这种改革已在乡镇农技推广改革中进行试验并取得一定效果，有待于进一步落实，并继续向上推行至县、市、省层级，以便形成一个更加专业的农业发展队伍。

二是提升农技推广服务能力，满足现代农业发展新需求。政府应该建立农技推广人员与农业科研机构、其他农业相关企事业单位人员的合作交流平台与机制，将农技推广人员从单纯技术传播的角色转变成集管理、协调、服务、组织于一体的服务人员；采取新的方式、机制促使农技推广人员及其工作融入农业研发、创新、生产、经营、管理、教育等多个领域；拓展农技推广的主体（正式与非正式推广人员等）、对象（农民、学生、公众等）、内容（农业生产、经营、管理、能力建设等）、方法（多种手段结合、灵活多变、结合实际）、理念（提供知识信息技术供生产者决策应用，非单纯推广技术），增强不同领域利益相关主体的互动、交流。另外，建立合适的奖励、激励机制，吸引新毕业大学生和社会上已有的各类人才加入农技推广体系和投身农技推广事业，不断壮大农技推广队伍；同时，建立现有农技推广人员定期培训学习机制，增加农技推广人员继续教育与学习经费投入，不断提高农技推广人员技术、管理、协调、经营、传播等各方面综合素质。

三是建立农技推广人员资格准入制度。农业推广人员不仅包括各级政府推广机构的体制内人员，还包括嵌入在各类学校、科研机构、企业、民间组织的体制外人员、科技特派员、乡土知识精英等。在当前政府简政放权、公益性服务市场化提供等宏观趋势下，应逐渐推行农业推广人员从业资格市场准入制度，利用该制度将体制内与体制外农技推广人员有机地统一起来共同服务于现代农业的发展。

四是搭建农业知识交流共享信息平台。农技推广体系改革的方向是农业推广机构和农业知识电子平台实现多渠道优势互补，及时满足农民对日新月异的科技知识和市场信息的需求。农业推广工作者认为困扰其工作的最大问题是无法同步知识更新速度，主流观点认为拓宽其继续学习的机会，但同步的难度仍然非常大。不论是传统的小农，还是市场化的新型农业经营主体，都应树立"给人以鱼只饱一天，教人以渔终身受益"的理念，搭建智能化农业知识交流共享和公共学习信息平台，提供公共电子资源，引导农民自觉学习农业知识，及时更新技术信息，帮助农民实时解决农业现代化生产经营中出现的各种疑难问题，确保个体效益和国家利益的最大化。

5.2 粮食主产区农业技术推广体系人力资源状况研究

完善粮食主产区农技推广体系的人力资源和
激励保障制度的建设，确保国家粮食安全

确保粮食安全是我国农业最大的基础性功能。粮食主产区在确保国家粮食安全方面具有举足轻重的地位。在当前农业发展主要依靠科技创新推动的时代背景下，高水平农技推广队伍建设和推广服务开展对于提高粮食主产区粮食产量、确保国家粮食安全显得格外重要。然而实地调查结果显示，河北、河南、吉林、山东等粮食主产区农技推广体系存在的人力资源匮乏、人员进修机会少，缺少相应激励保障等问题严重制约了我国粮食生产的发展与粮食安全的保证。进一步改革人事制度与考核机制，优化推广体系人力资源配置，加大资金、技术与政策扶持，提升粮食主产区农业技术推广的水平和质量是确保国家粮食安全的必要举措。

5.2.1 粮食主产区农业技术推广体系人力资源十分匮乏

一是粮食主产区农技推广人员学历结构失衡，高学历高素质人才非常缺乏。农业技术推广体系运行质量取决于一线农技推广人员的素质和能力。河北、河南、吉林、山东四个粮食主产区的1101名农业技术推广工作者的调研结果显示，粮食主产区硕士研究生及以上学历仅为3.1%，具有初中、小学学历的占10.7%、高中学历的占10.5%、中专学历的占15.2%、大专和本科分别为30.3%和30.1%。

二是粮食主产区农技推广队伍主力年龄多集中在 45 岁以上，专业对口的本科及本科以上学历的新生代人才严重短缺。通过对粮食主产区农技推广人员的调查发现，年龄在 24 岁以下的仅为 2.1％，年龄在 25～29 岁的占 7.2％，而且这部分多为没有农业相关背景的退伍军人，这部分人在没有系统学习农业知识前提下，难以胜任专业性较强的农技推广工作。45 岁及以上的占 38.3％，这一群体推广经验丰富，且具有较强的责任意识，在当下技术推广过程中，发挥着主力军作用。但由于其年龄偏大，对现代农业技术知识的学习能力和掌握程度相对较弱，且面临集中退休带来的高峰期压力，势必造成农技推广队伍的断层。

5.2.2　粮食主产区农技推广人员进修学习的机会较少

一是粮食主产区农技推广人员进修学习需求十分强烈，但难以得到满足。在信息化、知识化快速发展的今天，困扰农技推广人员的最大问题是很难跟上知识更新的速度。调查表明，粮食主产区 89.8％农技推广人员有进修学习需求。但由于领导不支持（占 64.5％）、付不起费用（占 37.9％）、工作忙（占 21.5％）等原因，近 5 年只有 34.7％被访者平均每年获得一次进修机会，有 28.7％只获得 1～2 次进修学习机会，还有 16.6％没有参加过任何进修。

二是信息渠道窄、自身能力差使现有技术推广工作对农民技术指导作用有限。农民是技术的终极用户，只有了解用户需求，才能够有针对性地提供农技推广服务。四个粮食主产区农技推广人员实地调查表明，粮食主产区农民对种植业、养殖业以及农业市场经营技术需求比较强烈，所占比重分别为 90.1％、51.5％和 38.0％。在种植业中，病虫害防治、栽培管理和新品种方面需求较强烈，分别占 63.5％、57.8％和 56.7％。但在被调查者中，38.9％的农技推广人员认为其技术服务对农民技术改进影响有限，68.3％认为农民的需求没有得到满足。并且，42.3％的人认为信息渠道窄、自我工作能力较差是其中主要原因。

5.2.3　粮食主产区农业技术推广人员缺少相应的激励保障

一是粮食主产区技术推广工作者的待遇偏低、工作生活满意度相对较差。调查显示，42.6％的被访者认为收入一般，只有19.7％的被访者认为工资待遇比较满意。有17.2％认为个人收入与付出不成比例，特别是与一线推广工作结合比较紧密的农技推广人员，因为没有或者每天只有6－8元下乡补贴（该下乡补贴是20世纪80年代的标准，延续至今没有改变），对个人收入贡献有限。除了个别具有高级职称的农技推广人员外，多数农技推广人员工资水平远远低于同级别教师工资。63.2％的被访者对自己的居住环境不满意，另外，还缺乏完善的社会保障。以上因素交织叠加导致粮食主产区基层农技推广人员对工作生活满意度较低。

二是缺乏有效的绩效考核，没有形成有效的约束和保障体系。据被调查者反映，粮食主产区的各市县并没有根据农技推广人员服务的区域大小、服务对象多少、服务质量好坏、下乡指导频次、服务态度等指标确立明确的业绩考核和相应的绩效奖励制度。另外，由于高级职称指标少，竞争力大，且即便晋级，晋级的工资仅为档案工资等，粮食主产区农技推广人员的工作热情没有得到有效激发，认为只要完成好上级下达的推广任务，就算完成推广工作。缺乏根据农业生产问题与农民需求，主动提供咨询服务的积极性和工作习惯。

三是政府投入资金和项目不足，工作环境有待改善提高。48.6％被访者认为政府对基层技术推广体系的资金投入少，28.4％不清楚政府对基层技术推广体系投入多还是少，只有23.0％被访者认为政府对于基层农技推广投入大和比较大。近5年38.4％被访者没有或者很少主持或参加基层农技推广项目，只有21.7％被访者认为自己主持或参加的基层农技推广项目较多。由于缺少资金和项目支持，在被调查者中，只有27.7％对其工作条件和环境比较满意。

5.2.4 政策建议

一是要改革推广机构的人事制度，健全绩效考核激励机制，着重提高粮食主产区基层农技推广人员的工资福利待遇。相关部门要依据粮食主产区未来发展的需要，进一步完善推广体系的人才聘用制度和管理制度，提高农技推广体系人才吸引力，设法吸纳更多高素质学历的新毕业大学生或社会人才。同时，确立科学绩效考核制度和配套奖惩体系，采用适当增补推广人员下乡津贴、改善推广工作的交通工具等方法，激发农技推广人员的工作参与性、积极性和创新力，从而更好地利用科技创新推进粮食主产区粮食生产的发展。

二是优化推广体系人力资源配置，加强粮食主产区农技推广人员的再教育再学习机制，提升他们的自我学习和组织培训能力。实施"走出去，请进来"的继续教育培训模式，确保每位推广工作者每年至少外派培训一次，并建立学成归来的推广人员内部交流汇报制度，实现知识资源的最大利用率；定期邀请"专家学者下基层"，对推广工作者进行答疑解惑；依托"科技小院"、"专家大院"和"科技服务超市"等机构，实现推广人员培训渠道多元化，并适当增加基层农技推广人员的培训机会。

三是加大农技推广投入力度，从资金、技术、政策等方面对粮食主产区的农技推广队伍发展、条件建设、工作开展给予大力支持。建议安排农业技术推广专门配套资金，提高基层农技推广人员生活待遇，改善基层农技推广人员工作条件，增加基层农技推广人员工作经费，确保技术推广的顺利进行。聘请农业专家作为地方农技推广机构的技术顾问，加大高校、科研机构对于基层农技推广的技术指导。在国家政策制定方面，充分考虑到粮食主产区的特殊情况，在各项惠农和科技推广政策层面为农技推广的顺利进行提供重要的制度保障。

5.3　西部地区农业技术推广人员激励机制研究

强化激励机制，提高西部地区农技推广人员
工作积极性，确保国家生态安全和社会安全

西部地区具有丰富的森林资源和生物多样性，是我国水源涵养、水土保持和生物多样性保护方面最重要生态安全屏障，加上该地区丰富经济社会文化类型以及与之相对应的大量乡土农业知识，为我国未来可持续发展留下了广阔空间，对于实现我国生态文明和和谐社会建设战略发展目标具有特殊意义。然而，贫困正在逼迫当地政府和民众走向与东部地区相似的大规模矿产资源开发、城镇化建

设、工业发展道路，环境污染、生态破坏、社会矛盾加剧正在成为这些地区新的问题，并进一步威胁我国生态安全和社会安全。通过科技创新和推广应用发展生态环保高效的现代农业是解决西部地区贫困问题和国家生态安全、社会安全问题的重要途径。本课题调查表明，由于工作生活条件艰苦、缺乏合理的考核激励机制，西部地区农技推广体系正在成为我国现代农业多重目标追求和战略任务中实现的一个薄弱环节。

5.3.1 农技推广条件差、强度大、缺少相应的科技推广平台限制了西部现代农技推广工作的有效推进

一是项目少、硬件设施条件差阻碍西部地区农技推广活动顺利开展。西部地区农技推广人员近 5 年来主持或参加基层农技推广项目的调查结果显示，17.2％被调查者反映缺少技术推广项目，9.5％反映推广项目非常少或者没有。在硬件设施方面，48.2％认为硬件设施条件一般，21.5％认为不好，8.3％认为非常不好。在农业技术推广设施存在的问题方面，认为活动经费不足的占 32.5％，缺乏仪器设备的占 20.2％，设施老旧过时的占 12.5％。技术再学习平台的缺乏导致农技推广人员对于新技术的掌握程度普遍较低，56.7％的被调查者表示对于新技术非常不了解，导致无法顺利地开展农技推广活动。

二是政府重视不足、投入不足影响了西部农业技术推广事业发展。农业作为一个重要的维护生态、社会公共利益的产业，比较效益低、对地方 GDP 和财政收入增长贡献少，严重影响地方政府对于当地农业发展和农技推广事业的人力、物力与资金投入。40.5％被调查者反映政府对于基层农技推广工作不重视，2.4％被调查者认为非常不重视。35.3％被调查者反映政府对于基层农技推广投入较少，20.1％被调查者反映投入非常少，合计超过五成。西部地区农技推广存在主要问题调查结果显示，投入不足（62％）位居第一。

三是工作强度大、压力大、补助少严重影响西部地区农业技术推广人才岗位的吸引力。调查显示，18.5％的被调查者每周从事农技推广工作时间高达 50 小时以上。由于农技推广的特殊性，技术人员必须经常下乡，20.3％被调查者反映工作强度非常大，43.5％被调查者反映工作强度比较大。巨大的工作负荷加重了

基层农技推广人员的工作生活压力，六成以上（60.2％）被调查者反映工作压力大，其中表示压力非常大的有 18％。虽然工作强度大压力大，但补助却非常少，50％农技推广人员反映缺少相应的下乡补助，致使西部地区很多农技推广人员不愿下乡开展推广活动，同时也降低了当地农技推广岗位对于外部人才的吸引力。

四是学历层次低、综合素质差使得西部地区农技推广人员难以满足新时期生态、高效、安全现代农业的需要。要实现现代农业的多重目标和生态文明、和谐社会农村发展的战略任务，必须在充分利用当地乡土农业知识的基础上引入大量的现代科技创新、市场创新和管理创新。缺乏高水平正规学历教育、多学科思维方法培训和人才队伍新鲜血液补充的当前西部地区农技推广人员队伍很难担当起这种重任。调查结果显示，10.2％的农技推广人员学历在初中及其以下，6.6％的为高中学历，13.7％的为中专学历，40.6％的为大专学历。在人才引进方面，近 5 年来，44.9％的农业技术推广单位反映没有招聘到一名应届大学（本科）毕业生。虽然近年来随着西部大开发战略的不断推进，但农业技术推广行业仍然缺少高学历高素质的综合性人才，无法给西部地区现代农业发展提供有效的人才保障与技术支撑。

5.3.2 福利待遇低、生活条件差、缺乏有效激励机制导致西部地区农技推广人员工作积极性普遍不高

一是西部地区农技推广人员薪酬福利待遇满意度低，不少人已经产生转行意愿。西部地区由于地方财政收入少，当地农技推广人员收入主要是基本工资，奖金与津贴补助非常少。48.7％被调查者反映自己的收入仅有固定基本工资，29.4％的人反映除基本工资外还有奖金与津贴，还有 4％的人反映无固定工资收入、其收入主要按工作时间来计算。农技推广人员的工资与其他行业从业者存在着较大差距。38.7％的被调查者反映工资比当地普通中小学教师的工资低一点，30.7％的被调查者反映比当地普通中小学教师的工资要低很多。在收入增幅方面，25.3％的被调查者反映近 5 年来收入增长比较慢，21.5％的被调查者反映收入增长非常慢。在对个人收入的满意度方面，不太满意的占 25.5％，非常不满意的占 12.7％。在社会保障与福利方面，25.5％的人感到不太满意，12.7％的

人表示非常不满意。较低的工资待遇和较差的生活条件使西部地区农技推广人员开始萌发转行意愿，3.1％被调查者想改行从事农业科学研究，5.8％想改行从事农业行政管理，3.2％想改行从事农业生产经营活动，6.2％想跳出农业行业从事其他工作。

二是职务晋升、职称评审等激励考核管理制度不完善，导致西部地区农技推广人员的积极性难以发挥。被调查者对于自己的职务与职称晋升普遍感到不满意，41.4％的人员反映职称晋升机会很少，34.9％的人员反映职称晋升机会几乎没有。25.6％的被调查者对于职务晋升表示不太满意，10.1％表示非常不满意，表示比较满意和非常满意的人员只占很少一部分，分别只有12.6％和1.7％。在单位（组织）人事制度改革方面，认为职务晋升制度需要大幅度改进的占到23.6％。80％以上的西部地区农技推广人员认为职称评审与职务晋升条件过于苛刻，考核标准缺乏科学性，导致很多技术人员长期以来职称得不到提升，工资得不到应有的涨幅，严重影响了其工作积极性。

5.3.3 政策建议

一是加大中央政府对西部地区农技推广事业的支持力度，提高西部地区农业技术推广人员的工作条件和薪酬待遇，增强其从事农业技术推广的积极性。一方面，要通过向西部贫困和生态保护地区农技推广事业倾斜的投入机制，加大中央财政对其农技推广基本工作条件和工作活动经费的支持力度，给予西部地区县乡一级基层推广机构足够的资金支持和项目资助，在项目申报和惠农政策方面给予相应的倾斜，确保推广项目的顺利实施。另一方面，着力提高西部地区农技推广人员的生活待遇，在固定工资基础上应大幅度提高基层农业技术推广人员的津贴补助与奖金水准，尝试推行"固定工资＋津贴补助＋推广绩效工资"的模式，将绩效考核正式纳入人员工资考核中，建立合适的薪酬激励机制来提高西部农技推广人员工作的积极性。

二是提高西部地区农技推广人员的素质，拓宽其农技推广的内容，加大外部组织对于当地农技推广工作的支持力度。要在西部地区实现生态、安全、高效现代农业，绝不能照搬东部平原地区现代农业发展经验，而应该充分地考虑当地独特的自然地理和社会文化条件，在充分利用当地乡土农业知识基础上，融入现代农业科技创新的成果。当地农技推广机构一方面应该加强对当地传统乡土农业知识的挖掘与创新利用，另一方面应与相关农业科研院所和高校建立长期合作交流关系，引入外部研究机构帮助进行农业科技创新。同时，要通过不断培训和实践交流提升西部地区农技推广人员知识水平和推广技能，让广大西部地区农技推广人员自身掌握这些适合当地的新农业科技创新成果和新的农技推广理念方法，进而在更大范围内推广应用。

三是建立科学合理的考核管理和职称评审机制。首先，在职称评审方面要结合实际，根据年龄和学历水平制定不同评审体系，使每一位技术人员都有晋升机会。对于年龄较大、学历较低，但是推广经验丰富、推广效果明显的推广人员在职称晋升方面应该给予适当政策倾斜，使其同样具有不断发展的职业空间。其次，要从待遇和职业发展空间等方面增强基层农技推广工作岗位对高学历高素质农技推广人员的吸引力，确保队伍的稳定性。最后，针对技术研发人员与基层推广人员制定不同的考核标准，研发人员主要以理论知识和科研成果为考核标准，基层推广人员主要以推广经验与推广效果为考核标准，实现考核体系的类别化、公平化与科学化。

5.4　基层农业推广系统人员进入和培训机制研究

创新人员进入和培训机制　改善基层农技推广
系统人员断层和知识更新滞后问题

基层农技推广工作在科技服务于农村和农业发展进程中扮演着关键角色。然而，由于历史形成的人员招募、分配体制机制、工作者自身素质等多方面问题，人员断层和知识更新滞后成为制约当前农技推广事业发展最大的困难。如何创新基层农技推广体系人员进入和培训机制、增强农技推广体系的人才吸引力和自身发展能力，是关系到农技推广事业生死存亡的大问题。

5.4.1　基层农技推广人员总体数量增长缓慢，知识更新速度无法与日新月异的农业科技成果创新速度保持一致

一是现有从事推广人员工作年限长，近5年内新进人员偏少。调查发现，被调查者中工作年限在6年以上的人占89.5％，其中16年以上的占比为68.3％；参与农技推广工作年限在6年以上的占81.4％，其中16年以上的占54.5％；参与农技推广工作年限在5年以下的占18.6％。同时，被调查者中对最新农业科技"非常了解"和"了解"的分别仅占5.8％和36.4％，新进人员增长缓慢和信息滞后问题凸显。

二是农业推广部门新进人员具有相关专业背景人数偏少，非相关专业人员指标性摊派对农技推广部门引入相关专业人才造成挤压。推广机构引进人员情况统计结果显示，近5年来引进相关专业大学毕业生1～2人、3～5人、6～9人、10人以上和没有引进的比例分别为17.0％、10.1％、6.3％、7.9％和58.6％；近5年引入社会其他人员1～2人、3～5人、6～9人、10人以上和没有引进的比例分别为13.6％、8.6％、3.4％、7.2％和67.2％。由此可见，近5年内一半以上推广部门几乎没有新编人员进入，即使有平均不到1人/年，而社会人员进入的概率几乎和专业人员持平，对部分推广机构新进人员的调研更加凸显了社会人员对新进专业人员名额分配上的挤压。

三是农技推广内容长期具有硬技术偏向，经营管理方面人才缺乏，和现代农业产业化经营脱节。调查发现，被调查者中农技推广的具体内容涉及农业种植业、畜牧兽医、渔业、林业、农产品加工等硬技术的占71.1％，而农业经营管理方面的内容仅占15.6％，其中农产品市场营销占9.1％，组织管理占6.5％。这种状况与我国目前现代农业规模化和产业化经营取向相偏离。

四是被调查农业技术推广人员接受培训机会少，接受专业技能培训机会更少。农技推广人员获取信息渠道呈现多样化趋势，但是对于大多数推广人员（75％）而言，专业培训仍然是其获取专业知识的最重要和最直接的渠道。然而，调查结果却显示，被调查者中近5年来，未参加过任何培训、参加过1～2次、3～4次和5次以上培训的人员分别占15.0％、33.4％、21.8％和29.0％，其中

49.8％的人员认为自己培训机会非常少或者比较少，仅有19％的人员认为自己培训机会比较多。同时，91.7％的被调查者认为需要或非常需要再进修学习，大多数人因为没有机会（60.0％）或者工作太忙（40.5％）而与专业进修失之交臂。

5.4.2 人员进入和培训机制设计不合理，导致农技推广专职人员断层和知识更新速度缓慢

一、推广部门人员引入和需求结构不匹配是造成部分推广机构专业人员断层的重要原因之一。目前，我国各地县、乡农业推广部门属于行政事业编制单位，人员进入具有很强的行政摊派性质。一方面分配到机构的指标数量与机构本身人员需求不匹配，具体表现为需要人的时候往往没有进人指标，而不需要的时候却常有硬性的摊派指标；另一方面近几年由于一些非专业性社会人员的进入（如退伍军人的安置）对引进专职人员造成挤压，即使有名额，部分真才实学的专职人员也没有机会进来；另外，还有徘徊在体制外的一些"推广能手"，由于缺乏有效的引导、进入机制和难以被社会认可被无声地埋没。这些都成为目前推广人员素质总体不高的重要制约。

二、缺乏长效的继续教育和培训机制是知识更新滞后的主要原因。随着农业科技发展，农业创新速度可谓是日新月异，使农技推广工作变得更加复杂和艰难，农技推广人员的知识技能结构必须要与农业创新速度相一致。调查发现，少数财政相对宽松和发展较好、承接农业项目比较多的地方已经开始了以一个年度为周期的农技推广人员轮番参与继续教育和技能培训制度的创新，但是绝大部分机构人员培训陷入怪圈，即一旦有政府部门资助的培训项目或免费的培训机会就参加，否则就没有机会参与培训，而这种培训又常常被单位的少数人所垄断，从而使得整个农技推广机构层面的知识更新速度受到限制。

三、推广内容和专业培训内容设计不能与时俱进是造成专业技能人员断层和知识更新滞后的另一重要原因。随着我国城乡一体化进程的加快，现代农业发展急速向规模化、专业化和产业化方向推进，这就需要大量具有组织管理方面知识和技能的农业经营者。然而，对体制内外的推广人员调查结果显示，针对农户的

农技推广内容和针对农技推广人员培训的内容设计方面都存在着严重的任务导向和硬技术偏好，对经营管理知识和技能的传播推广不够重视，难以与现代农业产业化经营推进的步伐相一致。

四、农技推广投入不足和工作状况繁杂是制约农技推广人员参与培训的重要因素。农技推广作为公共服务供给的一部分，需要长期的、持续的投入作保障。然而对基层农技推广人员调查显示，82.6％的被调查者表示活动经费不足，无论是政府农业推广部门还是农技研发部门或者企业都存在着农技推广经费投入不足的状况，从而很大程度上限制了针对农技推广人员的培训项目的设计和实施；另一方面，有近一半被调查者认为自己工作琐碎繁杂，加班很多，即便有培训也很难有时间参与。

5.4.3　完善人才引入和培养机制，加强农技推广人才队伍建设

一是创新推广部门人员引入机制，增加农技推广体系人才吸引力。农业推广部门的人员引进应该摒弃之前行政性摊派的做法，秉持"按需引入"的原则，让进入该行业的每一个人都能够为该行业发展注入新的生机和活力；建立适用于体制内和体制外农技推广人员的统一考核、准入和职称评定制度，让所有对基层农技推广做出贡献的人员都能得到社会的认可，不仅让那些在正规大学里成长起来的相关专业人员有用武之地，也要让那些在实践中成长起来的"土生土长"的农技推广人员有机会融入这个"体制"，体现他们的社会价值。

二是加大对农技推广投入力度，建立针对基层农技推广人员长效持续的继续教育和培训机制。在政府有效资金与政策支持的推动下，农业科技研究部门，包括农业科研院所、农科大学、大中专院校等和农技推广机构、农业企业、农业经营组织等之间应建立紧密的联接机制，形成长期稳定的基于农技推广需求的培训服务供给制度，以保障体制内外所有热衷或参与农技推广工作的人员能够受到持续的继续教育或培训，实现知识的及时更新。

三是拓宽针对农技推广人员培训的内容，推进复合型农技推广人才的形成。针对传统的农技推广硬技术偏向的特点，为了适应现代农业发展对多方面人才的需求，拓宽对农技推广人员培训内容，除了一些硬技术层面的知识和技能培训，

还要融入一些新的组织经营管理的理念、方法和技术的内容，推动具有单一技能专长的传统农技推广人员向懂技术、会管理的复合型农技推广人才转型。

5.5 借鉴体制外经验重建面向小农的农技推广体系研究

借鉴体制外农技推广人员作用发挥的经验，重建面向小农的农技推广体系

体制外农技推广人员即非政府背景的农技推广人员，包括科技示范户、农民带头人、农村实用技术人才、农民协会与合作社技术人员、种养大户、涉农企业技术人员、科学研究人员、科技特派员、农资经销商和普通农民等。调查显示，他们在当前农技推广活动中发挥着最重要的作用，主要源于其推广内容更贴近市场需求、推广方式更直接有效、工作绩效与收入联系更相关。并且，体制外农技推广人员对小农的瞄准度更高，联系更为紧密，是满足小农农技需求的关键力量。在我国农技推广体系改革过程中，应当充分借鉴体制外农技推广人员作用发挥的经验，重视发挥市场机制的作用，政府逐渐从提供公益性的农技服务转为向市场购买服务，引入项目管理机制，推动农技推广人员转型。

5.5.1 体制外农技推广人员在农技推广活动中发挥了最大作用，其中农民群体的作用最为显著

一是体制外农技推广人员在农技推广活动中发挥作用最大。调查显示，尽管受访样本中体制内农技推广人员的比重接近 70%，在询问当前农技推广活动中发挥作用最大的农技推广人员类型时，73.1% 的农技推广人员认为体制外农技推广人员发挥了最大作用，而认为是政府有编制农技推广人员及政府无编制农技推广人员发挥了最大作用的比重分别是 22.4% 和 4.5%。可见体制外农技推广人员在农技推广活动中发挥的作用是毋庸置疑的。

二是体制外农技推广人员中发挥作用最大的群体源自农民。调查显示，在农技推广活动中发挥作用最大的人员类型中，属于体制外范畴的前四名依次是科技示范户（16.3%）、农村实用技术人才（11.0%）、农民带头人（9.9%）和种养大户（7.5%），累计达到44.7%。这些体制外农技推广人员均直接从事农业生产，采用农技手段获得经济效益，示范效果一目了然，对周边农户的带动作用明显。

5.5.2 体制外农技推广人员的推广内容更贴近市场需求、推广方式更直接有效、工作绩效与收入联系更相关

一是体制外农技推广人员更多地根据市场情况和农民意见确定推广内容。在确定技术推广内容时，体制内农技推广人员主要是根据领导指示（50.4%），目的是完成组织安排的任务，推广的技术并不一定适合当地情况，自上而下推行的农技推广活动与农户需求往往存在较大偏差；而体制外是主要是根据市场情况进行判断（48.5%），其次是根据访谈很多农民所得到的意见（35.5%），因而其技术推广内容更加顺应市场和满足农民需求。

二是体制外农技推广人员采取现场示范和咨询服务为最主要的推广方式。在选择推广方式方面，体制内农技推广人员主要采取了现场示范（39.7%）和咨询服务（35.2%）这两种推广方式，在参观访问方面还有更多尝试（8.9%），高于体制内水平（2.6%），而讲座授课的方式较少采用（12.6%），远低于体制内的比重（23.5%）。

三是体制外农技推广人员工作绩效与收入联系更相关。调查显示，体制内农技推广人员每月与工作绩效挂钩津贴为355.6元，而体制外农技推广人员每月与工作绩效挂钩津贴达524.5元，明显高于体制内。并且在访谈中获知，在实际操作中，体制内农技推广人员只有极少数人能够按照考核结果得到相应津贴或奖金，甚至存在领导独享或全站平均分配的情况；而体制外的农技推广人员由于提供的服务更加市场化，与工作绩效相挂钩的津贴能够得到落实的比例要高得多。

5.5.3　体制外农技推广人员对小农的瞄准度更高，且与小农的联系更为紧密

一是体制外农技推广人员更为关注小农。调查显示，在农技推广的主要对象方面，体制内关注的第一层级为科技示范户（73.6%），而体制外关注的第一层级是普通农民（61.6%），其次是种养大户（41.8%），第三才是科技示范户（33.6%）。在推广对象的覆盖范围方面，35%体制外集中在一个行政村范围内，体制内仅为8.1%。不难发现，对资金、信息、技术更为缺乏的普通农民来说，体制外的农技推广活动更能扎根基层、惠及大众，取得事半功倍的效果。

二是体制外农技推广人员与小农联系更为紧密。在与农民的联系频率上，80.5%的体制外联系比较多或非常多，明显高于体制内的77.3%。体制外的农技推广人员对小农的关心度要高于体制内，这与各自的工作动机是分不开的。体制外农技推广动机前两位分别是推销相关农资产品（37.3%）和增加自己收入（36.6%）。这种动机虽然显得有些功利，受市场引导和利益驱动比较大，但市场竞争中优胜劣汰、质优者胜，客观上实现了技术资源的有效配置。

5.5.4　借鉴体制外农技推广人员作用发挥的经验，重建面向小农的农技推广体系

一是转变政府角色，推动体制内农技推广人员转型，更多地根据小农需求提供服务。我国社会主义市场机制的完善，需要政府转变角色，主动退出市场能够提供服务的领域，减少对市场的干预。政府要逐渐从提供农技服务转为向市场购买服务，政府无需对推广公益性技术的农技推广人员进行长期的资金扶持，而应当制定政策，对公益性生产技术的采用者进行补贴。体制内的农技推广人员要从直接的技术传授者转变为农民技术问题的收集者和反馈者，购买技术服务的组织者和项目发包人，鼓励体制内的农技推广人员向体制外分流。

二是通过购买公共服务机制，将体制外农技推广人员纳入主流推广支持渠道，进一步发挥体制外农技推广人员的作用。建立以农民需求为导向、解决技术

问题为目的的项目管理制，向体制外的农技推广人员及相关组织机构公开招标，充分发挥其来自农民、关注农民、扎根基层、实地示范的特点，逐步实现"花钱买服务，养事不养人"。

三是引入第三方监测评估机构与评估机制，将考评结果与薪酬直接挂钩，更好地激励体制内、外农技推广人员服务现代农业发展。委托独立第三方组织机构对体制内外农技推广人员的工作绩效进行考评，将服务对象的满意程度、覆盖比例、增产情况、入户次数等作为关键考核指标，可以引入 GPS 定位等先进技术，并将其评估结果予以公示。

5.6 体制外农技推广人员特点及问题分析

体制外农技推广人员呈年轻化多元化
趋势，同时面临诸多发展问题

面对现代集约农业对科技的多元需求，以及传统推广服务的有限性，市场自发培育、成长起一批体制外从事农技推广的人才。调查显示，该类人群呈现出年轻化、更新快、零散化和组织化并存的发展态势，在推广动机、社会保障和再学习机会等方面面临诸多挑战，希望规范和完善体制外农技推广的监管机制，加大对体制外农技推广人员的支持力度，创新学习和交流机制，拓展体制外农技推广人员的成长空间。

5.6.1 体制外农技推广人员呈年轻化、更新快、多元化趋势，且存在一定的区域差异

一是体制外农技推广人员呈年轻化趋势，且西部更为明显。调查发现，年龄在 29 岁以下的推广人员所占比例，体制外达到 14.6%，远高于体制内的 6.9%；同时，30～44 岁年龄段的人群占到 45.8%。从事农技推广工作时间在 5 年内的

占 39.5%，6～15 年期间的占 36.3%，二者合计达 75.8%。分区域来看，西部地区年龄在 29 岁以下占 17.1%，30～44 岁年龄段的占 48.8%，而中东部地区分别为 13%、44%。

二是体制外农技推广人员学历职称均偏低，但热爱农技推广，具有较强的农技推广能力。调查发现，体制外农技推广人员初中及以下学历占 33.8%，高中和中专占 34%。分区域来看，高中中专及以下学历，西部地区占 70.7%，中东部地区占 66%。在专业职称上，55.2% 的体制外推广人员没有专业职称，拥有初级、中级和高级职称的比例分别为 12.4%、16.9% 和 15.4%；在区域分布上，中东部和西部地区无专业职称比例分别达 52.8% 和 59.2%，高级职称所占比例为 22.4% 和 3.9%。可见，体制外农技推广人员学历和职称大部分偏低，西部地区更为明显，这与体制外农技推广人员准入门槛低，更多接近基层，依靠实践经验密切相关。在职业规划上，41.1% 不希望或非常不希望换工作；42% 的人群打算继续从事农技推广工作。在推广能力上，调查发现，72.5% 的体制外推广人员具有与农业直接相关或间接相关的专业背景，40.4% 认为自己的推广能力非常强或比较强，仅有 6.7% 认为自己的推广能力偏弱。在对推广工作的敌对情绪上，仅有 1.8% 明确表示不喜欢或非常不喜欢农技推广工作，8% 不看好农技推广工作发展前景。

三是体制外农技推广人员增长速度快，且企业对人员吸纳最为明显。问卷对农技推广人员所属的单位或组织近 5 年引进人员的情况进行了设问，调查发现，65.8% 的体制外人员所属机构招聘了应届毕业生，49.2% 引进了社会其他人员，而体制内此比例分别为 37%、30.1%，远低于体制外的增长速度。在地域差异上，西部地区招聘应届生单位比例（60.3%）低于中东部地区（68.6%），在引进社会其他人员上（52.8%）高于中东部地区（45.9%）。在体制外推广人员单位性质差异上，引进应届生单位比例最高的是科研机构和大中院校，达 94.4% 和 92.3%，其次为企业，占 88.5%，再次为农民组织和供销合作社，为 56.4% 和 54.5%，最后为推广机构，比例仅为 51.4%；在引进社会其他人员上，企业比例最大，为 81%，其次为供销合作社，占 70%，再次为大中院校和科研机构，达 63.2% 和 60%，次之为推广机构，比例达 47.8%，最后为农民组织，比例为 27.8%。可见，企业对应届生和社会人员的吸纳机制最为通畅，供销合作社对社会人员的吸纳正在增强，农民组织对应届毕业生的吸引力在不断增强。如在青岛实地调研中，真正运行并发挥作用的合作社，对农技类毕业生表现出明显的需求，且为其提供了富有竞争力的薪酬和宽松的工作环境，正吸引着日益增多的毕业生走向农业，在基层进行适应性农业技术的研发、试验和推广。

四是体制外农技推广人员零散化与组织化并行发展。调查发现，51.7%的体制外农技推广人员没有工作单位或组织，是以个体的形式存在，48.3%是以单位或组织的形式存在。零散化的推广人员主要是以四种身份存在（67.8%），分别是农资经销商（19.6%）、种养大户（18.5%）、科技示范户（17.2%）、和普通农民（12.5%）；组织化的推广人员则主要由三种组织体系（64.1%）支撑，分别是农民组织（27.5%）、推广机构（19%）和企业（17.6%）。从区域分布来看，西部地区零散化（51.9%）略高于中东部地区（51.4%）；组织化程度上，中东部地区和西部地区均以农民组织为首要体制外推广人员培育组织，且中东部地区（28.1%）高于西部地区（26.5%）；在第二大组织体系上，中东部地区是企业，西部地区则偏向政府组织，且该组织体系下调研推广人员比例达24.1%，远高于中东部地区的15.7%。可见，体制外农技推广人员呈现零散化、组织化、多元化并行发展的局面，同时基于市场机制发育的差异，呈现出较强的区域差异。

5.6.2　体制外农技推广人员面临的突出问题

一是农技推广难度和工作强度偏大，且呈现出较强的年龄地域差异。调查发现，在对推广难度的认知上，62.2%体制外推广人员认为农技推广难度偏大，仅5.5%认为推广难度偏小；年龄越小，认为推广难度越大，29岁以下认为难度偏大的比例为76.7%，而45岁以上的仅为56.2%；且西部地区推广难度（67.1%）高于中东部地区（59.1%）。主要原因在于农技推广的动态性比较强，推广沟通的主体知识差异性比较大，要求农技推广人员具有较多的实践经验，不断创新推广模式，形成较强地方适应性的推广内容。在工作强度上，55.9%认为自己的工作强度偏大，以一周40小时为标准，每周超过工作时间的人员比例达58.8%，同时零散化超时工作的人数比例达72.5%。

二是薪酬变动性大，社会保障程度低。调查发现，75.5％的体制外推广人员薪酬制度呈现较强的变动性，具体表现为46.1％自收自支，11.4％按工作时间获得劳动报酬，18％是固定工资外加一定的奖金与津贴；同时，西部地区变动性比例（73.6％）低于中东部地区（76.6％）。在工资收入额度上，58.6％低于当地普通中小学教师的工资；58.1％认为收入相对稳定，但稳定性远低于体制内推广人员（92.8％）；在薪酬的年际增长幅度上，体制外64.2％认为工资增长速度正常或偏快，好于体制内的48.3％。在社会保障上，14.9％没有参加任何保险，而对于参加的五种保险类型来说，每种类型体制外推广人员参加的比例均要低于体制内，相差比例最大的为失业保险，体制外仅为11.8％，体制内则达45％。

三是农技推广动机多元，服务与营利双重并举，农民面临较高的识别成本。调查发现，体制外农技推广动机主要体现在四个方面：推销相关农资产品（37.3％），增加自己收入（36.6％），完成自己项目工作任务（34.7％）和进行社会公益服务（31％）。体制外农技推广人员作为主要依赖市场发育培养的类型，相比体制内来说，自主性比较高，具有较强的内在激励，但受市场引导比较大，容易使农民面临一定的识别风险。如在青岛，体制内推广的缺失，导致农民种植问题多是由农资经销商指导，但其太强的功利心和产品的高利润，极大增加了农民的生产成本；虽然农民合作社一定程度上能使农民降低这种风险和成本，但受制于合作社松散的内部结构，社员更多是在核算表面的经济成本，由此产生恶性竞争，市场经销商一再降价销售，最终导致假农资出现，农民利益受损。

四是交流和再学习机制欠缺，与实际需求有较大差距。调查发现，在体制外农技推广人员获取信息的最主要渠道上，正式渠道如会议及培训占35.1％，传播媒介如书报杂志、广播电视、网络手机等占37.3％，自我观察思考与经验积累占15％，非正式交流占7.7％，参观学习占4.9％。在近5年正式的进修培训上，25.8％没有参加过任何进修培训等继续教育活动，38％仅参加过1到2次，49％认为进修培训等继续学习的机会偏少。在培训的需求上，84.5％认为需要或非常需要再进修学习，但众多原因阻碍了个人的再进修学习，首要表现在领导不同意（47.7％），其次表现在付不起费用（42.7％），再次表现为工作忙（24.7％）和家庭事务多（24.2％），7.9％认为是没有机会。在对现有培训效果的评价上，56.3％认为效果不错，35.4％感觉培训效果不太明显。

5.6.3 对策建议

一是健全基层农技推广人员的市场培育机制，发挥市场正向积极的引领作用。建议建立体制外零散化农技推广人员发现和凸显机制，采用地域农户推荐和低门槛准入机制，注重对其实践技能和实践经验的考察与认定。鼓励体制外组织化的多元推广主体创新推广模式，促进与农户需求紧密对接的适应性技术的形成、扩散及采用，如与政府紧密联系的推广主体注重对公益事物的试验推广，与企业紧密联系的推广主体注重对高效率产品的研发试验与推广，农民组织推广主体则注重开发乡土经验，整合现代科技资源，进行基地试验示范创新，进而推广。

二是规范和完善体制外农技推广的监管机制。建议建立体制外农技推广人员资格认证制度，对具备基本的农技推广技能和道德素质的人员进行认证，认证后的农技推广人员可以从事农技推广活动，并享受相关的优惠政策；对体制外农技推广的内容实行登记备案制度，并定期进行抽检和监督反馈，对损害农民利益的推广活动予以禁止，同时对推广人员的推广资质予以限制。

三是加大政府对体制外农技推广的支持力度。建议建立农技推广项目基金，鼓励符合条件的农技推广个人或组织进行该基金的申请。完善体制外推广人员的薪酬管理体制，引导激励社会人才和应届大学生加入体制外农技推广组织，进行适应性农业技术的试验开发与推广，并提高其基本的社会保障福利待遇，实行常规体检制度，形成健康档案。

四是进一步发挥科协组织作用，创新学习和交流机制，拓展体制外农技推广人员的成长空间。通过中国科协的网络和信息平台，将所有持证的体制外农技推广人员纳入交流和再学习的社会网络，给予其关怀和尊重，鼓励和帮助他们不断提高自身能力和水平，创造更多成长的空间；建立科技推广人员继续培训教育、正式和非正式农技推广的信息沟通渠道，实现推广知识和信息的流动与共享。通过政府经费补贴，定期举办地方性多主体的经验交流活动，包括零散化和组织化的多元推广主体，邀请行业内知名政策和技术专家为农技推广者讲学，以便拓宽其知识结构，切实提高体制外农技推广工作者的业务水平。

5.7 体制外农技推广人员队伍优势及引导政策分析

体制外农技推广人员优势日益凸显，
但政策有效引导不足

体制外农技推广人员作为在市场机制运作下成长和发展起来的一类群体，具有体制内农技推广体系所无法比拟的优势。调查显示，与体制内推广人员相比，该类人群享有较好的推广硬件和软件条件、较为集中的推广对象瞄准机制、较强的自主适应推广空间和较为完善的自我发展内生型激励机制。然而，政策公益性农技推广资源却较少分配于此类群体，一定程度上抑制了该类群体推广效益的发挥，希望政府出台政策，确保有足够的资源投入到体制外农技推广领域，以便能够更好地激励和确保体制外农技推广人员作用的发挥。

5.7.1 体制外农技推广享有较好的硬软件条件和激励性工作机制，呈现出较强的推广优势

一是体制外农技推广人员享有较好的推广硬件和软件条件。调查发现，33.8%体制外推广人员拥有比较好或非常好的农技推广工作所需的交通、通信和展示等硬件设施条件，而体制内的此比例仅为20.6%。在办公条件上，体制内在经费、仪器设备、实验材料、办公场所、电脑等方面呈现的问题均多于体制外，在不能上网问题上，体制外比例（9.2%）多于体制内（5.6%），主要原因在于体制外推广人员较多位于边远的村庄，网络覆盖有限。在从事农技推广的工作氛围上，48%体制外的认为比较好或非常好，高于体制内的46%；29.5%对工作条件和环境比较满意或非常满意，高于体制内的23.3%。

二是体制外农技推广人员对推广对象瞄准度更高，且与其联系更为紧密。调查发现，体制内农技推广对象平均为3种类型，体制外为2种类型。在推广对象

关注程度上，体制内关注的第一层级为科技示范户（73.6%）和普通农民（73.3%），第二层级为种养大户（64%），第三层级为协会合作社成员（41.9%）；而体制外等级排序则分别为普通农民（61.6%），种养大户（41.8%），科技示范户（33.6%）和协会合作社成员（33.1%）。在每年直接进行农技推广服务的对象数量上，65.7%的体制内推广人员大于90人，体制外此比例仅为37.3%；在推广对象的覆盖范围上，35%体制外集中在一个行政村范围内，体制内仅为8.1%；在与农民的联系频率上，80.5%体制外联系比较多或非常多，高于体制内的77.3%。可见体制外农技推广瞄准的对象更为集中，单一性、专业性、持续性和紧密性更高，且对普通农民的推广力度远大于体制内。

三是体制外农技推广人员推广方式选择更加注重实践和点对点的定制咨询服务。调查发现，在最主要的推广方式上，现场示范（39.7%）和咨询服务（35.2%）是体制外推广人员较多采用的推广方式；相比于体制内，体制外较少采用讲座授课的方式（12.6%，远低于体制内的23.5%），且在参观访问和远程教学上有较多的实践探索（比例分别为8.9%和2.7%，高于体制内的2.6%和0.5%）。

四是体制外农技推广受市场影响更多，自主性适应性更强。调查发现，在确定推广内容的方法上，体制内采用方法最多的是领导指示（50.4%），而体制外是根据市场情况进行判断（48.5%）。在推广自主性上，50.9%的体制外推广人员满意于自己工作的自主性，高于体制内的34.2%。主要原因在于体制内受制于诸多行政事务，属于任务型推广，而体制外市场导向更为强烈，同时更为扁平性的管理体制，使推广日常沟通更为及时顺畅。

五是体制外农技推广人员具有较强的自我发展型内在推广激励机制。调查发现，37.1%的体制外推广人员对自己总体的生活状况比较满意或非常满意，高于体制内的25%。在个人事业追求上，57.3%体制外推广人员看好农技推广发展前途，高于体制内46.6%；35%满意于自己工作的个人发展空间，而体制内相关比例仅为18.8%；43%有较高的自我成就感，高于体制外28.9%。在工资待遇上，体制外41.4%的推广人员与当地普通中小学教师平均工资差不多或偏高，体制内仅为23.4%；在变动幅度上，体制外64.2%认为近5年工资增长速度正常或偏快，比体制内的偏高15.9%。可见，满意度较高的宽松环境、较强的个人事业追求和富有竞争性的工资待遇催生了体制外推广人员更多的工作积极性和主动性，具有较强的内在推广激励效应。

5.7.2 严重偏少的政府支持资源是阻碍体制外推广优势发挥的重要原因

一是体制外农技推广人员对国家最新的农技推广政策认知偏少。调查发现，体制内45.5%对于最新的农业科学技术表现为清楚或非常清楚，体制外仅为34.8%；对当前国家的农技推广政策，体制内77.3%表示清楚或非常清楚，而体制外只有52.7%。主要原因在于体制外农技推广人员接触到的信息较多偏向市场，而对公益性和政府主导的信息接触较少。

二是体制外农技推广人员享受的政策资源严重偏少。调查发现，体制外52.2%认为政府对于基层农技推广工作比较重视或非常重视，高于体制内45.7%的认知；27.7%认为政府对于基层农技推广的投入比较大或非常大，而体制内仅为22.3%。在实际享受的政策支持资源上，仅有18.8%的体制外推广人员近5年主持或参加的基层农技推广项目偏多，远低于体制内（28%）；在获取信息的最主要渠道上，体制内50.4%依赖于会议和专业培训，而体制外此比例仅为35.1%。可见，尽管体制外农技推广人员对国家投入有较高的认知，但实际所享有的政策资源却严重偏少。

三是体制外农技推广人员自我评估推广效果逊于体制内，其推广优势并未充分显现。调查发现，体制内59.2%自我评估认为自己的农技推广效果好或非常好，而体制外仅为51.5%；体制内77.6%对农民所需求的技术内容表示清楚或非常清楚，高于体制外66.3%；在对农民技术需求得到满足的情况上，体制内为35.6%，高于体制外31.2%；在对于农民技术改进的影响上，体制内63.4%认为自己的推广工作影响比较大或非常大，远高于体制外的48.9%。主要原因在于体制外过多注重市场的作用，成本收益经济计算太强，导致农民对推广的信任度不足，道德合法性受到质疑，影响了其推广效益。

5.7.3 应进一步加强政策的有效引导，促使体制外农技推广优势作用的发挥

一是加强政府对体制外农技推广支持的政策立法。通过政策立法，确保体制外农技推广的合法位置和公平发展机会，并从法律上保证对体制外农技推广公益服务的稳定持续投入。应该对体制外农技推广人员实行资格认证制度和推广内容监督备案制度，同时确保每年用于农业科技推广服务的资源有固定的比例用于支持体制外农技推广的发展。

二是将体制外农技推广人员纳入现有的农技推广项目申请和培训支持体系。将部分农技推广项目的资金直接拨付给基层具有实际农业技术推广服务的体制外主体，确保相关农技推广信息（包括国家最新的农技推广政策、最新的农业科学技术成果、农技推广会议培训信息等）覆盖到体制外推广群体，农技培训时确保体制外农技人群的参加比例，鼓励体制外农技推广群体主动申请各个层级的农技推广服务项目。

三是建立农技推广体制内外人员的日常沟通交流平台，促使二者相互配合，有序协调发展。建议充分利用现有的农技推广平台，促使其对体制外农技推广人员的吸纳；建立常规机制下的体制内外推广人员的沟通机制，促使二者信息的沟通与共享，促进体制外农技推广人员推广角色发挥更大的作用。

第 6 章

地方农技推广队伍状况专题研究

6.1 吉林省农技推广人员基本状况研究

吉林省是我国的农业大省吉林省，也是我国最重要的商品粮生产基地和畜产品生产基地，在农业可持续发展以及实现农业产业化的道路上，吉林省农技推广体系为此做出了巨大的贡献。而 2012 年中央 1 号文件也着重强调了农业科技推广服务与推广制度建设，表明我国农业可持续发展中对农业科技的迫切需求。加强农业技术推广体系的建设，对于促进吉林省农业发展，保障国家粮食安全具有十分重要的现实意义和实践价值。

6.1.1 引言

为了深入了解吉林省农机推广体系运行状况，本研究小组受中国科协委托，按照抽样理论，于 2013 年对吉林省农安县、前郭县、长岭县、吉林市、桦甸市五个粮食主产市县进行了调查，期望调研结果能为政府农业科技推广决策工作提供相关依据，同时也期望促进政府和公众采取更有针对性的措施对农业科技推广事业进行有效支持，最大限度发挥我国农技推广人力资源巨大潜力。

6.1.2 调研方法和调研对象

访谈内容主要包括：①个人基本情况及其所属机构情况；②农技推广人员基本工作情况；③农技推广人员的职业行为评估；④农技推广人员对农业技术推广工作和自身工作能力的认知；⑤农技推广人员的再学习情况；⑥农技推广人员的生活情况；⑦农技推广人员的主张与建议。

另外，针对农业技术推广机构领导和代表性工作人员以及体系外的技术推广协助者进行半结构访谈，为了深化对调研县农业技术推广情况的了解和理解，需要请推广中心负责人做个县域范围技术推广情况的介绍之后，进行问卷调查并对关键人物访谈。

调研对象：每个市县（包括乡镇）针对农业技术推广体系内的推广人员（A政府有编制农技推广人员；B政府无编制农技推广人员）做40份问卷，对从事农业技术推广工作但是属于体系外（C科技示范户；D涉农企业技术人员；E科学研究人员；F农民带头人；G农村实用技术人才；H农民协会与合作社技术人员；I科技特派员；J种养大户；K农资经销商；L政府公务员；M普通农民；N学生；O农民经纪人；P村干部；Q学校教师；R大学生村官；S其他）做20份问卷。

五个县市共发放问卷310份，有效问卷310份。其中吉林市体系内40份，体系外20份；桦甸市体系内40份，体系外20份；农安县体系内43份，体系外24份；长岭县体系内40份，体系外20份；前郭县体系内40份，体系外20份。所有数据采用SPSS统计软件进行分析。半结构式访谈：吉林市体系外1人（农资经销商）；农安县体系内2人（机构负责人），体系外4人（示范户2人、企业1人、村干部1人）；长岭县体系外2人（示范户）。

6.1.3 调研结果及初步分析

(1) 吉林省农技推广机构和人员的基本情况

由表6-1可以看出，2011年吉林省各级推广站755个，其中省站1个，有85

个编制，现有 69 人。在 69 人中，有技术干部 59 人，其中推广研究员 4 人，高级农艺师 26 人，农艺师 25 人，助理农艺师 4 人。另外，行政干部 7 人，工人 4 人。从学历结构看，共有 59 人有学历，其中研究生学历的有 9 人，大学 44 人，大专 5 人，中专 1 人。市级有推广部门 16 个，人员编制 192 个，现有人数 188 人。在 188 人中，有技术干部 168 人，其中推广研究员 26 人，高级农艺师 55 人，农艺师 58 人，助理农艺师 19 人，技术员 4 人，无职称的 5 人。在 168 名技术干部中，有研究生学历的 5 人，大学学历的 95 人，大专 50 人，中专 18 人。县级有推广站 75 个，人员编制 2 126 人，现有 2 568 人，其中技术干部 2175 人。从县级推广部门技术干部的职称结构看，推广研究员 91 人，高级农艺师 439 人，农艺师 756 人，助理农艺师 593 人，技术员 184 人，无职称的 112 人。从县级推广部门技术干部的学历结构看，有研究生学历的 23 人，大学学历的 730 人，大专学历 651 人，中专学历的 684 人，无学历的 87 人。乡镇层面有推广站 663 个，实现每个乡镇一个基层推广站。人员编制 4 735，但是现有 5 834 人在岗，摊薄了每个人的工资待遇。在 4 998 名技术干部中，有推广研究员 3 人，高级农艺师 527 人，农艺师 1 916 人，助理农艺师 1 810 人，技术员 420 人，无职称的 222 人。从乡级站技术干部的学历结构看，有研究生学历的 21 人，大学学历 990 人，大专学历的 1 816 人，中专 2 059 人，无学历的 112 人。

（2）吉林省调研 5 个市县农技推广人员情况

按照课题设计要求，实地调研选择吉林省 5 个粮食主产县市进行调研，五个市县农业推广机构和人员情况见表 6-2。由表 6-2 看，每个乡镇均有 1 个乡级的推广站，确保国家的推广工作任务，在基层有落实机构。而从人员来看，除了吉林市和桦甸市外，其他的 3 个县，均存在超岗超编现象。其中，农安县技术推广站，现有 104 人开支，但只有 79 人编制，超编 31.65%。乡镇层面有 596 人开支，只有 207 个编制，超编 187.92%。长岭县技术推广站，现有 69 人开支，只有 42 个编制，超编 64.29%。乡镇层面有 166 人开支，只有 115 人有编制，超编 44.34%。超岗超编的存在不但摊薄了工资，也难以形成绩效激励机制。

表6-1 吉林省农业技术推广系统机构人员

项目		乡（镇）数（个）	各级站数（个）	一人站数（个）	二人站数（个）	人员编制数	现有人数合计	行政人员	固定工人	技术干部职称 合计	推广研究员	高级农艺师	农艺师	助理农艺师	技术员	无职称	技术干部学历 合计	研究生	大学	大专	中专	无学历	离退休人员	其他遗属
合计		663	765	7	26	7 138	8 659	256	993	7 400	124	1 047	2 756	2 526	608	339	7 400	58	1 859	2 522	2 762	199	1 564	242
省站			1			85	69	7	3	59	4	26	25	4			59	9	44	5	1	0	44	
市级	农技站		9			149	151	6	6	139	21	44	49	16	4	5	139	5	79	41	14	0	76	5
	植保站		7			43	37	7	1	29	5	11	10	3	0	0	29	0	16	9	4	0	19	5
	合计		16			192	188	13	7	168	26	55	59	19	4	5	168	5	95	50	18	0	95	10
县级	农技站		62		1	1 905	2 240	58	282	1 900	85	390	659	492	177	97	1 900	23	635	546	616	80	604	90
	植保站		13			221	328	13	40	275	6	49	97	101	7	15	275	0	95	105	68	7	54	3
	合计		75		1	2 126	2 568	71	322	2 175	91	439	756	693	184	112	2 175	23	730	651	684	87	658	93
乡镇站		663	663	7	25	4 735	5 834	175	661	4 998	3	527	1 916	1 810	420	222	4 998	21	990	1 816	2 059	112	767	139

表6-2 吉林省研究市县农业技术推广机构和人员情况

其中：

项目		乡(镇)数(个)	各级站数(个)	人员编制数	现有人数合计	行政干部	固定工人	技术干部职称							技术干部学历					
								合计	推广研究员	高级农艺师	农艺师	助理农艺师	技术员	无职称	合计	研究生	大学	大专	中专	无学历
农安	农技站		1	79	104		18	86	3	13	36	18	11	5	86		22	11	53	
	植保站																			
	乡级站	22	22	207	596		152	444	1	53	190	144	19	37	444	38	93	313		115
桦甸	农技站		1	24	19	1		18		8	8	2			18		8	10		
	植保站																			
	乡级站	11	11	123	98	17	4	77		10	34	32	1		77		17	22	38	
前郭县	农技站	1	1	54	98		12	86	1	20	46	15	4		86		46	22	18	
	植保站																			
	乡级站	22	22	96	101		7	94	2	4	19	56	15		94		18	46	27	1
长岭县	农技站	1	1	42	69	3	28	41		10	24	1	1	3	41	5	22	13	1	
	植保站																			
	乡级站	22	22	115	166		51	115	1	3	44	23	32	13	115	11	35	69		
吉林市	农技站		1	61	53	3	6	44	3	22	11	3	1	5	44		28	11	5	
	植保站																			
	乡级站	20	20	127	111	9	6	86		9	51	21	1	4	86		17	40	29	

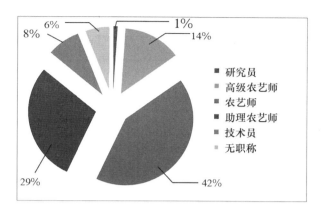

图 6-1 吉林省研究市县体系内农业技术推广人员的职称结构

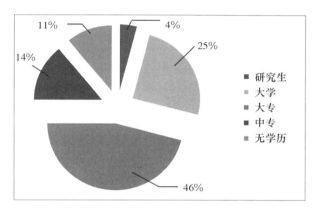

图 6-2 吉林省研究市县体系内农业技术推广人员的学历结构

由图 6-1 可以看出，研究市县农技推广人员的职称，以农艺师和助理农艺师为主，分别占 42％和 29％，高级农艺师占 14％，技术员占 8％，无职称人员占 6％，呈相对合理的正态分布曲线状态。由图 6-2 研究县市体系内推广人员的学历结构看，大专学历占 46％，其次为大学学历占 25％，中专占 14％；有研究生学历的只有 54 人，占 4％左右，远低于没有学历 118 人，研究县市体系内技术推广人员的学历结构普遍偏低。如果要想在现代农业发展过程，胜任科技含量高的推广任务，还需要强化自我学习机制。

（3）问卷调研结果及其分析

①调研样本的性别比例。

表 6-3　吉林省调研样本的性别比例

体制类型	男性	女性	小计	缺失	总计
体制内	142	66	208	2	210
体制外	70	20	90	10	100
总计	212	86	298	12	310

在 310 份调研问卷中，有体制内问卷 210 份，男性 142 份、女性 66 份，缺失 2 份。在 100 份体制外的调研问卷中，男性 70 份，女性 20 份，缺失 10 份。

②调研样本的年龄分布情况。

表 6-4　吉林省调研样本的年龄分布

	年龄段	频率	有效百分比/%
有效	25～30 岁	20	6.71
	31～35 岁	24	8.05
	36～40 岁	69	23.15
	41～45 岁	78	26.17
	46～50 岁	59	19.80
	51～55 岁	28	9.40
	56～60 岁	16	5.37
	6 岁 0 以上	4	1.34
合计		298	100.0
系统缺失		12	
合计		310	

从表 6-4 可以看出，被访者年龄集中在 36～50 岁，占 69.12%，其中 35 岁以下和 50 岁以上人群比重相当，分别为 14.76% 和 16.11%，说明样本选择具有一定的代表性，兼顾了老、中、青技术推广工作者。但是，实地访谈结果表明，现在从事一线技术推广工作的，多为 50 岁以上的，具有大专以上文化程度的推广人员，存在后继无人和严重断层的发展困境。设想，如果这批主力军退休后，该如何发挥市县和乡镇农业技术推广体系的功能作用。特别是在乡镇层面，在人员严重超员的现状下，如何通过激励机制，提高一线技术推广人员的参与技术推广的积极性。

③学历构成及其交叉分析。见表 6-5。

表 6-5 吉林省调研样本的学历构成情况

学历构成情况		频率	有效百分比/%
有效	博士	1	0.34
	研究生	1	0.34
	本科	111	38.28
	大专	55	18.97
	中专	70	24.14
	高中	29	10.00
	初中	22	7.59
	小学	1	0.34
合计		290	100
系统缺失		20	6.5
合计		310	

所有样本中，被访者学历构成较广，也较为复杂，大部分集中在本科、大专、中专三个学历，三者占有效样本学历构成的百分比为 81.38%，而本科学历者人数最多，占到样本有效百分比的 38.28%。可以看出，农技推广人员系统的整体素质较高，将更有利于推广工作的开展。

表 6-6 吉林省体系内、体系外调研样本的学历构成情况交差分析

	博士	研究生	本科	大专	中专	高中	初中	小学	中学	合计	缺失	总样本
体制内	0	1	95	49	62	1	0	0	0	208	2	210
百分比/%	0	0.48	45.67	23.56	29.81	0.48	0	0	0	100		
体制外	1	0	16	6	8	28	22	1	1	82	18	100
百分比/%	1.22	0	19.51	7.32	9.76	34.15	26.83	1.22	1.22	100		
总样本	1	1	111	55	70	29	22	1	1	290	20	310
百分比/%	0.32	0.32	35.81	17.74	22.58	9.35	7.10	0.32	0.32	93.55	6.45	100.00

由体系内、体系外调研样本的学历构成情况交差分析的结果表明，体制内以本科、大专和中专学历为主，分别为 95 人、49 人、62 人，占 45.67%、23.56%、29.81%；研究生以上学历为 1 人，占 0.48%。与体系内相比，体系外以高中学历、初中学历、本科生为主，分别为 28 人、22 人、16 人，分别占 34.15%、26.83% 和 19.51%，这可能与样本的选择有关。其中，农民身份的基层技术推广参与者，

以高中和初中学历为主，而县、乡镇层面的技术推广参与者，也不乏有高学历者，如体制外有 1 名博士，占 1.22％。还有 16 人（占 19.5％）为本科学历，这部分人为具有大学以上学历，但是属于选择回家创业的农业企业家。

④问卷调研样本职称构成情况。

表 6-7　吉林省调研样本的职称构成

职称构成	频率	有效百分比/％
推广研究员	1	0.43
高级农艺师	53	22.84
农艺师	130	56.03
助理农艺师	26	11.21
技术员	9	3.88
无职称	13	5.60
小计	232	100.00
系统缺失	78	25.16
总计	310	

从被访者的职称结构看，具有农艺师职称的有 130 人，占 56.03％；其次是高级农艺师有 53 人，占有效样本构成的 22.84％；助理农艺师为 26 人，占有效样本构成的 11.21％。而从较高的系统缺失看，其中 80％来自体系外的问卷中，因为这个群体多数对职称没有概念，因此没有对此项进行选择。还有的村级被访者，将自己的行政职务理解为职称，在数据分析过程，将其归纳在无职称内。

（4）农技推广人员基本工作情况

①工作强度 41.3％的人认为是正常强度，但选择非常大和比较大的人分别为 62 人和 111 人，占到有效百分比的 57.1％，只有 1.7％的人认为工作强度小。总体来讲农技推广人员在工作强度这一认知上感受到了压力，这一点无论在体制内还是体制外都有所体现（表 6-8 和表 6-9）。

表 6-8　吉林省农技推广人员对自身工作强度认知

工作强度认知		频率/人	百分比	有效百分比
有效	非常大	62	20.0	20.5
	比较大	111	35.8	36.6
	正常	125	40.3	41.3
	比较小	2	0.6	0.7
	非常小	3	1.0	1.0
	合计	303	97.7	100.0
系统缺失		7	2.3	
合计		310	100.0	

表 6-9　吉林省体制内和体制外农技人员的推广工作强度

体制类型		工作强度					合计
		非常大	比较大	正常	比较小	非常小	
体制内	计数/人	42	85	81	0	1	209
	体制内的百分比	20.1%	40.7%	38.8%	0.0%	0.5%	100.0%
体制外	计数/人	20	26	44	2	2	94
	体制外的百分比	21.3%	27.7%	46.8%	2.1%	2.1%	100.0%
合计	计数/人	62	111	125	2	3	303
	总体中的百分比	20.5%	36.6%	41.3%	0.7%	1.0%	100.0%

　　如果将实地访谈获取的信息，纳入数据分析中，很难得出来57.1%的被访者，实际的技术推广工作强度是比较大的结论。因为，即便是县乡技术推广站的工作人员，技术推广工作也并非其全部的工作。而对体系外的技术推广工作参与者来说，其大部分的工作是从事与自己生产和生活相关的劳动，而非真正意义的技术推广工作。因此，其结果需要辩证看待。对于乡镇推广部门的业务骨干来说，其技术推广工作的强度是很大，因为技术推广工作是按照人员数下发的。但是，并不是每位工作人员都能否投入100%的时间和精力从事这种技术推广工作。

　　②工作硬件条件。见表6-10，表6-11。

表 6-10 吉林省农技推广人员对工作硬件条件的认知

认知		频率	百分比	有效百分比
有效	非常好	18	5.8	6.0
	好	40	12.9	13.2
	一般	181	58.4	59.9
	不好	47	15.2	15.6
	非常不好	16	5.2	5.3
	合计	302	97.4	100.0
系统缺失		8	2.6	
合计		310	100.0	

在农技推广工作的交通、通信、展示等方面的硬件设施条件上，有效样本中59.9%的人选择一般，而条件好和不好差别不大，分别为58人和63人，占有效样本的18.7%和20.4%。

表 6-11 吉林省不同市县技术推广的硬件条件的自我认知

硬件条件自我认知		调研地点					合计
		农安县	吉林市	桦甸市	长岭县	前郭县	
非常好	计数/人	3	1	1	6	7	18
	Q10中的百分比	16.7%	5.6%	5.6%	33.3%	38.9%	100.0%
好	计数/人	15	9	4	5	7	40
	Q10中的百分比	37.5%	22.5%	10.0%	12.5%	17.5%	100.0%
一般	计数/人	43	23	36	43	36	181
	Q10中的百分比	23.8%	12.7%	19.9%	23.8%	19.9%	100.0%
不好	计数/人	4	13	16	7	7	47
	Q10中的百分比	8.5%	27.7%	34.0%	14.9%	14.9%	100.0%
非常不好	计数/人	2	10	3	0	1	16
	Q10中的百分比	12.5%	62.5%	18.8%	0.0%	6.3%	100.0%
合计	计数/人	67	56	60	61	58	302
	Q10中的百分比	22.2%	18.5%	19.9%	20.2%	19.2%	100.0%

通过 5 个调研市县的对比，我们看到与整体统计结果基本相符，工作硬件条件（下乡设备、办公设备、推广设备等）整体情况较好。在对体制内人员访谈的过程中也得到了相符的答案。

③农技推广工作喜好程度 。见表 6-12。

表 6-12　吉林省农技推广人员对推广工作喜好程度的自我评价

评价结果		频率	百分比	有效百分比
有效	非常喜欢	78	25.2	26.0
	喜欢	139	44.8	46.3
	谈不上喜欢也谈不上不喜欢	81	26.1	27.0
	不喜欢	2	0.6	0.7
	合计	300	96.8	100.0
缺失	系统	10	3.2	
合计		310	100.0	

总体而言，推广人员对本职工作的喜欢程度较高。被访者的有效样本中，无人选择"非常不喜欢"这一选项，而选择喜欢的人有 217 人，占有效样本的72.3%，有效样本中 26.1% 的人谈不上喜欢也谈不上不喜欢。只有 0.6% 的人"不喜欢"自己的工作。这个问题的分析结果对推广工作来说比较欣慰，只有推广人员对推广工作本身的热爱，才能够发挥其自身的能力，以更好的状态投入到推广工作当中。

（5）农技推广人员职业行为评估

①服务对象数量。见表 6-13。

表 6-13　吉林省体制内和体制外技术推广人员服务人数交叉分析

服务人数		体制类型		合计
		体制内	体制外	
≤30 人	计数	17	44	61
	体系类别中的百分比	8.1%	48.9%	20.4%
31～60 人	计数	17	14	31
	体系类别中的百分比	8.1%	15.6%	10.4%

续表 6-13

服务人数		体制类型		合计
		体制内	体制外	
61～90 人	计数	11	12	23
	体系类别中的百分比	5.3%	13.3%	7.7%
91～150 人	计数	28	5	33
	体系类别中的百分比	13.4%	5.6%	11.0%
＞150 人	计数	136	15	151
	体系类别中的百分比	65.1%	16.7%	50.5%
合计	计数	209	90	299
	体系类别中的百分比	100.0%	100.0%	100.0%

　　每个体制内推广人员每年服务对象数量"＞150 人"占有效样本 65.1%；服务数量在 150 人以下的占有效样本的 34.9%。每个体制外推广人员每年服务对象数量"＞150 人"占有效样本的 16.7%；31～150 人占有效样本 34.5%；31 人以下占有效样本 48.9%。由此看来，体制内人员服务人数比比体制外人员服务人数比要大很多，这可能与体制内外人员的工作性质有关，体制内人员每年的工作任务就是推广农业新政策，新技术等，而推广工作对体制外人员来说仅仅是兼职工作，在他们进行其他工作或者农业活动的过程中甚至没有意识到自身推广员的身份。体制内推广人员服务人数比重大对推广工作更为细致深入地开展会带来一些不利因素。这可能是推广人员工作强度大的重要原因。

　　②推广方法。见表 6-14、表 6-15。

表 6-14　吉林省技术推广服务采用的方法

		频率	百分比	有效百分比
有效	讲座授课	80	25.8	31.0
	现场示范	74	23.9	28.7
	参观访问	8	2.6	3.1
	远程教学	3	1.0	1.2
	咨询服务	91	29.4	35.3
	其他	2	0.6	0.8
	合计	258	83.2	100.0
系统缺失		52	16.8	
合计		310	100.0	

在推广工作中，推广人员采用最多的三种推广方法分别为咨询服务、讲座授课、现场示范，分别占有效样本的 35.3％、31％ 和 28.7％。研究发现，相对比较传统的推广方法仍然运用最广；而先进的推广方法运用较少，具体而言，参观访问和远程教学只占到有效样本的 4.3％。

表 6-15　吉林省体制内外技术推广方法的交叉分析

推广方法		体系类别		合计
		体制内	体制外	
讲座授课	计数/人	71	9	80
	体系类别中的百分比	39.4％	11.5％	31.0％
现场示范	计数/人	39	35	74
	体系类别中的百分比	21.7％	44.9％	28.7％
参观访问	计数/人	2	6	8
	体系类别中的百分比	1.1％	7.7％	3.1％
远程教学	计数/人	2	1	3
	体系类别中的百分比	1.1％	1.3％	1.2％
咨询服务	计数/人	66	25	91
	体系类别中的百分比	36.7％	32.1％	35.3％
其他	计数/人	0	2	2
	体系类别中的百分比	0％	2.6％	0.8％
合计	计数/人	180	78	258
	体系类别中的百分比	100.0％	100.0％	100.0％

在体制内外对比分析发现，体制内进行推广服务采用最多的是讲座授课，体制外推广方法运用最广的是现场示范。初步分析这种状况的原因是体制内推广人员服务人数比更大，前面我们看到每年每人服务对象数量在 150 人以上的比重占到 6 成以上，这只是一个概数，具体一个体制内人员一年最多服务多少人我们无法获悉，国家每年也都会有一定培训工作指标，而讲座授课相对来说也是比较容易操作的推广方法，更容易达到机构工作任务指标。而体系外的服务对象，相对比较窄，如在访谈中了解到的，养猪生产大户之间，以及某村养殖大户和养殖小户之间，主要采用现场参观和咨询服务等方式进行技术推广服务。因此，服务对象的范围和服务手段的选择，以及服务效果和满意度方面具有一定的内在联系。

③推广难度。见表 6-16。

農業科技推广体系创新与乡村振兴

表 6-16 吉林省农技推广的难度

推广难度		频率	有效百分比
有效	非常大	79	26.3
	大	132	44.0
	一般	78	26.0
	小	9	3.0
	非常小	2	0.7
	合计	300	100.0
系统缺失		10	
合计		310	

农技推广难度大占有效样本的 44％，有 132 人。"非常大"和"一般"所占有效样本百分比相差无几，分别为 26.3％和 26％。总体来说推广难度还是比较大的，而难度大的原因需要做进一步的分析。在分析农技推广难度大的原因时，体系内的骨干认为，难度大与人均可支配的推广经费少、下乡补贴少、技术需求差异性大等关系密切，而对体系外的技术推广参与者来说，他们认为信息闭塞、技术采纳风险大、缺乏与外界联系等是影响技术推广难度的主要因素，如在访谈某个养殖户时了解到，虽然该养殖户有一定的养殖经验，但是在给别的养殖户提供建议时，还是很担心出问题，或者耽误最佳的防御和治疗时机（如突发疫病）。由于没有先进的技术手段支持，在自己不托底的情况下，也很难获得其他养殖户相信。最主要的是，自己在这个过程中，完全出于情感互助，而非职责所在。

④推广效果。见表 6-17。

表 6-17 吉林省农技人员对农技推广效果情况认知

推广效果认知		频率	百分比	有效百分比
有效	非常好	57	18.4	18.7
	好	140	45.2	45.9
	一般	92	29.7	30.2
	不好	16	5.2	5.2
	合计	305	98.4	100.0
系统缺失		5	1.6	
合计		310	100.0	

有效样本中，140 人选择了推广效果"好"，占有效百分比 45.9％。认为不好只有 16 人选择，占有效样本的 5.2％。整体来讲，推广人员认为自己的推广效果比较好，能够给服务对象带来有利影响（新技术，新品种，经济效益等）。

（6）对农业技术推广工作和自身工作能力的认知

①推广政策了解程度。见表 6-18。

表 6-18　吉林省推广人员对推广政策了解程度的自我评价

了解程度		体制类型		合计
		体制内	体制外	
非常清楚	计数	37	10	47
	体系类别中的百分比	17.6％	10.8％	15.5％
清楚	计数	141	46	187
	体系类别中的百分比	67.1％	49.5％	61.7％
一般	计数	29	35	64
	体系类别中的百分比	13.8％	37.6％	21.1％
不清楚	计数	3	2	5
	体系类别中的百分比	1.4％	2.2％	1.7％
合计	计数	210	93	303
	体系类别中的百分比	100.0％	100.0％	100.0％

体制内政策清楚的人占有效样本中 84.7％，一般清楚占 13.8％，不清楚只占 1.4％；体制外政策清楚占有效样本 60.3％，一般清楚占 37.6％，不清楚占 2.2％。虽然体制外推广人员对相关推广政策清楚的达到了一半以上，但对于被推广群体来说仍然不够，很容易在推广过程中给被推广群体造成误导等不确定影响因素。农技推广政策的熟识度是农技人员推广工作的开展的第一步，只有对政策的充分清楚和理解，才能够更直接地传达给被推广群体。

②政府对于基层农技推广工作的重视程度及投入。见表 6-19、表 6-20。

表 6-19　吉林省政府对推广工作的重视程度

重视程度		频率	百分比	有效百分比
有效	非常重视	55	17.7	18.3
	重视	105	33.9	34.9
	不知道	51	16.5	16.9
	不重视	83	26.8	27.6
	非常不重视	7	2.3	2.3
	合计	301	97.1	100.0
系统缺失		9	2.9	
合计		310	100.0	

表 6-20　吉林省政府对推广工作的投入程度

投入程度		频率	百分比	有效百分比
有效	非常大	22	7.1	7.2
	大	38	12.3	12.5
	不清楚	79	25.5	26.0
	小	118	38.1	38.8
	非常小	47	15.2	15.5
	合计	304	98.1	100.0
系统缺失		6	1.9	
合计		310	100.0	

　　分析结果看，被访者认为政府对基层农技推广工作的"重视"的有 105 人，占有效样本的 34.9％；"非常重视" 55 人，占 18.3％；而选择"不重视""非常不重视"的人有 90 人，占有效样本的 29.9％。说明他们认为政府对于基层农技工作有足够的重视。而被访者在对"政府对基层农技推广投入"这个选项上选择了"非常小"的有 118 人，占有效样本的 38.8％，"小"的也有 47 人，占到 15.5％，加起来几乎占到有效样本的一半，而"不清楚"的人占到了 26％。通过交叉对比也可以看出，被访者认为虽然政府对基层农技推广工作有够重视，但并没有落实到行动上，在其上的投入不足，不仅会妨碍推广工作的开展，而且可能影响推广人员对推广工作的积极性和主动性，进而影响推广系统功能的发挥和良性运行。

③农民对于农技推广的总体需求程度。见表 6-21。

表 6-21　吉林省农民对农技推广的需求程度评价　　　　　　　　　　%

需求程度评价		频率/人	百分比	有效百分比
有效	非常强	78	25.2	25.7
	比较强	155	50.0	51.2
	一般	61	19.7	20.1
	比较弱	7	2.3	2.3
	非常弱	2	0.6	0.7
	合计	303	97.7	100.0
系统缺失		7	2.3	
合计		310	100.0	

　　农技推广人员认为农民对农技的总体需求"比较强"的占有效样本的一半以上，其次为"非常强"和"一般"占有效样本百分比为 25.7％和 20.1％。说明在农技人员进行推广过程中认为农民们对农技推广需求总体上还是很强的，这与他们农技相关知识渴求度息息相关。而对农民的访谈也认证，他们的确对农业技术需求强烈，但是直接通过正规的农业技术推广体系获取技术服务的可能性比较差，只有通过自己的关系或者与外界建立的信息网络渠道获取信息和服务支持更有效。

　　（7）农技推广人员再学习情况

　　①获取信息最主要的渠道。见表 6-22。

表 6-22　吉林省技术推广人员获取信息的主渠道

获取信息的主渠道		频率/人	百分比	有效百分比
有效	书报杂志	36	11.6	15.3
	会议	14	4.5	6.0
	专业培训	93	30.0	39.6
	广播电视	29	9.4	12.3
	网络手机	20	6.5	8.5
	参观学习	5	1.6	2.1
	自我观察思考研究与经验积累	28	9.0	11.9
	朋友、同事、同行间非正式交流	10	3.2	4.3
	合计	235	75.8	100.0
系统缺失		75	24.2	
合计		310	100.0	

推广人员获取工作信息的最主要渠道"专业培训"比重最大，占有效样本的39.6%，其次为"书报杂志"占到15.3%。"广播电视""网络手机""自我观察思考研究与经验积累"所占比例相差不大，都在10%左右。由此可以看出，推广人员信息的获取渠道依然比较传统，"朋友、同事、同行间非正式交流"相比来说也比较小。而不同获取渠道对推广员工作效果影响因素须进行深入探讨。

②继续教育情况。见表6-23。

表6-23　吉林省体制内外技术推广人员继续教育情况交叉分析

体制类型		继续教育情况				合计
		没有参加过	1~2 次	3~4 次	5 次以上	
体制内	计数/人	12	28	42	126	208
	体制内的百分比	5.8%	13.5%	20.2%	60.6%	100.0%
体制外	计数/人	23	36	10	25	94
	体制外的百分比	24.5%	38.3%	10.6%	26.6%	100.0%
合计	计数/人	35	64	52	151	302
	总体中的百分比	11.6%	21.2%	17.2%	50.0%	100.0%

五年来所参加进修、培训等继续教育活动的次数在"5次以上"体制内人员有126人，占有效样本60.6%。"1~4次"的有70人，占有效样本的35.7%。"没参加过"占5.8%。体制外情况分别为26.6%、48.9%、24.5%。体制内推广人员的专业培训还是较为充足的，保证了新技术、新品种等农技内容推广的受众群体及效果。总的来看比重分别为50%、38.4%和11.6%。5次以上继续教育者才占到一半的比重，而1/10的人没有参加过继续教育，若扩大到整个吉林省所有推广人员，这个比重还是很大的。继续教育对技术推广人员不仅是自身专业和能力的一个提升，更是关系到推广的效果以及创新性，进而影响整个推广系统运行的效率。

③农技推广人员进修培训的效果。见表6-24。

表 6-24　吉林省农技推广人员对进修培训效果的自我评价　　　　　　％

培训效果的自我评价		频率/人	百分比	有效百分比
有效	非常好	91	29.4	30.2
	好	137	44.2	45.5
	不清楚	46	14.8	15.3
	不好	24	7.7	8.0
	非常不好	3	1.0	1.0
	合计	301	97.1	100.0
系统缺失		9	2.9	
合计		310	100.0	

从分析结果可以看出，农技推广人员进修培训的效果"好"占到了 45.5％，"非常好"占 30.2％。说明推广系统对推广人员的培训还是比较深入和贴近实际，能够根据当前推广需求和推广人员实际需要有针对性地进行培训。"不清楚""不好""非常不好"共占到有效样本的 24.3％，不好的具体原因还需要对其他调研内容作综合分析。

（8）农技人员生活情况

①收入构成形式。见表 6-25。

表 6-25　吉林省农技推广体系内外技术推广人员的收入构成

体制类型		体系内外技术推广人员的收入构成					合计
		仅有固定基本工资	固定基本工资＋奖金与津贴	没有固定基本工资	自收自支	其他	
体制内	计数/人	160	43	2	2	1	208
	体制内的百分比	76.9％	20.7％	1.0％	1.0％	0.5％	100.0％
体制外	计数/人	24	11	9	39	8	91
	体制外的百分比	26.4％	12.1％	9.9％	42.9％	8.8％	100.0％
合计	计数/人	184	54	11	41	9	299
	总体中的百分比	61.5％	18.1％	3.7％	13.7％	3.0％	100.0％

表 6-26　吉林省奖金与津贴平均数

N	有效	213
	缺失	97
均值		322.23
中值		0.00
众数		0
极小值		0
极大值		20 000

表 6-27　吉林省月平均工资均值

N	有效	286
	缺失	24
均值		2 614.34
中值		2 700.00
众数		3 000
极小值		0
极大值		6 400

　　体制内推广人员收入构成"仅有固定基本工资"占到有效样本的76.9%，"固定基本工资＋奖金与津贴"占有效样本20.7%。仅"按工作时间获得劳动报酬""自收自支和其他"占2.5%。体制内推广人员自收自支的比重最大，占有效样本的42.9%，其次为仅有固定工资占有效样本的26.4%。总体来看收入构成仍然比较单一，6成以上的人仅有固定工资，他们的平均月工资为2 614.34元，达到3 000元的人数有55人，占有效样本的17.7%。只有18.1%的人有奖金与津贴，在调查中奖金与津贴平均为322.23元（表6-26），虽然他们平均工资和奖金津贴的平均值还算乐观，但工资的具体构成无法获悉，这只是一个概数。在对推广人员访谈的过程中情况并不如问卷统计结果一样乐观。而奖金与津贴如何确认发放，收入能否负担生活费用等须继续探讨。

　　②收入稳定性。推广人员收入"非常稳定"占有效样本29.9%，"相对稳定"占有效样本54.2%，"不太稳定"和"非常不稳定"占到样本比重16%（表6-28）。总体来说，这个群体收入比较稳定，在半结构访谈中，他们的工资基本为国家拨事业款给政府，由政府开支。由于没有固定的推广经费，也没有多余国家拨款，所以几乎没有奖金和津贴，选择有奖金和津贴收入那部分样本，他们的奖金和津贴来源需要进一步深入分析。

表 6-28　吉林省技术推广人员收入稳定性的自我评价　　　　　　　　%

收入稳定性的自我评价		频率/人	百分比	有效百分比
有效	非常稳定	90	29.0	29.9
	相对稳定	163	52.6	54.2
	不太稳定	43	13.9	14.3
	非常不稳定	5	1.6	1.7
	合计	301	97.1	100.0
系统缺失		9	2.9	
合计		310	100.0	

③近 5 年内工资增长速度。

表 6-29　吉林省技术推广人员紧 5 年工资增长速度的自我评估

体制类型		增长速度					合计
		非常快	比较快	一般	比较慢	非常慢	
体制内	计数/人	2	40	93	26	45	206
	体制内的百分比	1.0%	19.4%	45.1%	12.6%	21.8%	100.0%
体制外	计数/人	1	14	49	16	9	89
	体制外的百分比	1.1%	15.7%	55.1%	18.0%	10.1%	100.0%
合计	计数/人	3	54	142	42	54	295
	总体中的百分比	1.0%	18.3%	48.1%	14.2%	18.3%	100.0%

　　体制内推广人员近 5 年内工资增长速度，有 93 人选择了一般，比例最高，达到有效样本的 45.1%；"快"和"慢"这两项选择比例分别为 20.4% 和 34.4%。而我们在对某两个县推广机构负责人的访谈中得知，工资五年内几乎没有增长，这与选择比例最高的"一般"似乎不符。体制外人员 55.1% 选择了一般，"快"和"慢"比例分别为 16.8% 和 28.1%。总体来看，只有 19.3% 的人选择了增长速度快。收入的增长速度也直接影响到了推广人员的工作积极性，对整体推广系统稳定运行起到重要的作用，所以实际增长速度快还是慢还需要结合其他问题做深入分析。

④工作生活压力和生活满意度。

表 6-30　吉林省农技推广人员工作生活压力　　　　　　　　　%

生活压力		频率/人	百分比	有效百分比
有效	非常大	46	14.8	15.5
	大	116	37.4	39.2
	一般	122	39.4	41.2
	小	9	2.9	3.0
	非常小	3	1.0	1.0
	合计	296	95.5	100.0
系统缺失		14	4.5	
合计		310	100.0	

推广人员推广工作压力这一问题上比例最高为"一般"占41.2%；与之相持平的为"压力大"，占到有效样本的39.2%；其次为"非常大"，占15.5%；小和非常小占4%（表6-30）。总体来说，推广人员的压力大与小，基本持平，因为"一般"并不能定性是大还是小，推广人员的压力来自哪里，对自身工作有怎样的影响都是我们需要进一步研究的问题。

在推广人员生活满意度中，个人收入满意度一般，占有效样本46.5%；社会声望满意度一般，占有效样本49.3%；职称职务晋升满意度一般，占有效样本44.7%；工作稳定性比较满意，占有效样本46.7%；工作自主性和一般比较满意比例最高，分别占有效样本的39.7%和37.2%；发挥专业特长一般和比较满意比例最高，分别占有效样本40.1%和35.8%；自我成就感一般，占44.5%；个人发展空间满意度一般，占53.7%；社会保障与福利一般占48.4%；

工作条件与环境一般，占54.2%；居住条件与环境一般，占52.3%；总体生活状况一般，60.3%。在不满意方面，个人收入、职称职务晋升、社会保障与福利都达到了30%，社会声望也达到了20%，其他都在10%左右。这说明推广人员的基本福利待遇还是有很多人不满意，不能够满足他们的最低基本要求，再一个是职称职务晋升相对来说比较困难，在访谈过程中，一位体制内人员谈到晋升的过程还不够专业、规范和严密，很多人仅仅是在靠年头，而不是真正的达到了相关职称所需要的各种素质。

6.1.4　小结

从整体来看，推广机构的情况跟我们所预想的有一定差距，包括人员状况、办公设备、推广发展情况等等。他们的工作环境和条件也并不理想，这将会对推广工作的开展产生直接影响。目前情况，农户对推广内容的接受度尚可，情况也在向良性的方向发展。

但还存在以下问题：①县乡层面超编严重，摊薄了在编在岗人员的工资福利待遇。②待遇低，除了借助项目推广外，没有推广经费预算，下乡补助低，难以形成良性的推广激励。③学历层次低，人员老化严重，形成人力断层。④体制外技术推广参与者在技术推广过程发挥重要作用，但是由于其工作没有被纳入推广体系服务范畴，存在推广政策关注缺失、推广服务工作零回报，自我认知和社会认可度低等现实。

相关建议：①加快推进推广体系的人事制度改革，通过绩效考核和相关激励机制建立，提高一线推广工作者的工资福利待遇。②做好老、中、青一线推广工作者的梯度建设，加强自我学习和培训，确保推广体系保持活力。③建立人才引进和竞争激励机制，全面提升推广工作者自身的素质和业务能力。④适当增加推广工作者的下乡补助，改善推广工作的环境条件，满足一线推广工作者的养家糊口的基本需求。⑤重视体系外第三方技术推广服务主体在一线技术推广工作中的作用，并建立相关制度约束与激励机制，提高其参与的积极性和参与的效果。

6.2　河北省农技推广人员基本状况研究

6.2.1　农技推广人员基本情况分析

（1）年龄分布

从对河北省各种类型农技推广参与工作者调查情况来看，目前河北省农技推广工作人员总体上已出现明显老龄化倾向（表 6-31 所示），40 岁以上人员占到绝大多数，而 30 岁以下年轻人极少。从调查样本来看，体制外参与者的这种倾向较之于体制内有过而无不及。实地的访谈显示，体制外介入此工作的为数不多的年轻人常常还是以"子承父业"的形式介入进来的；而体制内由于机构招聘制度的缺陷，有的推广机构甚至近十年都没有一个新人加入。

表 6-31 河北省农技推广参与工作者年龄分布情况

体制类型	N	极小值	极大值	均值	标准差
体制内年龄分布	200	25	57	41.65	6.920
体制外年龄分布	100	20	59	42.51	8.740
总体年龄分布	300	20	59	41.94	7.572

（2）性别结构

表 6-32 显示，从总体上而言农技推广参与工作者性别结构比例为 51：49，处于不同性别几乎持平的状态，然而从体制内外比较来看，却出现了严重的偏差。体制内参与农技推广活动的人员中男性远远少于女性，其占比分别为 38％和 62％；而体制外参与农技推广活动的人员中男性却远远高于女性，其占比分别为 77％和 23％。

表 6-32 河北省农技推广参与工作者性别结构 %

体制类型		频率/人	百分比	有效百分比	累积百分比
体制内	男	76	38.0	38.0	38.0
	女	124	62.0	62.0	100.0
体制外	男	77	77.0	77.0	77.0
	女	23	23.0	23.0	100.0
总体	男	153	51.0	51.0	51.0
	女	147	49.0	49.0	100.0

（3）学历、学科和学缘结构

表 6-33 显示，从总体水平上来看，农技推广参与工作者具有一个比较高的学历层次，初中以下教育水平仅占少数。尤其是体制内农技推广人员基本达到了专科及以上学历；体制外从事农技推广工作人员其学历层次主要集中在中专、高

中和初中三个层次水平。从学科专业结构而言，总体样本中140个回答该问题者基本上都具有与农技推广相关学科专业背景，其中127人为体制内人员，13人为体制外人员。从学缘结构来看，131个回答该问题者中绝大部分来自京津冀的农业大学、农学院和农广校。

表6-33　河北省农技推广参与工作者学历结构　　　　　　%

体制类型		频率/人	百分比	有效百分比	累积百分比
总体	缺失	7	2.33	2.3	2.3
	本科以上	112	37.33	37.3	39.66
	专科	108	36.0	36.0	75.6
	高中	21	7.0	7.0	82.6
	初中	48	16.0	16.0	98.66
	小学	4	1.33	1.33	100.0
体制内	缺失	3	1.5	1.5	1.5
	本科以上	110	55.0	55.0	56.5
	专科	87	43.5	43.5	100.0
	高中	—	—	—	—
	初中	—	—	—	—
	小学	—	—	—	—
体制外	缺失	4	4.0	4.0	4.0
	本科以上	2	2.0	2.0	6.0
	专科	21	21.0	21.0	27.0
	高中	21	21.0	21.0	48.0
	初中	48	48.0	48.0	96.0
	小学	4	4.0	4.0	100.0

（4）职称结构

被调查样本中具有明确的职称的人员92人，其中具有高级、中级和低级职称的人数分别为78、12和2，其占比分别为84.8%、13.0%和2.2%，而在总样本中他们的占比仅仅分别为 26%、4% 和 0.7%。而且这些人员基本上都来自编制内的高校、科研院所和市县级农业局，很多乡镇级农技推广机构的人员似乎都不知道还有职称一说。从而说明目前编制内农技推广人员具有较高的职称层次，中、初级人员缺乏，职称结构不合理，这与前面提到的人员结构老化具有紧密的联系。

对于体制外人员而言，所有回答者基本上都没有职称。这只是反映了一种普遍情况：一则对于体制外农技推广人员从我们的制度安排层面上没有一个很好的获取职称的机会，职称晋升刺激对于体制外绝大部分农技推广人员而言机会实际上是趋零的；另一方面从体制外农技推广参与人员本身而言，由于他们的收益往往和职称之间没有任何的关系，他们几乎很少有努力去获取职称的这种动机，甚至于根本不知道何为"职称"。当然，我们并不否定有一部分体制外人员他们同样有农艺师、高级农艺师等类似的职称，笔者在实地调研的过程中曾了解到几个，很可惜由于这些人"名声太响"和日日疲于为工作而四处奔波没有机会坐下来为我们填写一份完整的问卷。

（5）个人认知

①个人身份认知①。调查样本统计显示，目前在河北省农技推广活动参与者的身份特征总体上存在多元化的特征。正式编制内部人员而言，主要涉及在编各级农业推广服务站工作人员、高校和相关科研院所的专职科研人员、国家公务员和高校、高职高专院校的教师等；体制外人员主要涉及农民带头人、农民协会与合作社技术人员、种养大户、农资经销商、普通农民等，特别值得一提的是有部分农资经销商他们不仅仅在农资销售时为农民提供农资使用的咨询服务，还提供作物生长期间的全程跟踪服务。

---

① 这一部分的选项中可能存在概念方面的认知差异，主要是 A 政府有编制的农技推广人员和 B 政府无编制的农技推广人员，有的人只要有编制就填写了选项 A；而有个别人虽然有编制但是觉得自己并不是政府主导的推广体系的编制人员，而选择了 B。也正是因为这里的混乱没有在前面调查情况概述里提供详细的样本分布表，放在这里只是从大概上让大家了解一下目前农技推广活动者的大概的身份特征的一个概貌吧。

表 6-34 河北省农技推广参与工作者对个人身份的认知 %

体制类型		频率/人	百分比	有效百分比	累积百分比
总体	政府有编制农技推广人员	176	58.7	58.7	58.7
	政府无编制农技推广人员	18	6.0	6.0	64.7
	科学研究人员	18	6.0	6.0	70.7
	农民带头人	8	2.7	2.7	73.3
	农民协会与合作社技术人员	20	6.7	6.7	80.0
	种养大户	19	6.3	6.3	86.0
	农资经销商	24	8.0	8.0	94.3
	政府公务员	6	2.0	2.0	96.3
	普通农民	1	0.3	0.3	96.7
	学校老师	2	0.7	0.7	97.3
	其他	8	2.7	2.7	100.0
体制内	政府有编制农技推广人员	176	87.0	87.0	87.0
	科学研究人员	18	9.0	9.0	96.0
	政府公务员	6	3.0	3.0	99.0
	学校老师	2	1.0	1.0	100.0
体制外	政府无编制农技推广人员	18	18.0	18.0	20.0
	农民带头人	8	8.0	8.0	28.0
	农民协会与合作社技术人员	20	20.0	20.0	48.0
	种养大户	19	19.0	19.0	67.0
	农资经销商	24	24.0	24.0	91.0
	普通农民	1	1.0	1.0	92.0
	其他	8	8.0	8.0	100.0

②对不同类型农技推广人员发挥作用程度的认知。表 6-35 显示，总体上和体制内来看农技推广工作中发挥作用排列在前三位的分别为政府有编制农技推广人员、农民带头人和科技示范户。总体水平上选择样本占总体样本比重分别为 75.7％、46.3％ 和 36.0％；体制内水平上选择样本所占比例分别为 90.0％、53.5％ 和 43.5％。从体制外参与人员的选择来看，农技推广中发挥作用最大的

三类人员分别为政府有编制的农技推广人员、农民带头人和科学研究人员，选择比例分别为 47.0%、32.0% 和 24.0%。由此可以看出，体制内和体制外参选人员在对该问题的认知方面表现较为一致，体制内人员认知相对集中，而体制外人员认知相对分散，这可能与他们日常从事或接触的实际工作等有一定相关关系。

表 6-35   河北省对不同类型农技推广人员发挥作用程度的认知

分类	总体		体制内		体制外	
	频率	百分比	频率	百分比	频率	百分比
A. 政府有编制农技推广人员	227	75.7	180	90.0	47	47.0
B. 政府无编制农技推广人员	76	25.3	61	30.5	15	15.0
C. 科技示范户	108	36.0	87	43.5	21	21.0
E. 科学研究人员	41	13.7	17	8.5	24	24.0
F. 农民带头人	139	46.3	107	53.5	32	32.0
G. 农村实用技术人才	58	19.3	57	28.5	1	1.0
H. 农民协会与合作社技术人员	53	17.7	33	16.5	20	20.0
I. 科技特派员	2	0.7	1	0.5	1	1.0
J. 种养大户	51	17.0	38	19.0	13	13.0
K. 农资经销商	21	7.0	13	6.5	8	8.0
L. 政府公务员	2	0.7	2	1.0	1	1.0
M. 普通民	1	0.3	—	—	—	—

6.2.2 农技推广人员工作情况分析

（1）工作时间和工作强度

表 6-36 和表 3-37 反映了农技推广工作人员的周工作时间和工作强度。从每周工作时间可以看到无论从总体角度而言，还是分体制内外层面上，周工作时间基本上遵守了 8 小时工作日的规律或者稍长一点，但是我们在实地的调研发现，农技推广人员的工作时间常常是无规律可循的，忙的时候甚至每天工作 13～14 个小时也是平常事。从工作强度分析表中我们可以对上述的情况进行印证。总体

上而言，又近一半（45.3%）的参与人员认为工作强度处于正常水平以上，体制内要比这一水平稍高，为 51.0%；体制外略低，为 34.0%。

表 6-36　河北省农技推广人员每周工作时间

分类	N（有效个数）	极小值	极大值	均值	标准差
总体	259	40	50	41.03	2.823
体制内	198	40	50	41.15	2.912
体制外	61	40	50	40.66	2.496

表 6-37　河北省农技推广人员工作强度

分类	总体		体制内		体制外	
	频率/人	百分比/%	频率/人	百分比/%	频率/人	百分比/%
A. 非常大	19	6.3	7	3.5	12	12.0
B. 比较大	117	39.0	95	47.5	22	22.0
C. 正常	152	50.7	96	48.0	56	56.0
D. 比较小	12	4.0	2	1.0	10	10.0
E. 非常小	0	0.0	0	0.0	0	0.0

（2）工作氛围

总体水平、体制内和体制外各层面而言，被调查者对农技推广工作氛围评价一般，比重在 75% 左右，认为推广工作氛围比较好的总体样本中占 22.4%，体制内占 25.5%，而体制外的仅仅占到 16.0%（表 6-38）。

表 6-38　河北省农技推广人员工作氛围评价

分类	总体		体制内		体制外	
	频率/人	百分比/%	频率/人	百分比/%	频率/人	百分比/%
A. 非常好	14	4.7	14	7.0	—	—
B. 好	53	17.7	37	18.5	16	16.0
C. 一般	225	75.0	149	74.5	76	76.0
D. 不好	8	2.7			8	8.0
E. 非常不好	—	—	—	—	—	—

（3）硬件设施条件

总体水平上看，认为目前农技推广工作的硬件设施条件比较好、一般和不好的占比分别为 20.3%、61.7% 和 16.7%；从体制内层面上而言，上述各项占比分别为 28.5%、46.5% 和 25%；从体制外层面上而言，上述各项占比分别为 4.0%、92.0% 和 0。根据实地的访谈上述情况的产生可能源自两个方面的原因：一是农技推广设施条件好坏和组织机构本身的条件及其相关，经济条件比较好的地区或者对推广工作比较关注的地区其设施条件的配备相对就好一些；二是不同的人对于"好"与"不好"的评价标准之间存在着很大的差异。比如对参与推广活动的农民的访谈了解到，他们认为推广靠的就是嘴巴上的功夫，无所谓条件好坏；对经常做大规模培训的推广员而言，他们则认为不仅要有而且要有好的配套的展示设备才可以。表 6-39 基本可以说明不同类型和性质推广人员在这方面认知的差异。

表 6-39　河北省农技推广人员工作硬件设施条件评价

分类	总体		体制内		体制外	
	频率/人	百分比/%	频率/人	百分比/%	频率/人	百分比/%
A. 非常好	4	1.3	4	2.0		
B. 好	57	19.0	53	26.5	4	4.0
C. 一般	185	61.7	93	46.5	92	92.0
D. 不好	50	16.7	50	25.0	0	0
E. 非常不好	—	—				

注：表格中各类型中占比总和不足 100% 的是由于问卷中的缺失值所致。下文表格中同此。

（4）工作设施条件方面的困难

目前情况下，农技推广参与工作者的工作设施条件等方面面临着很多的困境，其中活动经费匮乏成为各类农技推广工作者一个较为普遍的共识。对于体制内农技推广人员而言，作为目前我国农技推广中最重要的主力军活动经费匮乏、必要的仪器设备缺乏、既有设施老旧过时、电脑不够用等成为其面临的最主要的困难。而对于体制外农技推广人员，由于其工作流动性较大，工作种类多，对推广工作方面要求相对较少，但是一半以上的人员仍然是倍感活动经费和办公场所紧张为推广工作带来诸多的不便，并进一步影响到农技推广的数量和质量（表6-40）。

表 6-40 河北省农技推广人员进行农技推广工作设施条件方面存在的困难

分类	总体		体制内		体制外	
	频率/人	百分比/%	频率/人	百分比/%	频率/人	百分比/%
A. 活动经费不足	239	79.7	181	90.5	58	58.0
B. 缺乏仪器设备	120	40.0	116	58.0	4	4.0
C. 设施老旧过时	85	28.3	84	42.0	1	1.0
D. 缺乏实验材料	79	26.3	74	37.0	5	5.0
E. 办公场所紧张	75	25.0	16	8.0	59	59.0
F. 电脑不够用	62	20.7	62	31.0	—	—
G. 不能上网	30	10.0	30	15.0	—	—
H. 以上都不是	34	11.3	12	6.0	22	22.0
I. 其他	7	2.3	7	3.5	—	—

（5）困扰工作的主要问题

表 6-41 显示，从总体水平来看，目前困扰农技推广的主要问题依次以收入太少、职称职务晋升难、跟不上知识更新速度、缺乏业务/学术交流、工作不受重视、加班太多等为主，分别占到回答样本总量的 57.3%、41.3%、39.3%、33.7%、23.0%和 15.3%等；从体制内来看，上述各项占比分别为 62.0%、54.5%、53.5%、42.5%、32.5%和 21.0%；从体制外层面而言尤其凸显收入太少和工作难度大两个问题，分别占其样本量的 48.0%和 23.0%。

表 6-41 河北省困扰农技推广人员工作的主要问题

分类	总体		体制内		体制外	
	频率/人	百分比/%	频率/人	百分比/%	频率/人	百分比/%
A. 加班太多	46	15.3	42	21.0	4	4.0
B. 出差太多	26	8.7	14	7.0	12	12.0
C. 工作太累	34	11.3	25	12.5	9	9.0
D. 跟不上知识更新速度	118	39.3	107	53.5	11	11.0

续表 6-41

分类	总体		体制内		体制外	
	频率/人	百分比/%	频率/人	百分比/%	频率/人	百分比/%
E. 没有合作团队	32	10.7	28	14.0	4	4.0
F. 缺乏业务/学术交流	101	33.7	85	42.5	16	16.0
G. 时间不足	24	8.0	11	5.5	13	13.0
H. 工作不受重视	69	23.0	65	32.5	4	4.0
I. 职称职务晋升难	124	41.3	109	54.5	15	15.0
J. 工作压力大	23	7.7	10	5.0	13	13.0
L. 工作难度大	38	12.7	15	7.5	23	23.0
M. 收入太少	172	57.3	124	62.0	48	48.0
N. 其他	8	2.7	—	—	8	8.0

（6）对农技推广工作的态度

对待本职工作的态度通常会影响到工作绩效本身。有关农技推广参与者对农技推广工作态度的调查统计显示，总体上有 67.3% 的人持有中立态度，谈不上喜欢也谈不上不喜欢，体制内人员在这方面比例偏低一点，为 61.5%，体制外的偏高，为 79.0%。有 31% 的人相对喜欢这项工作，其中体制内的喜欢的多一些，比例为 36.5%，体制外的少一些，比例为 20%。具体访谈了解到，体制内外的这种差异可能源自人们工作环境和工作激励机制的不同。见表 6-42。

表 6-42　河北省农技推广参与者对农技推广工作的态度

分类	总体		体制内		体制外	
	频率/人	百分比/%	频率/人	百分比/%	频率/人	百分比/%
A. 非常喜欢	6	2.0	6	3.0	0	0
B. 喜欢	87	29.0	67	33.5	20	20.0
C. 谈不上喜欢也谈不上不喜欢	202	67.3	123	61.5	79	79.0
D. 不喜欢	5	1.7	4	2.0	1	1.0
E. 非常不喜欢	—	—	—	—	—	—

（7）对农技推广工作发展前途的判断和个人打算

表 6-43 至表 6-45 的信息显示，目前农技推广工作者对于农技推广工作发展前景很少抱有乐观的态度，认为发展前景好的不足 1/4，体制外的这种状况更为严重。其中，还有 15% 左右的人员甚至希望换掉现在的工作，真正想继续从事农技推广工作的比例不足 40%，体制内略高一些为 55%，体制外的仅有 8%。

表 6-43　河北省农技推广参与者对农技推广工作发展前途的判断

分类	总体		体制内		体制外	
	频率/人	百分比/%	频率/人	百分比/%	频率/人	百分比/%
A. 非常好	7	2.3	7	3.5	0	0
B. 好	66	22.0	57	28.5	9	9.0
C. 一般	194	64.7	114	57.0	80	80.0
D. 不好	33	11.0	22	11.0	11	11.0
E. 非常不好	—	—	—	—	—	—

表 6-44　河北省农技推广参与者"是否希望换工作"情况

分类	总体		体制内		体制外	
	频率/人	百分比/%	频率/人	百分比/%	频率/人	百分比/%
A. 非常希望	4	1.3	4	2.0	0	0
B. 希望	41	13.7	32	16.0	9	9.0
C. 无所谓	183	61.0	107	53.5	76	76.0
D. 不希望	69	23.0	54	27.0	15	15.0
E. 非常希望	—	—	—	—	—	—

表 6-45　河北省农技推广参与者"将来打算"情况

分类	总体		体制内		体制外	
	频率/人	百分比/%	频率/人	百分比/%	频率/人	百分比/%
A. 继续从事农技推广	118	39.3	110	55.0	8	8.0
C. 改行从事农业行政管理	3	1.0	2	1.0	1	1.0
E. 跳出农业行业	28	9.3	26	13.0	2	2.0

续表 6-45

分类	总体		体制内		体制外	
	频率/人	百分比/%	频率/人	百分比/%	频率/人	百分比/%
F. 没有打算走一步看一步	72	24.0	43	21.5	29	29.0
G. 农技推广工作从来不是我的主要工作，我将继续从事我现在的主要工作	75	25.0	15	7.5	60	60.0
H. 其他	1	0.3	1	0.5	0	0

（8）对单位相关制度的评价和建议[①]

表 6-46 至 6-48 显示，总体上而言，有一半以上人员认为目前单位的薪酬制度还算合理，但是收入差距过大的现象仍然存在。有 20% 左右的人员认为单位考核管理制度与推广工作的深入开展无关。在人事制度方面（体制内）倾向于能够在职称评审（29.5%）、工资薪酬（20.0%）和进修培训（12.5%）等制度方面有所改革。

表 6-46 河北省农技推广参与者对单位薪酬制度评价

分类	总体		体制内		体制外	
	频率/人	百分比/%	频率/人	百分比/%	频率/人	百分比/%
A. 基本合理	156	52.0	127	63.5	29	29.0
B. 过于平均化	2	0.7	2	1.0	—	—
C. 个人收入与能力业绩不成比例	24	8.0	13	6.5	11	11.0
D. 收入差距太大	47	15.7	47	23.5	—	—
F. 自收自支	4	1.3	—	—	4	4.0
H. 其他	—	—	—	—	—	—

---

① 表 6-46 至表 6-47 中体制外的数值我们在这里只是作为一个参考，不做讨论。主要是因为他们中很多人是没有单位组织的，仅有的回答不能反映那些有组织的人员的总体水平。

表 6-47 河北省农技推广参与者对单位考核评价管理制度与农技推广深入开展关系评价

分类	总体		体制内		体制外	
	频率/人	百分比/%	频率/人	百分比/%	频率/人	百分比/%
B. 有利	164	54.7	149	74.5	15	15.0
C. 无关	69	23.0	40	20.0	29	29.0

表 6-48 河北省农技推广参与者对人事制度改进内容的建议

分类	总体		体制内		体制外	
	频率/人	百分比/%	频率/人	百分比/%	频率/人	百分比/%
A. 没有什么需要改进	87	29.0	67	33.5	20	20.0
B. 选拔聘用制度	16	5.3	12	6.0	4	4.0
C. 职称评审制度	59	19.7	59	29.5	—	—
D. 职务晋升制度	7	1.7	7	3.5	—	—
E. 工资薪酬制度		17.3	40	20.0	12	12.0
F. 进修培训制度	25	8.3	25	12.5	—	—
H. 其他	8	2.7	—	—	8	8.0

6.2.3 农技推广人员职业行为评估

（1）农技推广主要对象

表 6-49 显示，目前农技推广所涉及的对象存在多样化，其中涵盖了普通农民、科技示范户、种养大户、协会合作社组织成员、贫困农民、涉农企业员工和亲朋邻居等，分别占调查样本数的 82.7%、53.7%、50.3%、45.7%、29.3%、6.0% 和 5.0%。可以看出普通农民、科技示范户、种养大户和合作组织成员户是农技推广工作者服务四大主要群体。体制内基本上和总体保持了一致的趋势水平，而体制外除了普通农民（76.0%）服务之外，第二大服务群体为合作社组织成员户（39.0%）。

表6-49　河北省农技推广的主要对象

分类	总体		体制内		体制外	
	频率/人	百分比/%	频率/人	百分比/%	频率/人	百分比/%
A. 种养大户	151	50.3	133	66.5	18	18.0
B. 协会、合作社组织成员	137	45.7	98	49.0	39	39.0
C. 涉农企业员工	18	6.0	18	9.0	—	—
D. 科技示范户	161	53.7	150	75.0	11	11.0
E. 普通农民	248	82.7	172	86.0	76	76.0
F. 贫困农民	88	29.3	79	39.5	9	9.0
H. 其他（亲朋邻居）	15	5.0	11	5.5	4	4.0

（2）每年直接服务对象数量

表6-50显示，各类人员每年直接服务的对象人数超一半以上在150人以上，体制内服务对象在31～69人的人员也比较多，占到31%水平；体制外服务对象数量60人以下相对也比较多占39%，其中30人以下的稍高于31～61人的。从而说明，大部分农技推广工作者的推广工作具有服务对象群体大、人数多的特点；体制外工作者相对于体制内工作者而言活动在更少服务对象之间的情况更为普遍一些。

表6-50　河北省农技推广人员每年直接服务的对象数量

分类	总体		体制内		体制外	
	频率/人	百分比/%	频率/人	百分比/%	频率/人	百分比/%
A. <30人	36	12.0	14	7.0	22	22.0
B. 31～60人	48	16.0	31	15.5	17	17.0
C. 61～90人	35	11.7	31	15.5	4	4.0
D. 91～150人	17	5.7	16	8.0	1	1.0
E. >150人	164	54.7	108	54.0	56	56.0

（3）推广对象素质

调查样本统计显示，总体上80%的推广工作者认为自己的服务对象素质一般，体制内这一比例稍低为72%，体制外很高为96%。只有极少数人认为自己服务对象素质比较好，体制内为28.0%，体制外仅为3.0%。见表6-51。

表 6-51　河北省农技推广人员对推广对象素质评价

分类	总体		体制内		体制外	
	频率/人	百分比/%	频率/人	百分比/%	频率/人	百分比/%
A. 素质非常好，学得非常快	4	1.3	4	2.0	—	—
B. 素质比较好，学得比较快	55	18.3	52	26.0	3	3.0
C. 素质一般	240	80.0	144	72.0	96	96.0
D. 素质比较差	1	0.3			1	1.0
E. 素质非常差，学得非常慢	—	—			—	—

（4）农技推广区域范围

农技推广区域范围调查显示，总体上农技推广工作者服务区域范围在一个行政村、一个乡镇、一个县、跨县跨地区和其他分别占到5.7%、30.3%、54.7%、7.7%和1.7；对体制内而言，这一比例分别为1.0%、25.5%、66.0%、7.5%、0%；而体制外分别为15.0%、40.0%、32.0%、8.0%和5.0%。从而说明体制外推广工作更倾向于较小的村镇范畴；而体制内的以县级和乡镇级为主要服务范围。见表6-52。

表 6-52　河北省农技推广的区域范围

分类	总体		体制内		体制外	
	频率/人	百分比/%	频率/人	百分比/%	频率/人	百分比/%
A. 一个行政村	17	5.7	2	1.0	15	15.0
B. 一个乡镇	91	30.3	51	25.5	40	40.0
C. 一个县	164	54.7	132	66.0	32	32.0
D. 跨县跨地区	23	7.7	15	7.5	8	8.0
E. 自己的亲戚朋友	5	1.7	—	—	5	5.0

（5）农技推广的主要内容及其对农民重要性

被调查样本中各类型农技推广者技术推广内容覆盖面都比较广，尤其以实用技术类为多，但是在创新能力建设和健康医疗保健等农民日常生产生活所必需的方面却鲜有涉及（表6-53）。即使如此，表6-54显示，各类型推广人员中绝大多数认为，他们所从事的农业推广工作对农民而言很重要，这一比例总体上、体制内和体制外分别达到98.4%、100.0%和95.0%。

表6-53　河北省农技推广的主要内容

分类	总体		体制内		体制外	
	频率/人	百分比/%	频率/人	百分比/%	频率/人	百分比/%
A. 种植管理技术	258	86.0	170	85.0	88	88.0
B. 畜牧兽医技术	46	15.3	38	19.0	8	8.0
C. 渔业养殖技术	28	9.3	28	14.0	—	—
D. 林业技术	61	20.3	57	28.5	4	4.0
E. 农业市场经营技术	56	18.7	51	25.5	5	5.0
F. 创新能力建设知识	—	—	—	—	—	—
G. 非农产业技术	—	—	—	—	—	—
H. 农村健康医疗技术	—	—	—	—	—	—
I. 乡土农业知识与技术	47	15.7	37	18.5	10	10.0
J. 农民组织管理技术	90	30.0	71	35.5	19	19.0
K. 农产品加工技术	40	13.3	37	18.5	3	3.0
L. 其他（植保技术等）	24	8.0	24	12.0	—	—

表6-54　河北省农技推广工作对于农民的重要性评价

分类	总体		体制内		体制外	
	频率/人	百分比/%	频率/人	百分比/%	频率/人	百分比/%
A. 非常重要	74	24.7	58	29.0	16	16.0
B. 重要	221	73.7	142	71.0	79	79.0
C. 无所谓	5	1.7	—	—	5	5.0
D. 不重要	—	—	—	—	—	—
E. 非常不重要	—	—	—	—	—	—

（6）主要采用的推广方法

表 6-55 和表 6-56 显示，目前农技推广工作常用方法主要集中在咨询服务、现场示范、参观访问和讲座授课等，总体上使用这些方法的人员占样本量的89.3%、74.0%、49.3% 和 40.3%；体制内其占比分别为 86.0%、74.0%、58.0% 和 56.0%；体制外占比分别为 96.0%、74.0%、32.0% 和 9.0%。而从个人角度采用最多的推广方法依次为咨询服务最为普遍。

表 6-55　河北省农技推广的主要方法

分类	总体		体制内		体制外	
	频率/人	百分比/%	频率/人	百分比/%	频率/人	百分比/%
A. 讲座授课	121	40.3	112	56.0	9	9.0
B. 现场示范	222	74.0	148	74.0	74	74.0
C. 参观访问	148	49.3	116	58.0	32	32.0
D. 远程教学	2	0.7	2	1.0	—	—
E. 咨询服务	268	89.3	172	86.0	96	96.0
F. 其他	—	—	—	—	—	—

表 6-56　河北省农技推广人员采用最多的农技推广方法

分类	总体		体制内		体制外	
	频率/人	百分比/%	频率/人	百分比/%	频率/人	百分比/%
A. 讲座授课	65	21.7	61	30.5	4	4.0
B. 现场示范	25	8.3	2	1.0	23	23.0
C. 参观访问	12	4.0	10	5.0	2	2.0
D. 远程教学	—	—	—	—	—	—
E. 咨询服务	171	57.0	104	52.0	67	67.0
F. 其他	—	—	—	—	—	—

（7）个人农技推广的效果

对个人农技推广效果评价调查显示，总体水平和体制内人员近一半的人员认为自己的推广效果好，另外近一半人员认为效果一般；体制外绝大部分人员（72.0%）认为自己推广效果一般，比较好的占 28%。换言之，从推广者角度而言，农技推广效果处于中等或者稍微偏上水平。见表 6-57。

表 6-57　河北省农技推广的效果评价

分类	总体		体制内		体制外	
	频率/人	百分比/%	频率/人	百分比/%	频率/人	百分比/%
A. 非常好	21	7.0	13	6.5	16	16.0
B. 好	139	46.3	91	45.5	12	12.0
C. 一般	138	46.0	94	47.0	72	72.0
D. 不好	2	0.7	2	1.0	—	—
E. 非常不好	—	—	—	—	—	—

（8）农技推广的主要动机

农技推广动机是农技推广工作者工作的内在动因。表 6-58 显示，虽然这种动机存在多样化，但是主要以完成组织布置工作任务、促进农民增收、提高农民素质能力、进行社会公益服务、增加自己的收入和完成自己项目工作任务等较为集中，总体水平上的占比分别为 61.7%、47.3%、45.7%、43.0% 27.7% 和 26.7%。从体制内工作人员来说与总体表现趋势一直，各项占比有所提高；从体制外工作人员而言，主要动机选择比例从高到低依次表现为促进农民增收、完成组织布置的工作任务、提高农民综合素质、增加自己的收入、推销相关农资产品和完成自己项目的工作任务等，其占比分别为 46.0%、40.0%、39.0%、36.0%、24.0% 和 22.0%。

表 6-58　河北省农技推广的主要动机

分类	总体		体制内		体制外	
	频率/人	百分比/%	频率/人	百分比/%	频率/人	百分比/%
A. 完成组织布置工作任务	185	61.7	145	72.5	40	40.0
B. 完成自己项目工作任务	80	26.7	58	29.0	22	22.0
C. 推销相关农资产品	27	9.0	3	1.5	24	24.0
D. 促进农民增收	142	47.3	96	48.0	46	46.0
E. 亲戚朋友间互助	21	7.0	9	4.5	12	12.0

续表 6-59

分类	总体		体制内		体制外	
	频率/人	百分比/%	频率/人	百分比/%	频率/人	百分比/%
F. 提高农民素质能力	137	45.7	98	49.0	39	39.0
G. 增加自己的收入	83	27.7	47	23.5	36	36.0
H. 进行社会公益服务	129	43.0	113	56.5	16	16.0
I. 提升自己名誉地位	4	1.3	4	2.0	—	—
J. 其他	12	4.0	—	—	12	12.0

（9）推广工作的主要回报

推广工作回报常常是农技推广工作者工作的另一层激励。表 6-59 显示，推广工作的回报主要体现在三个方面，即经济收入、发展机会和职称职务。体制内人员以经济收入和职称职务提升和个人发展机会为主要回报形式；体制外人员以经济收入和个人发展机会为主要回报。

表 6-59　河北省农技推广的主要回报

分类	总体		体制内		体制外	
	频率/人	百分比/%	频率/人	百分比/%	频率/人	百分比/%
A. 经济收入	156	52.0	88	44.0	68	68.0
B. 社会声誉	29	9.7	25	12.5	4	4.0
C. 社会地位	15	5.0	7	3.5	8	8.0
D. 职称职务提升	137	45.7	127	63.5	10	10.0
E. 发展机会	145	48.3	94	47.0	51	51.0
F. 其他（互助等）	36	12.0	12	6.0	24	24.0

（10）农技推广的难度及主要困难

表 6-60 显示，各层面分析，70％左右的推广人员认为农技推广难度一般，25％左右人员人员认为推广工作难度比较大。而表 6-61 提供的信息显示，农技推广工作主要困难来源于推广手段太少、推广设施条件太差、没有推广经费以及农业收益低，没有人愿意学。

表 6-60　河北省农技推广难度

分类	总体		体制内		体制外	
	频率/人	百分比/%	频率/人	百分比/%	频率/人	百分比/%
A. 非常大	44	14.7	28	14.0	16	16.0
B. 大	32	10.7	20	10.0	12	12.0
C. 一般	212	70.7	140	70.0	72	72.0
D. 小	2	0.7	2	1.0	—	—
E. 非常小	—	—	—	—	—	—

表 6-61　河北省农技推广工作的主要困难

分类	总体		体制内		体制外	
	频率/人	百分比/%	频率/人	百分比/%	频率/人	百分比/%
A. 推广技术内容太复杂	38	12.7	18	9.0	20	20.0
B. 推广手段太少	137	45.7	109	54.5	46	46.0
C. 推广设施条件太差	104	34.7	100	50.0	4	4.0
D. 推广人员素质太差	11	3.7	10	5.0	1	1.0
E. 农民素质太差	31	10.3	11	5.5	20	20.0
F. 农业生产经营活动太复杂	2	0.7	2	1.0	—	—
G. 没有推广经费	178	59.3	143	71.5	35	35.0
H. 农业收益太低，没人愿意学	205	68.3	131	65.5	78	78.0
I. 没有人愿意从事农技推广活动	70	23.3	65	32.5	1	1.0
J. 其他	18	6.0	2	1.0	16	16.0

（11）对外沟通和联系

表 6-62 显示，各类农技推广人员在对外沟通和联系方面，体制内 83.0% 的人员和农民联系较多；体制内仅有 54.5% 人员和农民联系较多，联系不定的占比 43.0%。在和涉农企事业单位、农民合作组织和科研单位之间的联系和沟通方面各层面的人员都比较匮乏，这可能也是我国农技研发和推广应用脱节的重要

原因之一。

表 6-62　河北省农技推广工作者对外沟通联系情况

分类		总体		体制内		体制外	
		频率/人	百分比/%	频率/人	百分比/%	频率/人	百分比/%
与农民的联系交流	A. 非常多	89	29.7	10	5.0	79	79.0
	B. 多	103	34.3	99	49.5	4	4.0
	C. 不定	98	32.7	86	43.0	12	12.0
	D. 少	7	2.3	3	1.5	4	4.0
	E. 非常少	1	0.3	—	—	1	1.0
与其他涉农企事业单位的联系交流	A. 非常多	9	3.0	1	0.5	8	8.0
	B. 多	29	9.7	22	11.0	7	7.0
	C. 不定	115	38.3	95	47.5	20	20.0
	D. 少	65	21.7	40	20.0	25	25.0
	E. 非常少	80	26.7	40	20.0	40	40.0
与农民协会、合作社等农民组织的联系交流	A. 非常多	11	3.7	3	1.5	8	8.0
	B. 多	23	7.7	11	5.5	12	12.0
	C. 不定	174	58.0	127	63.5	47	47.0
	D. 少	74	24.7	50	25.0	24	24.0
	E. 非常少	16	5.3	7	3.5	9	9.0
与农业科学研究机构的联系交流	A. 非常多	5	1.7	1	0.5	4	4.0
	B. 多	23	7.7	15	7.5	8	8.0
	C. 不定	48	16.0	28	14.0	20	20.0
	D. 少	56	18.7	30	15.0	26	26.0
	E. 非常少	166	55.3	124	62.0	42	42.0

（12）对最新农业技术的了解

表 6-63 显示，体制内人员有一半多一点的人员对最新农业技术有比较清楚的了解，体制外这一比例仅仅占据到 27.0%。这一现象说明了知识的更新和跟进对目前推广工作人员而言是一块短板，可能也是制约目前技术推广工作的重要原因之一。

表 6-63　河北省农技推广人员对最新农业技术的了解程度

分类	总体		体制内		体制外	
	频率/人	百分比/%	频率/人	百分比/%	频率/人	百分比/%
A. 非常清楚	5	1.7	5	2.5	—	—
B. 清楚	134	44.7	107	53.5	27	27.0
C. 一般	110	36.7	78	39.0	32	32.0
D. 不清楚	51	17.0	10	5.0	41	41.0
E. 非常不清楚	—	—	—	—	—	—

6.2.4　农技推广人员对农业技术推广工作和自身工作能力的认知

（1）对自身农技推广能力评价

表 6-64 显示，总体而言农技推广人员对个人农技推广能力水平评价 85% 以上在一般及偏上水平，体制内这一比例达到 100%，其中一般水平占 36.0%，一般偏上占 64.0%；体制外这一比例为 94.0%，其中一般占 57.0%，一般偏上占 37.0%。

表 6-64　河北省农技推广人员对自身农技推广能力评价

分类	总体		体制内		体制外	
	频率/人	百分比/%	频率/人	百分比/%	频率/人	百分比/%
A. 非常强	23	7.7	15	7.5	8	8.0
B. 强	142	47.3	113	56.5	29	29.0
C. 一般	129	43.0	72	36.0	57	57.0
D. 弱	6	2.0	—	—	6	6.0
E. 非常弱	—	—	—	—	—	—

（2）对国家农技推广政策的了解程度

从调查样本回答来看，作为农技推广工作人员对于国家农技推广政策的了解并不到位，总体上看基本清楚的占比为 35.3%；体制内比例稍高仅仅为 47.0%，而体制外只有 12.0% 对国家推广政策比较清楚。见表 6-65。

表 6-65　河北省农技推广人员对国家农技推广政策的了解程度

分类	总体		体制内		体制外	
	频率/人	百分比/%	频率/人	百分比/%	频率/人	百分比/%
A. 非常清楚	12	4.0	12	6.0	—	—
B. 清楚	94	31.3	82	41.0	12	12.0
C. 不清楚	194	64.7	106	53.0	88	88.0
D. 非常不清楚	—	—	—	—	—	—

（3）我国农业技术推广体制存在的问题

表 6-66 显示，目前我国农技推广体制存在的问题很多，主要体现在推广人员经济回报太少、投入不足、缺乏激励、推广方式落后、人才断层等方面（体制外主要凸显了前三个问题）。从农技推广工作者的视角来看位居前三位的主要是投入不足、缺乏激励和推广人员经济回报太少。

表 6-66　河北省农技推广人员对农技推广体制存在问题的评价

分类	总体		体制内		体制外	
	频率/人	百分比/%	频率/人	百分比/%	频率/人	百分比/%
A. 职能不清	88	29.3	57	28.5	31	31.0
B. 体制不顺	88	29.3	59	29.5	29	29.0
C. 缺乏激励	193	64.3	141	70.5	52	52.0
D. 投入不足	222	74.0	170	85.0	52	52.0
E. 人才断层	156	52.0	138	69.0	18	18.0
F. 知识老化	104	34.7	108	54.0	0	0.0
G. 推广方式落后	165	55.0	139	69.5	26	26.0
H. 推广人员经济回报太少	230	76.7	178	89.0	52	52.0
I. 推广人员社会声誉回报太少	126	42.0	94	47.0	18	18.0
J. 其他	2	0.7	2	1.0	0	0.0

（4）政府对基层农技推广工作的重视程度和投入情况

从农技推广人员的视角看，总体上政府对基层农技推广工作重视程度不够，这一现象在体制内有 54.0% 的人认为不重视，11.5% 的人不知道；在体制外 32.0% 人员认为不重视，43.0% 的人不知道（表 6-67）。而关于政府对基层农技推广工作的投入，大部分都表示不清楚或者认为投入很少（表 6-68），从另一侧面也反映了政府对基层农技推广工作重视程度偏低。

表 6-67　河北省农技推广人员对政府重视基层农技推广工作程度的评价

分类	总体		体制内		体制外	
	频率/人	百分比/%	频率/人	百分比/%	频率/人	百分比/%
A. 非常重视	1	0.3	—	—	1	1.0
B. 重视	89	29.7	69	34.5	20	20.0
C. 不知道	66	22.0	23	11.5	43	43.0
D. 不重视	140	46.7	108	54.0	32	32.0
E. 非常重视	—	—	—	—	—	—

表 6-68　河北省农技推广人员关于政府对基层农技推广的投入的看法

分类	总体		体制内		体制外	
	频率/人	百分比/%	频率/人	百分比/%	频率/人	百分比/%
A. 非常大	—	—	—	—	—	—
B. 大	41	13.7	32	16.0	9	9.0
C. 不清楚	109	36.3	47	23.5	62	62.0
D. 小	12	4.0	12	6.0	—	—
E. 非常小	133	44.3	109	54.5	24	24.0

（5）近 5 年主持或参加的基层农技推广项目

表 6-69 显示，大部分被调查者认为自己参与的基层推广项目少或者非常少，一少部分人参与过一些。这组数据所体现出来的情况和我们实地的案例研究遥相呼应，在基层很少有政府直接拨款由基层推广部门独立完成的推广项目，很多都

是基于一些大型企业或者科研院所项目的开展而延伸过来的一些推广项目，而这些项目能够护佑到的人员或者机构往往又是和项目承担单位具有较好的社会联系的。

表6-69　河北省农技推广人员近5年主持或参加的基层农技推广项目

分类	总体		体制内		体制外	
	频率/人	百分比/%	频率/人	百分比/%	频率/人	百分比/%
A. 非常多	2	0.7	2	1.0	——	——
B. 多	9	3.0	9	4.5	——	——
C. 有一些	86	28.7	71	35.5	15	15.0
D. 少	96	32.0	60	30.0	36	36.0
E. 非常少或无	103	34.3	58	29.0	45	45.0

（6）个人从事农技推广工作的重要性

表6-70显示，从总体、体制内和体制外三个层面上，大部分农技推广工作者认为自己所从事的农技推广工作都很重要（重要＋非常重要），其占样本比重分别为75.7%、86.5%和54.0%。这一结果前述关于政府对基层农技推广工作种植程度正好形成反差。

表6-70　河北省农技推广人员对于从事农技推广工作的重要性

分类	总体		体制内		体制外	
	频率/人	百分比/%	频率/人	百分比/%	频率/人	百分比/%
A. 非常重要	35	11.7	31	15.5	4	4.0
B. 重要	192	64.0	142	71.0	50	50.0
C. 一般	69	23.0	27	13.5	42	42.0
D. 不重要	——	——	——	——	——	——
E. 非常不重要	——	——	——	——	——	——

（7）农民总体上对农技推广的需求

和上述个人从事农技推广工作的重要性统计结果相呼应，从总体、体制内和体制外三个层面上看，大部分农技推广人员认为农民总体上对农技推广的需求比较强或非常强，这一比例分别表现为 73.0%、77.0% 和 65.0%。从而凸显了农技推广工作的重要性和必要性。见表 6-71。

表 6-71　河北省农技推广人员对农民农技推广需求程度的评价

分类	总体		体制内		体制外	
	频率/人	百分比/%	频率/人	百分比/%	频率/人	百分比/%
A. 非常强	39	13.0	39	19.5	—	—
B. 比较强	180	60.0	115	57.5	65	65.0
C. 一般	79	26.3	44	22.0	35	35.0
D. 比较弱	2	0.7	2	1.0	—	—
E. 非常弱	—	—	—	—	—	—

（8）个人对农民的技术需求内容的了解

作为农技推广工作者对农民的技术需求的了解是其工作有效开展的前提。表 6-72 显示，从各个层面上，调查样本都有 70% 以上对农民的技术需求了解的比较清楚，少数不太清楚。实际的访谈可以将其归结为两个方面的原因，一是传统的任务型推广模式使的一部分推广人员惰于去了解农户的需求；一是由于缺乏必要的激励部分推广人员得过且过混日子，不愿意去了解农户的需求。

表 6-72　河北省农技推广人员对农民技术需求内容的看法

分类	总体		体制内		体制外	
	频率/人	百分比/%	频率/人	百分比/%	频率/人	百分比/%
A. 非常清楚	21	7.0	21	10.5	—	—
B. 比较清楚	207	69.0	129	64.5	78	78.0
C. 不太清楚	72	24.0	50	25.0	22	22.0
D. 非常不清楚	—	—	—	—	—	—

（9）确定技术推广内容的方法

目前农技推广人员确定技术推广内容的方法有很多，但总体上而言推广工作者使用比较普遍的就是根据访谈农民多得到的意见和根据市场情况进行判断，再其次就是根据领导指示、种养大户意见等。从体制内层面而言根据访谈农民意见、领导指示、种养大户意见、领导指示、农民组织意见和市场情况比较多，占比依次为 64.5％、60.0％、53.0％、52.5％和 51.0％；从体制外层面而言，意见比较分散，选择根据市场情况判断、根据领导指示和根据访谈很多农民所得到的意见等选项的相对比较集中，占样本比例依次为 49.0％、33.0％和 32.0％。见表 6-73。

表 6-73　河北省农技推广人员确定技术推广内容的方法

分类	总体		体制内		体制外	
	频率/人	百分比/％	频率/人	百分比/％	频率/人	百分比/％
A. 根据领导指示	139	46.3	106	53.0	33	33.0
B. 根据专家研究预测	32	10.7	17	8.5	13	13.0
C. 根据市场情况进行判断	151	50.3	102	51.0	49	49.0
D. 根据相关涉农企业的要求	27	9.0	26	13.0	0	0.0
E. 根据研究推广项目需要	103	34.3	83	41.5	20	20.0
F. 根据农业种养大户的意见	121	40.3	120	60.0	1	1.0
G. 根据农民组织的意见	119	39.7	105	52.5	14	14.0
H. 根据访谈很多农民所得到的意见	161	53.7	129	64.5	32	32.0
I. 其他	17	5.7	2	1.0	15	15.0

（10）农民技术需求满足的程度

表 6-74 显示，作为农技推广人员对于农民技术需求满足的程度大部分都认为不好说，总体层面、体制内和体制外该选项占比分别为 78.3％、72.0％和 91.0％，从一个侧面反映了农技推广效果缺乏一定的评价机制。

表 6-74　河北省农技推广人员认为农民技术需求满足的程度

分类	总体		体制内		体制外	
	频率/人	百分比/%	频率/人	百分比/%	频率/人	百分比/%
A. 非常充分	—	—	—	—	—	—
B. 充分	35	11.7	26	13.0	9	9.0
C. 不好说	235	78.3	144	72.0	91	91.0
D. 不充分	30	10.0	30	15.0	—	—
E. 非常不充分	—	—	—	—	—	—

（11）适合于管理农技推广相关事宜的主体

对于适于管理农技推广相关事宜的主体，人们的选择呈现多样化特点，体制内人员倾向于县政府的比较多，占比为 43.5%；体制外倾向于协会、合作组织等农民组织的比较多，占比为 57.0%。见表 6-75。

表 6-75　河北省农技推广人员认为适合于管理农技推广相关事宜的主体

分类	总体		体制内		体制外	
	频率/人	百分比/%	频率/人	百分比/%	频率/人	百分比/%
A. 县政府	94	31.3	87	43.5	7	7.0
B. 乡镇政府	31	10.3	27	13.5	4	4.0
C. 跨区域农技推广专门机构；	51	17.0	38	19.0	13	13.0
D. 协会、合作社等农民组织	85	28.3	28	14.0	57	57.0
E. 村委会	2	0.7	2	1.0	—	—
F. 农业科研机构	18	6.0	14	7.0	4	4.0
G. 农业教育机构	—	—	—	—	—	—
H. 其他	7	2.3	—	—	7	7.0

（12）农民最希望得到的技术服务内容

可能是选择样本的关系，被调查者中认为农民最希望得到的技术内容中选择种植技术、畜牧兽医技术的占了绝大多数，总体层面上二者占比分别为 96.7%

和 77.3%；体制内占比分别为 96.0% 和 72.0%；体制外为 96.0% 和 88.0%。而表 50 显示，在种植业内部，农民的技术需求主要表现在病虫害防治、栽培管理和新品种等方面。见表 6-76、表 6-77。

表 6-76 河北省农技推广人员认为农民最希望得到的技术服务内容

分类	总体		体制内		体制外	
	频率/人	百分比/%	频率/人	百分比/%	频率/人	百分比/%
A. 种植技术	290	96.7	194	97.0	96	96.0
B. 畜牧兽医技术	232	77.3	144	72.0	88	88.0
C. 渔业养殖技术	98	32.7	86	43.0	12	12.0
D. 林业技术	131	43.7	113	56.5	18	18.0
E. 农业市场经营技术	129	43.0	87	43.5	42	42.0
F. 创新能力建设知识	18	6.0	27	13.5	1	1.0
G. 非农产业技术	31	10.3	18	9.0	13	13.0
H. 农村健康医疗知识	61	20.3	10	5.0	51	51.0
I. 传统乡土农业知识与技术	21	7.0	20	10.0	1	1.0
J. 农民组织管理技术	106	35.3	79	39.5	27	27.0
K. 农产品加工技术	100	33.3	80	40.0	20	20.0
L. 其他	12	4.0	4	2.0	4	4.0

表 6-77 河北省农技推广人员认为种植业内部农民的技术需求

分类	总体		体制内		体制外	
	频率/人	百分比/%	频率/人	百分比/%	频率/人	百分比/%
A. 新品种	225	75.0	137	68.5	88	88.0
B. 栽培管理	242	80.7	151	75.5	91	91.0
C. 病虫害防治	286	95.3	188	94.0	98	98.0
D. 农机	54	18.0	50	25.0	4	4.0
E. 市场经营与管理	94	31.3	70	35.0	24	24.0
F. 其他	0	0.0	0	0.0	0	0.0

（13）个人工作对农民技术改进的影响

总体上近一半的农技推广人员认为自己的工作对农民技术改进产生了较大的影响。其中体制内这一比例略高，为68.5%，还有29.0%的人认为影响一般；在体制外，有26.0%的人认为影响大或者非常大，72.0%人认为影响一般。根据实地访谈记录分析，这可能与不同类型推广人员和其服务对象的特征特性以及他们之间的关系有一定关联。见表6-78。

表6-78　河北省农技推广人员认为个人工作对农民技术改进的影响

分类	总体		体制内		体制外	
	频率/人	百分比/%	频率/人	百分比/%	频率/人	百分比/%
A. 非常大	30	10.0	26	13.0	4	4.0
B. 大	135	45.0	113	56.5	22	22.0
C. 一般	130	43.3	58	29.0	72	72.0
D. 小	5	1.7	3	1.5	2	2.0
E. 非常小	—	—	—	—	—	—

（14）农民农业技术知识的主要来源

对于农民农业技术知识来源方面，总体上主要有政府科技推广部门、个人经验积累与创新、亲戚朋友、邻居和农民组织等，但是体制内和体制外人员选择上有所不同。体制内排在前五位的和总体水平一致，占比分别为92.0%、60.0%、46.5%、44.5%和40.0%；体制外排在前五位的分别为亲戚朋友、个人经验积累与创新、农民组织、政府科技推广部门和邻居等，占比分别为91.0%、90.0%、71.0%、70.0%和68.0%。见表6-79。

表6-79　河北省农技推广人员认为农民农业技术知识的主要来源

分类	总体		体制内		体制外	
	频率/人	百分比/%	频率/人	百分比/%	频率/人	百分比/%
A. 政府科技推广部门	254	84.7	184	92.0	70	70.0
B. 科研机构	80	26.7	57	28.5	23	23.0
C. 农民组织	151	50.3	80	40.0	71	71.0
D. 公司企业	2	0.7	2	1.0	0	0.0

续表 6-79

分类	总体		体制内		体制外	
	频率/人	百分比/%	频率/人	百分比/%	频率/人	百分比/%
E. 个人经验积累与创新	212	70.7	120	60.0	90	90.0
F. 广播电视	88	29.3	60	30.0	28	28.0
G. 书报杂志	40	13.3	9	4.5	31	31.0
H. 乡村能人	120	40.0	95	47.5	25	25.0
I. 亲戚朋友	184	61.3	93	46.5	91	91.0
J. 邻居	156	52.0	89	44.5	68	68.0
K. 其他	17	5.7	0	0.0	17	17.0

6.2.5　农技推广人员的再学习情况

（1）个人获取信息的渠道

表 6-80 显示，作为农技推广工作者获取信息的渠道是多样化的，更多集中在书报杂志、会议、专业培训、自我观察思考研究与经验积累以及朋友、同事、同行间非正式交流几种途径。具体到体制内和体制外推广人员获取方式存在着一定差异，对体制内而言，上述各途径选择比例分别为 54.0%、57.5%、74.5%、56.5% 和 63.5%；而体制外人员上述各途径选择比例分别为 79.0%、39.0%、32.0%、86.0% 和 100.0%。可以看出体制外人员对于那些付出成本较高的信息获取渠道较少去触及。

表 6-80　河北省农技推广人员获取信息的渠道

分类	总体		体制内		体制外	
	频率/人	百分比/%	频率/人	百分比/%	频率/人	百分比/%
A. 书报杂志	187	62.3	108	54.0	79	79.0
B. 会议	174	58.0	115	57.5	39	39.0
C. 专业培训	161	53.7	149	74.5	32	32.0
D. 广播电视	118	39.3	97	48.5	21	21.0
E. 网络手机	71	23.7	61	30.5	10	10.0

续表 6-80

分类	总体		体制内		体制外	
	频率/人	百分比/%	频率/人	百分比/%	频率/人	百分比/%
F. 参观学习	130	43.3	90	45.0	40	40.0
G. 自我观察思考研究与经验积累	199	66.3	113	56.5	86	86.0
H. 朋友、同事、同行间非正式交流	227	75.7	127	63.5	100	100.0
I. 其他	0	0.0	0	0.0	0	0.0

关于个人获取信息最主要的渠道，表 6-81 显示，总体层面上选择集中度排在前三位的是书报杂志、朋友、同事、同行间非正式交流和专业培训，但是各项选择比例都比较低；体制内和总体层面表现基本一致；体制外排在前三位的分别是书报杂志、朋友、同事、同行间非正式交流和自我观察思考研究与经验积累。

表 6-81　河北省农技推广人员获取信息最主要的渠道

分类	总体		体制内		体制外	
	频率/人	百分比/%	频率/人	百分比/%	频率/人	百分比/%
A. 书报杂志	113	37.7	73	36.5	40	40.0
B. 会议	25	8.3	22	11.0	3	3.0
C. 专业培训	31	10.3	30	15.0	1	1.0
D. 广播电视	3	1.0	3	1.5	—	—
E. 网络手机	12	4.0	12	6.0	—	—
F. 参观学习	—	—				
G. 自我观察思考研究与经验积累	16	5.3	4	2.0	12	12.0
H. 朋友、同事、同行间非正式交流	53	17.7	38	19.0	15	15.0
I. 其他	—	—				

（2）近 5 年参加培训、进修等继续教育的情况及评价

表 6-82 和表 6-83 显示，总体上而言农技推广人员进修培训情况一般，体制内人员几乎在过去的五年间都有参加过继续教育学习，尽管参与的次数或者机会方面存在差异；而体制外人员又近一半在过去的五年里没有参与过继续教育，参

与过的人员在参与次数方面明显少于体制内。

表 6-82　河北省农技推广人员近 5 年参加培训、进修等继续教育的情况

分类	总体		体制内		体制外	
	频率/人	百分比/%	频率/人	百分比/%	频率/人	百分比/%
A. 没有参加过	47	15.7	—	—	47	47.0
B. 1~2 次	111	37.0	72	36.0	39	39.0
C. 3~4 次	58	19.3	49	24.5	9	9.0
D. 5 次以上	64	21.3	59	29.5	5	5.0

表 6-83　河北省农技推广人员对个人进修培训等继续学习机会的评价

分类	总体		体制内		体制外	
	频率/人	百分比/%	频率/人	百分比/%	频率/人	百分比/%
A. 非常多	—	—	—	—	—	—
B. 比较多	32	10.7	31	15.5	1	1.0
C. 一般	82	27.3	66	33.0	16	16.0
D. 比较少	79	26.3	51	25.5	28	28.0
E. 非常少	107	35.7	52	26.0	55	55.0

（3）个人进修学习的必要性及影响个人参加培训的原因

作为农技推广工作者，虽然个人的机会不同，但是大部分（总体 88.3%、体制内 99.0%、体制外 67.0%）认为进修学习是必需的（表 6-84）。而影响个人最终参与进修学习最主要的原因有三个：一是没有机会，二是工作忙，三是家庭事务多。见表 6-85。

表 6-84　河北省农技推广人员对个人进修学习的需求情况评价

分类	总体		体制内		体制外	
	频率/人	百分比/%	频率/人	百分比/%	频率/人	百分比/%
A. 非常需要	43	14.3	35	17.5	8	8.0
B. 需要	222	74.0	163	81.5	59	59.0
C. 不清楚	27	9.0	2	1.0	25	25.0
D. 不需要	8	2.7	—	—	8	8.0
E. 完全不需要	—	—	—	—	—	—

表 6-85　影响河北省农技推广人员参加进修培训的主要原因

分类	总体		体制内		体制外	
	频率/人	百分比/%	频率/人	百分比/%	频率/人	百分比/%
A. 觉得没有必要	4	1.3	0	0.0	4	4.0
B. 付不起费用	2	0.7	2	1.0	0	0.0
C. 工作忙	109	36.3	85	42.5	24	24.0
D. 家庭事务多	72	24.0	55	27.5	17	17.0
E. 没有机会	277	82.3	190	95.0	87	87.0
F. 领导不同意	9	3.0	6	3.0	3	3.0
G. 其他	4	1.3	—	—	4	4.0

（4）个人对农技推广人员进修培训效果的评价

对于农技推广人员进修培训效果评价结果显示，大部分人员对进修培训效果不清楚，仅有少部分人认为有较好的效果，进一步说明了农技推广人员进修培训还有待于规范和制定相应的评价机制。见表 6-86。

表 6-86　河北省农技推广人员对进修培训效果的评价

分类	总体		体制内		体制外	
	频率/人	百分比/%	频率/人	百分比/%	频率/人	百分比/%
A. 非常好	20	6.7	20	10.0	—	—
B. 好	79	26.3	78	39.0	1	1.0
C. 不清楚	201	67.0	102	51.0	99	99.0
D. 不好	—	—	—	—	—	—
E. 非常不好	—	—	—	—	—	—

6.2.6　农技推广人员的生活情况

（1）收入构成形式

被调查样本中大部分人的收入构成是固定工资或者固定工资＋奖金与津贴构成，尤其表现在体制内成员更是如此，工资性质以全额事业单位工资为主，每月能够和工资挂钩的绩效津贴等非常少或者没有，下乡补贴仅仅对部分工作人员所享有，另有一半左右的人员没有享受到这一类补贴。体制外人员处部分具有固定工资外，其他主要是自收自支的。而作为农技推广员其月收入情况不容乐观，总体上有74.0%的人认为他们的工资水平与当地中小学教师工资水平差不多或者是更少一点；体制内这种说法的占比达到83.0%，体制外占比为56.0%，还有27.0%的人认为比当地中小学教师工资水平高一点（表6-87至表6-92）。

表 6-87 河北省农技推广人员收入构成

分类	总体		体制内		体制外	
	频率/人	百分比/%	频率/人	百分比/%	频率/人	百分比/%
A. 仅有固定基本工资	89	29.7	71	35.5	18	18.0
B. 固定基本工资＋奖金与津贴	143	47.7	129	64.5	14	14.0
C. 按工作时间获得劳动报酬，没有固定基本工资	9	3.0	—	—	9	9.0
D. 自收自支	55	18.3	—	—	55	55.0
E. 其他	4	1.3	—	—	4	4.0

表 6-88 河北省农技推广人员工资性质收入来源

分类	总体		体制内		体制外	
	频率/人	百分比/%	频率/人	百分比/%	频率/人	百分比/%
A. 全额事业工资	176	58.7	176	88.0	—	—
B. 差额事业工资	25	8.3	20	10.0	5	5.0
C. 自收自支	17	5.7	2	1.0	15	15.0
D. 其他	24	8.0	—	—	24	24.0

表 6-89 河北省农技推广人员过去一年每月与工作绩效挂钩的奖金或津贴数量统计

	N	极小值	极大值	均值	标准差
总体	208	0	50 000	1 303.61	5 336.918
体制内	184	0	50 000	1 441.52	5 661.314
体制外	24	130	500	246.25	123.317

表 6-90　河北省农技推广人员是否有下乡补贴情况

分类	总体		体制内		体制外	
	频率/人	百分比/%	频率/人	百分比/%	频率/人	百分比/%
A. 是	115	38.3	95	47.5	20	20.0
B. 否	127	42.3	103	51.5	24	24.0

表 6-91　河北省农技推广人员上一年月收入及推广工作收入比重

		N	极小值	极大值	均值	标准差
总体	月平均收入/元	272	1 000	10 000	2 845.22	1 460.664
	推广收入占比/%	131	1	95	66.31	28.523
体制内	月平均收入/元	200	1 500	10 000	2 664.50	1 100.281
	推广收入占比/%	99	1	95	65.47	29.726
体制外	月平均收入/元	72	1 000	10 000	3 347.22	2 098.287
	推广收入占比/%	32	20	90	68.91	24.683

表 6-92　河北省农技推广人员收入与当地中小学教师工资比较情况

分类	总体		体制内		体制外	
	频率/人	百分比/%	频率/人	百分比/%	频率/人	百分比/%
A. 高很多	—		—		—	
B. 高一点	50	16.7	23	11.5	27	27.0
C. 差不多	114	38.0	72	36.0	42	42.0
D. 低一点	108	36.0	94	47.0	14	14.0
E. 低很多	28	9.3	11	5.5	17	17.0

（2）收入稳定性和收入增长情况

表 6-93 和表 6-94 显示，调查样本中绝大部分人认为自己收入相对稳定或者非常稳定，在收入增长方面只有 10% 左右的人认为自己收入增长比较快，而大部分人认为近 5 年个人收入增长处于一般或者较慢水平。

表 6-93　河北省农技推广人员收入稳定性

分类	总体		体制内		体制外	
	频率/人	百分比/%	频率/人	百分比/%	频率/人	百分比/%
A. 非常稳定	101	33.7	97	48.5	4	4.0
B. 相对稳定	181	60.3	90	45.0	91	91.0
C. 不太稳定	8	2.7	3	1.5	5	5.0
D. 非常不稳定	10	3.3	10	5.0		

表 6-94　河北省农技推广人员近 5 年内收入增长情况

分类	总体		体制内		体制外	
	频率/人	百分比/%	频率/人	百分比/%	频率/人	百分比/%
A. 非常快	—	—	—	—	—	—
B. 比较快	32	10.7	20	10.0	12	12.0
C. 一般	127	42.3	59	29.5	68	68.0
D. 比较慢	73	24.3	61	30.5	12	12.0
E. 非常慢	68	22.7	60	30.0	8	8.0

（3）身体健康状况及参加保险情况

从调查总体看，农技推广工作人员普遍具有良好的身体素质和较高的医疗参保比率，同时体制内人员养老和失业参保比率也有一个较高比重，分别为72.0％和83.0％，体制外人员养老和失业参保率非常低，分别为29.0％和20.0％。而工伤保险参保率普遍较低。在体检方面，除非有公费体检机会，自费的体检项目基本无人问津（表 6-95 至表 6-98）。

表 6-95　河北省农技推广人员身体状况

分类	总体		体制内		体制外	
	频率/人	百分比/%	频率/人	百分比/%	频率/人	百分比/%
A. 非常健康	106	35.3	56	28.0	50	50.0
B. 比较健康	182	60.7	136	68.0	46	46.0
C. 不太健康	10	3.3	6	3.0	4	4.0
D. 非常不健康	—	—	—	—	—	—

表 6-96　河北省农技推广人员参保情况

分类	总体		体制内		体制外	
	频率/人	百分比/%	频率/人	百分比/%	频率/人	百分比/%
A. 养老	173	57.7	144	72.0	29	29.0
B. 失业	186	62.0	166	83.0	20	20.0
C. 医疗	283	94.3	184	92.0	99	99.0
D. 工伤	57	19.0	44	22.0	13	13.0
E. 生育	—	—	—	—	—	—
F. 没有参加任何保险	—	—	—	—	—	—

表 6-97　河北省农技推广人员年度去医院诊病频率

分类	总体		体制内		体制外	
	频率/人	百分比/%	频率/人	百分比/%	频率/人	百分比/%
A. 没去过	128	42.7	45	22.5	83	83.0
B. 1～2 次	92	30.7	79	39.5	13	13.0
C. 3～4 次	77	25.7	74	37.0	3	3.0
D. 5 次以上	1	0.3	—	—	1	1.0

表 6-98　河北省农技推广人员过去一年体检的情况

分类	总体		体制内		体制外	
	频率/人	百分比/%	频率/人	百分比/%	频率/人	百分比/%
A. 参加过单位组织的公费体检	146	48.7	126	63.0	20	20.0
B. 做过自费体检	—	—	—	—	—	—
C. 没参加过体检	148	49.3	72	36.0	76	76.0

（4）工作生活压力

表 6-99 显示，一半以上的调查人员认为自己目前工作压力大或者非常大，体制内这一比例更高，达到 69.0%，体制外偏低，占比为 29.0%，这种差异可能来源与体制内外或者不同组织/机构工作环境的差异造成的。

表 6-99　河北省农技推广人员承受的工作压力

分类	总体		体制内		体制外	
	频率/人	百分比/%	频率/人	百分比/%	频率/人	百分比/%
A. 非常大	21	7.0	8	4.0	13	13.0
B. 大	146	48.7	130	65.0	16	16.0
C. 一般	121	40.3	50	25.0	71	71.0
D. 小	10	3.3	10	5.0	—	—
E. 非常小	—	—	—	—	—	—

（5）个人与单位合同期限

表 6-100 显示，有组织的农技推广人员基本上和组织单位之间都有合同期限，少数人合同期限很短，还有相当一部分人员不清楚自己和单位之间的合同期限。这一现象从一个侧面放映了农技推广工作者对个人劳动权益维护意识方面的欠缺。

表 6-100　河北省农技推广人员合同期限

分类	总体		体制内		体制外	
	频率/人	百分比/%	频率/人	百分比/%	频率/人	百分比/%
A. 不清楚	121	40.3	93	46.5	28	28.0
B. 没有签	4	1.3	—	—	4	4.0
C. 一年以内	21	7.0	21	10.5	—	—
D. 两年	2	0.7	2	1.0	—	—
E. 三年	2	0.7	2	1.0	—	—
F. 三年以上	80	26.7	80	40.0	—	—
G. 无固定期限	12	4.0	—	—	12	12.0

（6）个人对目前工作生活等的满意度

从总体水平来看，只有对工作稳定性比较满意的人超过了半数，对社会声望、工作自主性、发挥专业特长、自我成就感、个人发展空间、工作环境条件、居住环境条件、总体生活状况等方面持一般态度人超过了一般，其他方面的情况都不容乐观。从体制内层面来讲，各方面表现和总体情况基本上趋于一致；从体制外层面来看，只有对居住环境条件一项有超过半数的人员达到比较满意的程度，在社会声望、工作自主性、自我成就感、个人发展空间、社会保障与福利、工作环境条件、总体生活状况几个方面半数以上人员持一般态度，其他各方面情况同样不容乐观。从而说明了，各类农技推广人员关于改善他们工作、生活、福利保障等各方面还有很多的需求，在这些方面尚有很大改善的空间存在。见表 6-101。

表 6-101　河北省农技推广人员对目前工作生活满意度评价

		A. 非常满意		B. 比较满意		C. 一般		D. 不太满意		E. 非常不满意	
		频率/人	百分比/%	频率/人	百分比/%	频率/人	百分比/%	频率/人	百分比/%	频率/人	百分比/%
总体	个人收入	—	—	40	13.3	107	35.7	82	27.3	60	20.0
	社会声望	11.0	3.7	48.0	16.0	201.0	67.0	15.0	5.0	2	0.7
	职称职务晋升	1	0.3	32	10.7	103	34.3	115	38.3	2	0.7
	工作稳定性	15	5.0	169	56.3	97	32.3	—	—	—	—
	工作自主性	2	0.7	53	17.7	157	52.3	77	25.7		
	发挥专业特长	4	1.3	52	17.3	157	52.3	64	21.3		
	自我成就感	5	1.7	49	16.3	183	61.0	52	17.3		
	个人发展空间	2	0.7	43	14.3	174	58.0	70	23.3		
	社会保障与福利	1	0.3	100	33.3	92	30.7	76	25.3	20	6.7
	工作条件与环境	1	0.3	52	17.3	170	56.7	66	22.0		
	居住条件与环境	3	1.0	124	41.3	162	54	—	—		
	总体生活状况	—	—	121	40.3	158	52.7	10	3.3		
体制内	个人收入	—	—	9	4.5	59	29.5	61	30.5	60	30.0
	社会声望	11	5.5	32	16.0	131	65.5	13	6.5	2	1.0
	职称职务晋升	1	0.5	28	14.0	56	28.0	102	51.0	2	1.0
	工作稳定性	15	7.5	121	60.5	53	26.5	—	—	—	—
	工作自主性	2	1.0	16	8.0	106	53.0	65	32.5		
	发挥专业特长	4	2.0	27	13.5	110	55.0	48	24.0		
	自我成就感	5	2.5	21	10.5	122	61.0	41	20.5		
	个人发展空间	2	1.0	15	7.5	113	56.5	59	29.5		
	社会保障与福利	1	0.5	73	36.5	19	9.5	76	38.0	20	10.0
	工作条件与环境	1	0.5	39	19.5	85	42.5	64	32.0		
	居住条件与环境	3	1.5	73	36.5	113	56.5				
	总体生活状况	—	—	76	38.0	103	51.5	10	5.0	—	—

续表 6-101

		A. 非常满意		B. 比较满意		C. 一般		D. 不太满意		E. 非常不满意	
		频率/人	百分比/%	频率/人	百分比/%	频率/人	百分比/%	频率/人	百分比/%	频率/人	百分比/%
体制外	个人收入	—	—	31	31.0	48	48.0	21	21.0	—	—
	社会声望	—	—	16	16.0	70	70.0	2	2.0	—	—
	职称职务晋升	—	—	4	4.0	47	47.0	13	13.0	—	—
	工作稳定性	—	—	48	48.0	44	44.0	—	—	—	—
	工作自主性	—	—	37	37.0	51	51.0	12	12.0	—	—
	发挥专业特长	—	—	25	25.0	47	47.0	16	16.0	—	—
	自我成就感	—	—	28	28.0	61	61.0	11	11.0	—	—
	个人发展空间	—	—	28	28.0	61	61.0	11	11.0	—	—
	社会保障与福利	—	—	27	27.0	73	73.0	—	—	—	—
	工作条件与环境	—	—	13	13.0	85	85.0	2	20.	—	—
	居住条件与环境	—	—	51	51.0	49	49.0	—	—	—	—
	总体生活状况	—	—	45	45.0	55	55.0	—	—	—	—

6.2.7 农技推广人员的主张和建议

对于农技推广活动中存在问题的解决总体水平上认为应该确保和增加农技推广投入、提高基层农技推广人员待遇、改善农技推广服务条件、改革农技推广管理体制、改革农技推广评价机制、改进农技推广服务方法等分别占到样本量的79.3%、79.3%、65.3%、48.0%、44.7%、43.0%等；这一比例单纯对于体制内调查样本分别占比为94.5%、94.5%、76.5%、58.0%、49.0%、47.5%等。对体制外人员这一比例分别为49.0%、49.0%、43.0%、28.0%、36.0%、34.0%等。可以看出各类人员对确保和增加农技推广投入、提高农技推广人员待遇和改善农技推广服务条件方面都有较强烈的要求。见表6-102。

表 6-102　河北省农技推广人员的主张和建议

分类	总体		体制内		体制外	
	频率/人	百分比/%	频率/人	百分比/%	频率/人	百分比/%
A. 确保和增加农技推广投入	238	79.3	189	94.5	49	49.0

续表 6-102

分类	总体		体制内		体制外	
	频率/人	百分比/%	频率/人	百分比/%	频率/人	百分比/%
B. 提高基层农技推广人员待遇	238	79.3	189	94.5	49	49.0
C. 改革农技推广管理体制	144	48.0	116	58.0	28	28.0
D. 改革农技推广评价机制	134	44.7	98	49.0	36	36.0
F. 增加农技推广服务主体和人员	36	12.0	32	16.0	4	4.0
G. 改善农技推广服务条件	196	65.3	153	76.5	43	43.0
H. 改善农技推广人员服务态度	40	13.3	32	16.0	8	8.0
I. 改进农技推广服务方法	129	43.0	95	47.5	34	34.0
J. 基本没有办法解决	4	1.3	4	2.0	0	0.0
K. 其他	36	12.0	0	0.0	36	36.0

6.2.8 结论

（1）基本情况

第一，总体上农技推广活动参与者老龄化严重，而且这种现象体制外比体制内表现尤为突出；第二，性别结构总体平衡，但是体制内女性比例远高于男性，而体制外男性比例远高于女性；第三，相对而言，农技推广工作者具有较高的学历层次，尤其是体制内人员基本上都达到了专科以上水平；而职称结构明显失衡，高级职称人员比例偏高，中低职称人员短缺现象突出；第四，对人们总体认知的考察发现，政府有编制的农技推广工作者仍然被认为是农技推广最主要的生力军，而且在农业推广战线发挥着最重要的作用。

（2）农技推广人员基本工作情况

第一，总体上工作时间和强度略高于常态，工作时间常常无规律可循，工作总体氛围一般；第二，工作设施条件一般，陈旧落后的设施得不到及时的更新；第三，活动经费不足是农技推广工作者面临的最大困境，收入少是困扰他们最主要的问题之一；第四，农技推广工作者对农技推广工作本身抱以无所谓的态度，真正喜欢该工作的人员仅仅约1/3，他们大部分人对农技推广工作发展前途持有一般态度，有少部分人存在转行的意愿；第五，在一些组织内部薪酬制度设计方面存在收入差距过大的现象，在推广工作者中存在对职称评审、工资薪酬、进修培训等制度改革的需求。

（3）农技推广人员执业行为

第一，普通农民、科技示范户、种养大户和合作组织成员构成了农技推广工作者最重要的四大服务群体；第二，农技推广工作具有服务对象人数多、群体大的特点，体制外人员在对个人或少数人服务中比体制内人员更具有普遍性；第三，农技推广工作者服务对象素质一般，整体素质还有待提高；推广内容覆盖面广，但大部分对农民很重要；第四，体制内人员推广区域范围以县域和乡域为范围，体制外人员以村镇为主要服务范围；第五，农技推广服务方法主要为咨询服务、现场示范、参观访问、讲座授课等，其中一半以上人员以咨询服务为自己使用最多的农技推广方式；第六，农技推广服务效果处于一般或者中等偏上水平；第七，农技推广工作动机以完成工作任务、促进农民增收和提高农民素质为主，但体制内外人员之间有所差异，体制外人员明显凸显了个人收入增加和农资推销动机；而推广工作的回报在体制内以经济收入、职称职务提升和增加个人发展机会为主，体制外以经济收入和增加个人发展机会为主；第八，70％左右推广人员认为推广工作难度一般，主要困难在于推广手段少、设施条件差、经费缺乏和由于农业收益低造成的农民不愿意学等；第九，在外联方面，除了部分推广人员除了和农民之间有较多的沟通和联系外，和农企、合作组织和科研机构之间联系很少，这可能是目前农技研发、推广和应用之间产生断层的主要原因之一；第十，体制外有一半多一点的人员对最新的农业技术比较了解，体制外这一比例更低，从而可知知识不能及时更新和跟进是影响目前推广工作的又一因素之一。

（4）农技推广人员对农业技术推广工作和自身工作能力的认知

第一，推广能力评价一般偏上体制内占 64％，体制外 37％；大部分被调查者认为个人从事的农技推广工作很重要、个人对农民的技术需求也比较清楚，近一半的人认为个人工作对农民技术改进影响比较大，但是相关信息同时也表明了他们对国家推广政策了解不够到位，对技术推广的效果不清楚，没有适当的评价机制。第二，农技推广体制存在的主要问题是推广人员经济回报太少、投入不足缺乏激励、推广方式落后等，从推广者的角度而言处于前三位的比较重要的几个问题依次是：推广人员经济回报少、缺乏激励和投入不足。他们中多数人认为政府对基层农技推广工作不够重视，投入不足。体制内人员倾向于认为农技推广相关事宜应该有县政府来管理，体制外人员则认为这一管理主体应该由农民协会或者合作社等相关农民组织来承担。第三，农民技术需求内容大部分集中在种植技术和畜牧兽医技术等领域，在种植业内部友谊病虫害防治、栽培管理和新品种应用等最为重要。作为农技推广人员确定技术推广内容的方法有很多，以根据农民访谈所的意见、市场需求、领导指示等选项相对比较集中，据此可以将我国目前农技推广的分为三种类型：任务型、市场导向型和（农民）需求导向型。

（5）农技推广人员再学习情况

第一，农技推广工作者获取信息的渠道是多样化的，更多集中在书报杂志、会议、专业培训、自我观察思考研究与经验积累以及朋友、同事、同行间非正式交流几种途径体制内和体制外推广人员获取方式存在着一定差异，体制外人员较少去触及那些付出成本较高的信息获取渠道。个人获取信息最主要的渠道就是书报杂志。第二，继续教育方面体制外人员参与的次数和机会明显少于体制内人员。虽然个人机会不同，但是绝大部分推广工作者认为进修学习对他们是必要的，然而机会缺乏、工作繁忙和家庭事务繁杂也成为影响他们参与继续教育的主要障碍因素。第三，农技推广工作者进修培训需要进一步规范和建立相应的培训效果评价机制。

（6）农技推广人员生活情况

第一，农技推广工作者收入偏低、收入增长过缓，工作稳定性较强，但面临的工作压力较大，尤其是体制内人员；第二，农技推广人员总体身体素质良好，在体制内医疗、养老、失业参保率较高，体制外人员的养老和失业参保率偏低；第三，相当一部分人员不清楚自己的劳动合同期限，个人劳动权利维护意识欠缺；第四，各类农技推广人员在改善他们工作、生活、福利保障等各方面还有很多的需求，在这些方面尚有很大改善的空间存在。

（7）农技推广人员的主张和建议

从农技推广人员视角来看，要解决农技推广活动中存在的困难应该着力着手以下几个方面的工作：即确保和增加农技推广投入、提高农技推广人员待遇和改善农技推广服务条件。

参考文献

[1] 白洁. 农业技术推广机制改革与创新. 黑龙江科技信息, 2009 (25): 126.

[2] 陈效庚, 等. 河津市农业技术推广队伍现状、问题及对策. 太原科技, 2003 (6): 1-3.

[3] 丁自立, 焦春海, 郭英. 国外农业技术推广体系建设经验借鉴及启示. 科技管理研究, 2011 (5): 55-57.

[4] 董永. 国外农业技术推广模式及对我国的启示. 山东省农业管理干部学院学报, 2009 (6): 39-40.

[5] 樊亢. 美国的农业技术推广服务与农业现代化. 世界经济, 1982 (10): 57-61.

[6] 樊启洲, 郭犹焕. 农业技术推广障碍因素排序的研究. 农业技术经济, 1999 (2).

[7] 高启杰. 中国农业技术推广投资现状与制度改革的研究. 农业经济问题。2002 (8).

[8] 高启杰, 等. 关于基层农业技术推广体系发展与改革的思考. 调研世界, 2005 (12): 10-13.

[9] 顾琳珠, 唐齐千. 农业技术推广的理论模型和改革举措. 上海农业学报, 1998 (3): 87-92.

[10] 郝利, 蒋和平. 改革我国农业技术推广体系的基本思路. 农业科技管理, 2006 (5): 83-86.

[11] 郝永娟. 天津市植保技术推广的现状与对策研究. 中国农业大学硕士论文, 2006.

[12] 何兵存．关于村级农业技术人员队伍建设的思考．中国农学通报，2011，27
　　（20）：199-202.

[13] 何加骏，李奇．构建多元化农业技术推广与服务体系．农业科技管理，2006
　　（4）：94-96.

[14] 侯保俊，张福世，刘如魁．大同市农业技术推广工作存在的问题及对策．内
　　蒙古农业科技，2004（4）：11-13.

[15] 胡瑞法，李立秋．农业技术推广的国际比较．科技导报，2004（1）：26-29.

[16] 胡正宇．灵璧县农业技术推广体系的调查与思考．现代农业科技，2006
　　（12）：170-171.

[17] 黄邦海，等．农业技术推广机构属性问题探讨．广东农业科学，2007（11）：
　　3-5.

[18] 黄聪敏．台湾农业技术推广的经验及启示．台湾农业探索，2001（3）：
　　31-33.

[19] 黄季焜，胡瑞法，智华勇．基层农业技术推广体系30年发展与改革：政策
　　评估和建议．农业技术经济，2009（1）：4-11.

[20] 黄珍阜，等．赴朝鲜考察农业技术推广的报告．内蒙古农业科技，1988
　　（3）：42-46.

[21] 蒋和平，崔凯．我国农业技术推广体系的运行模式分析．农业科技管理，
　　2010（6）：18-22＋28.

[22] 金敬恩，查振祥，吴跃．农业技术推广中的资金问题．农业经济问题，1987
　　（10）：44-46.

[23] 金英，陈伟．诸暨市镇乡农业技术推广队伍建设现状与对策．现代农业科
　　技，2010（11）：388-389.

[24] 李景军．六安市农业技术推广体系建设调查及思考．安徽农学通报（下半
　　月刊），2009（4）：9＋16.

[25] 李守勇，赵卫东，马士荃．赴日本农业技术推广和合作员制度考察报告．北
　　京农业职业学院学报，2008（3）：24-28.

[26] 李维生．发展我国现代农业的一条必由之路——论建设多元化农业技术推
　　广服务体系．山东社会科学，2008（1）：113-118.

［27］李维生．我国多元化农业技术推广服务体系建设对策．山东农业科学，2008
　　　（1）：120-124.

［28］李维生．我国多元化农业技术推广体系的构建．中国科技论坛，2007（3）：
　　　109-113.

［29］李维生，等．创新机制，加强我国多元化农业技术推广体系建设——日本
　　　农业技术推广的经验和启示．山东农业科学，2010（9）：112-114.

［30］李新．美国农业技术推广工作的特点．河北农业，1995（1）：28.

［31］李宜萱．昌吉州农业技术推广体系改革与建设工作的建议．新疆农业科技，
　　　2011（1）：5.

［32］李玉娟．农村基层人才队伍建设现状及发展对策．现代农业科技，2008
　　　（12）：311-312.

［33］林英．"以大学为依托的农业技术推广模式"探析．陕西农业科学，2007
　　　（5）：139-141.

［34］刘从梦．美国的农业技术推广体系．国际科技交流，1987（6）：37-39.

［35］刘虎俊．新西兰的农业技术推广．世界农业，2000（5）：50-51.

［36］柳辉林，等．浏阳市农业技术推广体系的调查与思考．湖南农业大学学报
　　　（社会科学版），2008（2）：29-33.

［37］路建彬，陈孝爱．酒泉市农业技术推广工作的现状、问题及对策．农业科
　　　技与信息，2006（12）：13-15.

［38］路立平，等．农业技术推广体系的现状与改革创新．农业科技管理，2007
　　　（2）：33-35.

［39］吕从周．台湾农业技术推广．台湾农业情况，1985（2）：19-23.

［40］罗道宏，等．"零距离"农技推广　"套餐式"农技服务——皖南农业技术
　　　推广服务新模式．安徽农学通报，2006（4）：19＋112.

［41］马江涛，贾慧鸣，代静玉．农业技术推广的社会学研究．吉林农业大学学
　　　报，1993：174-177.

［43］农业部农村经济研究中心课题组．中国农业技术推广体系调查与改革思路.
　　　中国农村经济，2005（2）.

[44] 钱克明．我国农业技术推广工作的问题和对策．农业技术经济，1989（3）：5-7.

[45] 钱永忠．农技推广体系建设与推广资源合理配置分析．农业科技管理，2001（1）。

[46] 石会娟．宗义湘与赵邦宏，新形势下基层农业技术推广队伍的调查研究——以河北省为研究案例．农业科技管理，2007（1）：76-78.

[47] 史瑞琪，赵元玺．赴加拿大考察农业技术推广的启示．青海农技推广，1999（2）：58-59.

[48] 唐兴信．探索农业技术推广实行有偿服务的新机制．科技成果纵横，1994（4）：3-5.

[49] 国农业技术推广主体行为及对策建议．农业经济，2009（4）：67-69.

[50] 万保永，郭建伟，房书斌．安阳市农业技术推广体系的研究与对策．安徽农学通报（下半月刊），2011（18）：14-15.

[51] 万春雷．当前辽宁基层农业技术推广机构存在问题及对策．农业经济，2010（6）：64.

[52] 王多胜．酒泉市农业技术推广体系面临的问题与改革思路．甘肃农业科技，2004（3）：54-55.

[53] 王国忠，等．改革上海郊区农业技术推广服务体系的研究．上海农业学报，1999（3）：1-7.

[54] 王亮．试析我国农业技术推广体制的问题与改革．民营科技，2009（4）：111.

[55] 王明文，蔡长霞．新时期中国农业技术推广体系模式的构建．农业与技术，2004（3）：57-62.

[56] 王世喜，张建东．大庆市农业技术推广体系存在的问题与对策．大庆社会科学，2000（5）：46-47.

[57] 王武科，李同升，张建忠．市场机制下的农业技术推广体系构建．科技进步与对策，2008（7）：102-105.

[58] 王云珠．农业技术推广体系面临的问题及对策．经济问题，1998（10）：38-41.

[59] 王祝广，李明灌 . 新时期基层农业技术推广队伍建设对策探讨——以岑溪市农业（种植业）为例 . 广西农学报，2008（3）：77-80.

[60] 夏敬源 . 中国农业技术推广改革发展 30 年回顾与展望 . 中国农技推广，2009（1）：4-14.

[61] 徐志刚，黄季焜，胡瑞法 .《农业科研与推广资金投入与使用情况》"中国政府支农资金使用与管理体制改革研究"子课题报告 . 中国科学院农业政策研究中心，2002.

[62] 许云华，张雷，郑霞 . 对农业技术推广体系建设和完善的思考 . 现代农业科技，2009（6）：253-254.

[63] 闫愫 . 泰国的农业技术推广体系 . 农村科技，2004（7）：46.

[64] 杨金海，周清香 . 湖南农业技术推广队伍建设初探 . 新疆农垦经济，2010（4）：39-43.

[65] 叶安平 . 波兰的农业技术推广 . 世界农业，1989（9）：16-17.

[66] 于桂芹 . 吉林省农业技术推广人才的结构分析与提高素质途径的探讨 . 中国人才，1990（1）：16-17.

[67] 袁纪东，廖允成，李海华 . 对完善中国农业技术推广体系的思考 . 中国农学通报，2005（6）：470-472.

[68] 张晓东，盛国成 . 甘肃省设施农业技术推广应用的实践与成效 . 农业技术与装备，2009（18）：44＋46.

[69] 张玉珍，尹振军 . 关于农技推广队伍现状的调查及分析 . 农业科技管理，2007（1）：79-80。

[70] 张云飞 . 荆州市基层公益性农业技术推广队伍建设分析 . 长江大学学报（自然科学版），2011（1）：251-253.

[71] 赵华平 . 当前我国农业技术推广体系创新问题思考及建议 . 现代农业科技，2007（17）：216-217.

[72] 郑若良 . 对改革和优化湖南省农技推广体系的思考 . 湖南农业科学，2002（5）：1-3.

[73] 智华勇，黄季焜，张德亮 . 不同管理体制下政府投入对基层农技推广人员从事公益性技术推广工作的影响 . 管理世界，2007（7）.

［74］朱鸿．美国农业技术推广体系的特点与职能．台湾农业探索，2006（3）：62-64.

［75］宗义湘，王俊芹，刘晓东．农业技术推广的经济属性与政府行为．中国科技论坛，2007（5）：122-124＋129.

［76］蔡新职．构建基层农技人员继续教育长效机制．探索与实践，2011，（11）：41-44.

［77］陈亮新，赵昶灵．民族地区基层农技推广人员素质自我提升的对策思考——以云南省元江县为例［J］．云南农业大学学报，2011，5（5）：5-10.

［78］陈志英，杨雪，等．基层农技推广人员素质提高的对策探求——以黑龙江省为例［J］．安徽农业科学，2010，38（6）：3180-3182.

［79］朱利民，赵爱凤，等．乡镇农技推广人员继续教育培训情况分析．杭州科技，2010，（3）：58-60.

附　　录

附录 1　参与农技推广活动人员基本状况调查问卷

尊敬的农技推广人员：

您好！

本研究小组受中国科协委托对我国参与农技推广活动人员基本状况进行调查研究，以便为政府农业科技推广决策提供相关依据，同时促进政府和公众采取更有针对性的措施对农业科技推广事业进行有效支持，最大限度发挥我国农技推广人力资源巨大潜力。您的回答将有利于增进政府决策部门和公众对于我国农技推广人员的认识与理解。

本研究严格遵守科学研究道德规范，不记名填写，回答无所谓对错，调查结果仅用于研究分析，信息严格保密，请放心回答。

请将答案填写在各题横线上，没有特别注明"可多选"问题均为单选题。

衷心感谢您的支持与协助！

中国农业大学"参与农技推广活动人员基本状况"研究小组

一、个人基本情况及其所属机构情况

1. 您的性别＿＿＿＿年龄＿＿＿＿学历＿＿＿所学专业毕业学校＿＿＿＿工作地点：省（市）＿＿＿＿县＿＿＿＿乡（镇），工作单位（组织）＿＿＿＿＿＿，职称＿＿＿＿，参加工作时间＿＿＿＿年，从事农技推广工作时间＿＿年。

2. 您认为以下哪个词语最适合描述你的身份？＿＿＿＿；您认为当前农技推广活动中发挥作用最大的三类农技推广人员是＿＿＿＿；（选三个）
   A.政府有编制农技推广人员　B.政府无编制农技推广人员　C.科技示范户
   D.涉农企业技术人员　E.科学研究人员　F.农民带头人　G.农村实用技术人才　H.农民协会与合作社技术人员　I.科技特派员　J.种养大户　K.农资经销商　L.政府公务员　M.普通农民　N.学生　O.农民经纪人　P.村干部
   Q.学校教师　R.大学生村官　S.其他＿＿＿＿

   没有工作单位或组织的人员请跳转到下页第 7 个问题继续作答。

3. 工作单位（组织）性质：＿＿＿＿；
   A.推广机构　B.科研机构　C.企业　D.供销合作社　E.农民组织　F 大中院校　J 其他

4. 工作单位（组织）共有工作人员＿＿＿＿人，其中＿＿＿＿人从事农技推广工作。

5. 工作单位（组织）最主要工作职责是：＿＿＿＿；
   A.行政管理　B.农技推广　C.执法监督　D.经营创收　E.科学研究　F.其他

6. 您的单位（组织）近 5 年招聘应届大学生＿＿＿＿；引进社会其他人员＿＿＿＿；
   A.1～2 人　B.3～5 人　C.6～9 人　D.10 人以上　E 无

二、农技推广人员基本工作情况

7. 您每周工作时间大约是＿＿＿＿小时，其中用于农技推广工作比例为＿＿＿％；

8. 您的工作强度；A.非常大　B.比较大　C.正常　D.比较小　E.非常小

9. 您认为您当前从事农技推广的工作氛围：＿＿＿＿；
   A.非常好　B.好　C.一般　D.不好　E.非常不好

10. 您进行农技推广工作的交通、通信、展示等方面的硬件设施条件：_____；
    A.非常好　B.好　C.一般　D.不好　E.非常不好

11. 您认为您进行农技推广的工作设施条件存在哪些困难？_____；（可多选）
    A.活动经费不足　B.缺乏仪器设备　C.设施老旧过时　D.缺乏实验材料
    E.办公场所紧张　F.电脑不够用　G.不能上网　H.以上都没有　I.其他

12. 当前困扰您工作的主要问题是：_____；（可多选）
    A.加班太多　B.出差太多　C.工作太累　D.跟不上知识更新速度　E.没有
    合作团队　F.缺乏业务/学术交流　G.时间不足　H.工作不受重视　I.职称
    职务晋升难　J.工作压力大　K.人际关系不和谐　L.工作难度大　M.收入
    太少　N.其他

13. 您对于农技推广工作_____；
    A.非常喜欢　B.喜欢　C.谈不上喜欢也谈不上不喜欢　D.不喜欢　E.非常
    不喜欢

14. 您认为从事农技推广工作发展前途_____；
    A.非常好　B.好　C.一般　D.不好　E.非常不好

15. 您是否希望换工作_____；
    A.非常希望　B.希望　C.无所谓　D.不希望　E.非常不希望

16. 您将来打算_____；
    A.继续从事农技推广　B.改行从事农业科学研究　C.改行从事农业行政管
    理　D.改行从事农业生产经营活动　E.跳出农业行业　F.没有打算走一步
    看一步　G.农技推广工作从来不是我的主要工作,我将继续从事我现在主要
    工作　H.其他

没有工作单位或组织的人员请跳转到下页第 21 个问题继续作答。

17. 您认为单位(组织)的薪酬制度：_____；
    A.基本合理　B.过于平均化　C.个人收入与能力业绩不成比例　D.收入差
    距太大　E.收入缺乏稳定性　F.自收自支　G.无薪酬　H.其他

18. 单位(组织)考核评价管理制度对于农业科技推广深入开展_____；
    A.非常有利　B.有利　C.无关　D.不利　E.非常不利

19. 你的单位(组织)有哪些人事制度需要大幅改进？_____;(可多选)

A. 没有什么需要改进　B. 选拔聘用制度　C. 职称评审制度　D. 职务晋升制度　E. 工资薪酬制度　F. 进修培训制度　G. 自己管理自己,没有任何人事制度　H 其他

20. 您认为你的职称与职务提升机会_____;

A. 非常多　B. 多　C. 无所谓　D. 少　E. 非常少或完全没有

三、农技推广人员的职业行为评估

21. 您进行农技推广的主要对象是_____;(可多选)

A. 种养大户　B. 协会、合作社组织成员　C. 涉农企业员工　D. 科技示范户　E. 普通农民　F. 贫困农民　G. 其他

22. 您每年直接进行过农技推广服务的对象数量_____;

A. ≤30 人　B. 31～60 人　C. 61～90 人　D. 91～150 人　E. >150 人

23. 您认为您的推广对象_____;

A. 素质非常好,学得非常快　B. 素质比较好,学得比较快　C. 素质一般　D. 素质比较差,学得比较慢　E. 素质非常差,学得非常慢

24. 您进行农技推广的区域范围_____;

A. 一个行政村　B. 一个乡镇　C. 一个县之内　D. 跨县跨地区　E. 自己的亲戚朋友

25. 您进行农技推广的主要内容是_____;(可多选)

A. 种植管理技术　B. 畜牧兽医技术　C. 渔业养殖技术　D. 林业技术　E. 农业市场经营技术　F. 创新能力建设知识　G. 非农产业技术　H. 农村健康医疗技术　I. 乡土农业知识与技术　J. 农民组织管理技术　K. 农产品加工技术　L. 其他

26. 您觉得你推广的技术知识对于农民来说_____;

A. 非常重要　B. 重要　C. 无所谓　D. 不重要　E. 非常不重要

27. 您主要采用的推广方法是_____(可多选),其中采用最多推广方法是

A. 讲座授课　B. 现场示范　C. 参观访问　D. 远程教学　E. 咨询服务　F. 其他

28. 您认为自己进行农技推广活动的效果_____；

    A. 非常好　B. 好　C. 一般　D. 不好　E. 非常不好

29. 您进行农技推广主要目的动机是_____；（可多选）

    A. 完成组织布置工作任务　B. 完成自己项目工作任务　C. 推销相关农资产品　D. 促进农民增收　E. 亲戚朋友间互助　F. 提高农民素质能力　G. 增加自己的收入　H. 进行社会公益服务　I. 提升自己名誉地位　J. 其他

30. 您从事农技推广的主要回报是；_____（可多选）

    A. 经济收入　B. 社会声誉　C. 社会地位　D. 职称职务提升　E. 发展机会　F 其他

31. 您觉得农技推广的难度：_____；

    A. 非常大　B. 大　C. 一般　D. 小　E. 非常小

32. 你觉得开展农技推广工作的主要困难是_____；（可多选）

    A. 推广技术内容太复杂　B. 推广手段太少　C. 推广设施条件太差　D. 推广人员素质太差　E. 农民素质太差　F. 农业生产经营活动太复杂　G. 没有推广经费　H. 农业收益太低，没人愿意学　I. 没有人愿意从事农技推广活动　J. 其他

33. 您与农民的联系交流_____；与其他涉农企事业单位联系交流_____；与农民协会、合作社等农民组织联系交流_____；与农业科学研究机构的联系交流_____；

    A. 非常多　B. 多　C. 不定　D. 少　E. 非常少

34. 您对于最新的农业科学技术_____；

    A. 非常清楚　B. 清楚　C. 一般　D. 不清楚　E. 非常不清楚

35. 您认为您的农技推广效果_____；

    A. 非常好　B. 好　C. 一般　D. 不好　E. 非常不好

四、农技推广人员对农业技术推广工作和自身工作能力的认知

36. 您认为您自身的农技推广能力_____；

    A. 非常强　B. 强　C. 一般　D. 弱　E. 非常弱

37. 您对当前国家的农技推广政策_____；

A.非常清楚　B.清楚 C 不清楚　D.非常不清楚

38. 有学者指出,我国农业技术推广体制存在的问题包括_____(可多选);您认为最主要的三个问题依次是_____、_____、_____;
A.职能不清　B.体制不顺　C.缺乏激励　D.投入不足　E.人才断层　F.知识老化　G.推广方式落后　H.推广人员经济回报太少　I.推广人员社会声誉回报太少　J.其他

39. 您认为政府对于基层农技推广工作的重视程度是_____;
A.非常重视　B.重视　C.不知道　D.不重视　E.非常不重视

40. 您认为政府对于基层农技推广投入_____;
A.非常大　B.大　C.不清楚　D.小　E.非常小

41. 近5年您主持或参加的基层农技推广项目_____;
A.非常多　B.多　C.有一些　D.少　E.非常少或无

42. 您认为所从事的农技推广工作重要性_____;
A.非常重要　B.重要　C.一般　D.不重要　E.非常不重要

43. 您认为农民对于农技推广的需求总体上_____;
A.非常强　B.比较强　C.一般　D.比较弱　E.非常弱

44. 您对于农民对于其技术需求的内容总体上_____;
A 非常清楚　B.比较清楚　C.不太清楚　D.非常不清楚

45. 您确定技术推广内容的方法是_____;(可多选)
A.根据领导指示　B.根据专家研究预测　C.根据市场情况进行判断　D.根据相关涉农企业的要求　E.根据研究推广项目需要　F.根据农业种养大户的意见　G.根据农民组织的意见　H.根据访谈很多农民所得到的意见　I.其他

46. 您认为农民技术需求所得到的满足_____;
A.非常充分　B.充分　C.不好说　D.不充分　E.非常不充分

47. 您认为谁最适合管理农业技术推广部门的人、财、物及相关推广活动?_____;
A.县政府　B.乡镇政府　C.跨区域农技推广专门机构　D.协会、合作社等农民组织　E.村委会　F.农业科研机构　G.农业教育机构　H.其他

48. 您认为农民最希望得到的技术服务内容是_____；(可多选)

    A. 种植技术　B. 畜牧兽医技术　C. 渔业养殖技术　D. 林业技术　E. 农业市场经营技术　F. 创新能力建设知识　G. 非农产业技术　H. 农村健康医疗知识　I. 传统乡土农业知识与技术　J. 农民组织管理技术　K. 农产品加工技术　L. 其他

49. 在种植业内部,您认为农民最需要哪些技术服务？_____；

    A. 新品种　B. 栽培管理　C. 病虫害防治　D. 农机　E. 市场经营与管理　F. 其他

50. 您认为你的工作对于农民的技术改进影响_____；

    A. 非常大　B. 大　C. 一般　D. 小　E. 非常小

51. 您认为农民农业技术知识的主要来源是_____；(可多选)

    A. 政府科技推广部门　B. 科研机构　C. 农民组织　D. 公司企业　E. 个人经验积累与创新　F. 广播电视　G. 书报杂志　H. 乡村能人　I. 亲戚朋友　J. 邻居　K. 其他

五、农技推广人员的再学习情况

52. 您获取信息的渠道包括：_____(可多选)；其中最主要的渠道是_____

    A. 书报杂志　B. 会议　C. 专业培训　D. 广播电视　E. 网络手机　F. 参观学习　G. 自我观察思考研究与经验积累　H. 朋友、同事、同行间非正式交流　I. 其他

53. 近 5 年来您参加过多少次进修、培训等继续教育活动？_____；

    A. 没有参加过　B. 1～2 次　C. 3～4 次　D. 5 次以上

54. 您认为您参加进修、培训等继续学习的机会_____；

    A. 非常多　B. 比较多　C. 一般　D. 比较少　E. 非常少

55. 您认为您是否需要再进修学习？_____；

    A. 非常需要　B. 需要　C. 不清楚　D. 不需要　E. 完全不需要

56. 影响你参加进修培训的主要原因是_____；(可多选)

    A. 觉得没有必要　B. 付不起费用　C 工作忙　D. 家庭事务多　E. 没有机会　F. 领导不同意　G. 其他

57. 你认为当前农技推广人员进修培训的效果_____;

    A.非常好　B.好　C.不清楚　D.不好　E.非常不好

六、农技推广人员的生活情况

58. 您的收入构成形式是_____;

    A.仅有固定基本工资　B.固定基本工资＋奖金与津贴　C.按工作时间获得劳动报酬,没有固定基本工资　D.自收自支　E.其他

59. 您去年的月平均收入大约是_____元;其中因农技推广而获得的收入占_____%。

60. 您的收入与当地普通中小学教师平均工资相比_____;

    A.高很多　B.高一点　C.差不多　D.低一点　E.低很多

61. 您的收入是否稳定?_____;

    A.非常稳定　B. 相对稳定　C.不太稳定　D.非常不稳定

62. 您的收入在近5年内增长_____;

    A.非常快　B. 比较快　C.一般　D. 比较慢　E.非常慢

63. 您参加了以下哪些保险_____;(可多选)

    A.养老　B.失业　C.医疗　D.工伤　E.生育　F.没有参加任何保险

64. 您觉得您的身体_____;

    A.非常健康　B.比较健康　C.不太健康　D.非常不健康

65. 您觉得您的工作生活压力_____;

    A.非常大　B. 大　C. 一般　D. 小　E.非常小

66. 你在刚刚过去的一年里去医院看过几次病?_____;

    A.没去过　B. 1～2次　C.3～4次　D.5次以上

67. 您去年是否做过体检_____;

    A.参加过单位组织公费体检　B. 做过自费体检　C.没参加过体检

没有工作单位或组织的人员请跳转到下面第72个问题继续作答。

68. 您的工资属于_____;

    A.全额事业工资　B.差额事业工资　C.自收自支　D.其他

69. 您去年平均每月与工作绩效挂钩的额外奖金或津贴有 _____ 元；

70. 您的单位（组织）是否提供下乡补贴？ _____ ；A. 是　B. 否

71. 您与现单位（组织）签订的书面聘用或劳动合同期限是多长？ _____ ；

　　A. 不清楚　B. 没有签　C. 一年以内　D. 两年　E. 三年　F. 三年以上

　　G. 无固定期限

72. 您对于目前工作与生活各个方面的满意程度如何？（请在相应空格划勾）

	A. 非常满意	B. 比较满意	C. 一般	D. 不太满意	E. 非常不满意
个人收入					
社会声望					
职称职务晋升					
工作稳定性					
工作自主性					
发挥专业特长					
自我成就感					
个人发展空间					
社会保障与福利					
工作条件与环境					
居住条件与环境					
总体生活状况					

七、农技推广人员的主张与建议

73. 您认为当前农技推广活动中存在的困难应该如何解决？ _____ （可多选）

　　A. 确保和增加农技推广投入　B. 提高基层农技推广人员待遇　C. 改革农技

　　推广管理体制　D. 改革农技推广评价机制　F. 增加农技推广服务主体和人员

　　G. 改善农技推广服务条件　H. 改善农技推广人员服务态度　I. 改进农技推

　　广服务方法　J. 基本没有办法解决　K. 其他

　　　　　　　　您辛苦了，谢谢您的支持！祝您身体健康，家庭幸福！

附 录

附录2 "农技推广人员状况研究"采访调查提纲

一、农技推广机构(组织)采访调查提纲

调查对象:参与农技推广人员所属机构的负责人

1. 机构的隶属关系、机构性质、机构(组织)发展变迁、人员构成及流动情况;

2. 机构的主要功能、目标、工作任务及项目来源与成绩;

3. 机构的决策、管理、评价、考核制度与机制;

4. 机构的主要推广内容、主要信息来源、方法和效果;

5. 机构进行农技推广所具备的软硬件设施条件;

6. 机构对于推广人员工作、学习、生活方面的考虑与安排;

7. 机构与政府其他部门、科技部门、企业、农民组织、农民、市场等相关利益的联系沟通与互动参与情况;

8. 机构进行农技推广过程中遇见主要困难及解决办法或建议;

9. 机构对于未来农技推广活动内容、方法等方面设想与追求。

二、体制内农技推广人员采访调查提纲

调查对象:体制内农技推广人员:A. 政府有编制农技推广人员　B. 政府无编制农技推广人员

1. 个人基本情况(身份、学历、专业、年龄、从事农技推广时间);

2. 选择农技推广工作的原因;

3. 目前农技推广工作的开展情况(项目、内容、方法、条件环境、效果、难点);

4. 目前生活方面的基本情况(收入水平、福利待遇、社会保障、健康状况、生活评价);

5. 从事非农技推广工作的情况(时间分配、事情主次、关系协调方法);

6. 近5年的学习、再学习情况(信息获取、进修培训、继续教育、自我学习);

7. 对于机构考核管理、薪酬制度、职称职务评审制度的看法与建议;

8. 对我国农技推广相关政策的理解、态度与看法;

9. 对于农业技术推广现状、推广工作重要性、推广工作机制与方法、服务对象需求的看法与建议;

10. 与政府其他部门、科技部门、企业、农民组织、农民等相关人员、群体进行互动、交流、沟通的情况与机制;

11. 对于未来工作、生活的打算与期望。

三、体制外人员访谈提纲

调查对象:参与农技推广的其他人员:C. 科技示范户   D. 涉农企业技术人员 E. 科学研究人员   F. 农民带头人   G. 农村实用技术人才   H. 农民协会与合作社技术人员   I. 科技特派员   J. 种养大户   K. 农资经销商   L. 政府公务员   M. 普通农民   N. 学生   O. 农民经纪人   P. 村干部   Q. 学校教师   R. 大学生村官 S. 其他

1. 个人基本情况(身份、学历、专业、年龄、从事农技推广时间);

2. 如何能成为农技推广人员?(经销店推销,商家要求、受到村民的信任-学历高、技术能手、搞试验示范?)从事农技推广工作的动力在哪?

3. 以何种途径开展农技推广?(内容、方法、条件环境、效果、难点);

4. 生活方面的基本情况(收入水平、福利待遇、社会保障、健康状况、生活评价);

5. 从事非农技推广工作的情况(时间分配、事情主次、关系协调方法);

6. 近5年的学习、再学习情况(信息获取、进修培训、继续教育、自我学习);

7. 对我国农技推广相关政策的理解、态度与看法;

8. 对于农业技术推广现状、推广工作的重要性、推广工作机制与方法、服务对象需求的看法与建议;

9. 与政府其他部门、科技部门、企业、农民组织、农民等相关人员、群体进行互动、交流、沟通、参与的情况与机制;

10. 对于未来工作、生活的打算与期望。

后　记

　　调查研究成果能够得到中央领导的批示和农业部门的重视,并得以出版发行,是对研究团队艰辛工作最好的肯定与回报。不可忘记的是,这也是研究团队背后大量机构、人员努力工作、付出的成果。首先,编著者特别感谢中国科协,中国科协的资助与支持是调查研究顺利开展的基本条件,中国科协组织的《政策专报》为课题成果获得中央领导批示提供了平台条件。其次,我们衷心感谢中国农业大学、吉林农业大学等8所大学所有参与调研的师生以及江西、吉林、宁夏、广西等地方农技推广系统、非政府组织机构人员,是他们的积极参与和共同支持使得本研究的调查、分析工作得以完成。再次,真诚感谢中国农业大学宣传部的领导和老师,是你们和中国农业大学"双一流"文化传承创新图书出版基金项目的支持帮助促成了本研究团队的调查研究成果得以出版发行。

　　至此,好像一切该结束了。但是,关于"懂农业,爱农村,爱农民"专业工作队伍的建设与研究依然任重而道远,远远未到结束的时候。现代农业发展、农业供给侧结构性改革、乡村振兴战略的实践需要更加专业和高素质的工作队伍,如何引进、培养、管理和利用更多懂农业的优秀人才仍然是一个十分紧迫而艰巨的任务。本书关于农技推广专业队伍研究成果的出版只是一个阶段性任务的完成,本研究团队将继续长期关注该领域的调查与研究,部分新的研究成果也正在完善之中。值得一提的是,中国科协于2017年立项支持我们团队继续开展对农技推广人员的跟踪研究,有关数据处理和分析以及政策建议的讨论正在进行中。我们期待有更多的研究学者和实践专家能够参与农业科技推广事业及其队伍建设的研究,共同交流与合作。